乡村振兴与共同富裕

特色产业扶贫模式

王留根 王腾 著

中国出版集团
中译出版社

图书在版编目（CIP）数据

乡村振兴与共同富裕：特色产业扶贫模式 / 王留根，王腾著 . -- 北京：中译出版社，2023.2
ISBN 978-7-5001-7344-1

Ⅰ . ①乡… Ⅱ . ①王… ②王… Ⅲ . ①特色产业—扶贫—研究—中国 Ⅳ . ① F269.2

中国国家版本馆 CIP 数据核字（2023）第 026059 号

乡村振兴与共同富裕——特色产业扶贫模式
XIANGCUN ZHENXING YU GONGTONG FUYU ——TESE CHANYE FUPIN MOSHI

著　　者：王留根　王　腾
策划编辑：于　宇　李梦琳
责任编辑：刘　钰
营销编辑：马　萱　刘　畅
出版发行：中译出版社
地　　址：北京市西城区新街口外大街 28 号 102 号楼 4 层
电　　话：（010）68002494（编辑部）
邮　　编：100088
电子邮箱：book@ctph.com.cn
网　　址：http://www.ctph.com.cn

印　　刷：固安华明印业有限公司
经　　销：新华书店
规　　格：710 mm×1000 mm　1/16
印　　张：27.75
字　　数：280 千字
版　　次：2023 年 2 月第 1 版
印　　次：2023 年 2 月第 1 次印刷

ISBN 978-7-5001-7344-1　　　定价：88.00 元

版权所有　侵权必究
中　译　出　版　社

推荐序

根植于乡村沃土的亮点经济理论创新成果

王留根同志是一位把工作当学问来研究，拥有丰富实践经验的金融经济学家，他长期从事组织干部、金融财政、扶贫开发和乡村振兴等方面工作。难能可贵的是，他40年笔耕不辍、著述颇丰，是一名学者型官员。王腾同志是位有情怀的"80后"青年才俊，勤于思考和写作。王留根和王腾同志联手创作的这部学术著作《乡村振兴与共同富裕——特色产业扶贫模式》，是2022年河北省委省政府的重大研究课题之一，在即将出版之际，邀我作序，我欣然应许。

他们从"顶层设计"与"基层探索"相结合入手，横跨宏观管理和微观操作两大范畴，根植于实践的乡村沃土，脚下沾有多少泥土，心中就有多少沉淀。他们把农业作为一个点出发，到线（产业链），到面（产业融合），再到立体（党建引领多元一体），打造农业农村经济新的增长点。在理论上，他们阐述了乡村振兴与共同富裕的特性和关系，探索以高质量乡村振兴推动农业农村现代化的路径，提出了特色产业扶贫模式的概念、内涵、作用机理以及发展的一般规律。在实践上，他们分析研究了36个可复制、可推广的典型案例，总结出了12种特色产业扶贫模式，并对其发展趋势、农村集体产权制度改革，以及所需的支持政策提出了自己的见解，形成了一个完整的体系。

党的二十大擘画了以中国式现代化推进中华民族伟大复兴的宏伟

蓝图，全面建成社会主义现代化强国。蓦然回首，我们打赢了脱贫攻坚战，近一亿农村贫困人口实现脱贫，全面建成小康社会。抬望眼，全面建成社会主义现代化强国已接力全面小康。2023年是全面贯彻落实党的二十大精神的开局之年，全面推进乡村振兴，加快建设农业强国。《乡村振兴与共同富裕——特色产业扶贫模式》的出版，可谓恰逢其时。

乡村振兴与共同富裕是一个常议常新的百年立论，既是一个创新性的理论问题，也是一个重大的经济实践活动。理论来源于实践，又高于实践，并能指导实践。在新时代，开启第二个百年奋斗目标的新征程上，在我国广大的农村，特别是刚刚脱贫不久、走向乡村振兴道路的乡村，接下来如何破解"最艰巨最繁重的任务"？强国必先强农，农强方能国强。需要将《乡村振兴与共同富裕——特色产业扶贫模式》理论运用到全面推进乡村振兴战略中去，运用到加快建设农业强国中去，运用到破解"最艰巨最繁重的任务"中去。

王留根和王腾同志新著《乡村振兴与共同富裕——特色产业扶贫模式》一书的出版，填补了我国在减贫与乡村振兴应用经济学的一项空白，加深了我对发展乡村特色产业、拓宽农民增收致富渠道、巩固脱贫攻坚成果的认识。始终坚持人民至上，是永远不变的初心。我相信本书也一定能够为广大读者提供有益的理论参考和实践借鉴。

是为序。

国家行政学院原党委委员、纪委书记（副部长级）
十八届中共中央巡视组原组长
杨文明
2023年早春于北京

前言

推进乡村治理体系和治理能力现代化，是实现党的二十大报告提出的全面建成社会主义现代化强国的重要保障，也是我国今后相当长一段时期内的主要任务。随着"三农"工作重心的历史性转移，共同富裕已经接力全面小康，而要实现共同富裕，乡村振兴是必经之路。正确认识乡村振兴与共同富裕的特性，准确把握乡村振兴与共同富裕之间的内在逻辑关系，有助于我们科学回答什么是共同富裕、怎么样推进共同富裕这一重大理论和实践问题，找准实现共同富裕的主攻方向，在巩固拓展脱贫攻坚成果的基础上全面推进乡村振兴。坚持农业农村优先发展，坚持城乡融合发展，畅通城乡要素流动。加快建设农业强国，扎实推动乡村产业、人才、文化、生态、组织振兴，不断推动共同富裕取得更为明显的实质性进展。当我们完成脱贫攻坚、全面建成小康社会的历史任务，实现第一个百年奋斗目标时，我国发展站在了更高历史起点上。贫困治理的中国道路和中国方案迫切需要基于各地丰富的治理实践和鲜活的经验，进行系统的理论研究，由贫困治理的中国模式，上升到中国乡村治理理论的新高度，运用到全面推进乡村振兴战略中去，运用到加快建设农业强国中去，运用到破解"最艰巨最繁重"的任务中去。这是我们研究"乡村振兴与共同富裕——特色产业扶贫模式"这一问题的初衷。

脱贫攻坚凸显的治理效能集中体现了国家制度和治理体系的显著优势。脱贫攻坚之所以能够取得远高于任何时期的贫困治理效能，关键在于国家通过脱贫攻坚的多重动员机制，再造了贫困的治理体系和治理模式。脱贫攻坚显现的巨大治理效能，向我们提出了一个重大的理论问题：脱贫攻坚模式在理论上究竟属于一种怎样的治理理论范畴？这种贫困治理模式在理论上有什么特征和运作逻辑，能让国家治理体系所蕴含的制度优势，在提升贫困治理效能上，最大限度地发挥作用？这在实践中又有着怎样的具体表现？笔者在深入总结河北省特色产业扶贫模式的基础上，管中窥豹、抛砖引玉，提出了"引领多元一体"乡村经济治理的理论观点，以飨读者。

贫困是相对的，从经济学意义上讲，人类社会发展的历史，就是一部反贫困的历史。贫困问题是经济学研究的永恒主题，正如著名经济学家、发展经济学创始人西奥多·舒尔茨指出："我衷心地希望经济学家们在构筑自己的理论大厦时不要忘记给贫困问题留点地位。"

在国家层面，制度优势、经济成就、资源禀赋等前置性要素转化为治理效能，需要从根本上激发国家治理体系的活力和潜力。产业扶贫是国家精准扶贫战略引入市场力量参与贫困治理的重大举措。中共中央、国务院明确提出，要强化到村到户到人精准帮扶措施，加大产业帮扶力度，引导各地发展长期脱贫产业项目。特色产业扶贫是指依托当地的资源禀赋，以市场为导向、以经济效益为中心、以产业发展为杠杆的扶贫开发过程，是促进贫困地区发展、增加贫困农户收入的有效途径，是扶贫开发的战略重点和主要任务。特色产业扶贫是一种内生发展机制，目的在于促进贫困个体（贫困户）与贫困地区协同发展，根植发展基因，激活内生发展动力和发展潜力，阻断贫困发生的根本原因。其发展内容为，在县域范围，培育1至2个主导产业，发展县域经济，增加县域资本积累能力；在乡村范围，增加公共投资，改善基础设施，培育产业环境；在贫困户层面，提供就业岗位，提升人力资本，建立利益联结机制，积极参与产业价值链的各个环节。所以，从这一角度看，特色产业扶贫可看成是对落后区域发展的一种政策倾斜。2016年11月23日，国务院印发《关于"十三五"脱贫攻坚规划的通知》，其中第二章明确指出，农林产业扶贫、旅游扶贫、电商扶贫、资产收益扶贫、科技扶贫是产业发展脱贫的重要内容。在该章节中还同时提出农林种养产业扶贫工程、农村一二三产业融合发展试点示范工程、贫困地区培训工程、旅游基础设施提升工程、乡村旅游产品建设工程、休闲农业和乡村旅游提升工程、森林旅游扶贫工程、乡村旅游后备箱工程、乡村旅游扶贫培训宣传工程、光伏扶贫工程、水库移民脱贫工程、农村小水电扶贫工程等，作为"十三五"期间重点实施的特色产业扶贫工程。

在地方层面，党的十八大以来，河北省按照《中共中央国务院关于打赢脱贫攻坚战的决定》提出的"五个一批""六个精准"精准扶贫精准脱贫方略要求，将脱贫攻坚作为全面建成小康社会的底线任务和标志性指标，克服新冠疫情冲击，多措并举，合力攻坚，取得了脱贫攻坚的全面胜利，谱写了人类反贫困历史中的河北新篇章。全省形成了省市县乡村"五级书记"抓扶贫的工作机制，建立了广泛参与、合力攻坚的社会动员体系，各负其责、各司其职的责任落实体系，上下联动、统一协调的政策执行体系，精准识别、精准帮扶、精准脱贫、精准防贫的工作推进体系，强化资金、人力的投入保障体系，多渠道、全方位的监督管理体系和最严格的考核评估问责体系，为脱贫攻坚提供了强有力的制度保障。脱贫攻坚期的扶贫举措多数与特色产业扶贫有关联。据统计，党的十八大以来，河北全省投入财政扶贫资金821.6亿元，发放扶贫小额信贷388亿元，选派科技特派员9 000多人次、驻村帮扶干部6.1万名，组织34.8万名帮扶责任人结对帮扶，累计实施特色产业扶贫项目5.8万个，形成扶贫项目资产669亿元，其中，经营性资产315.2亿元、公益性资产292.2亿元、到户类资产61.4亿元。此外，河北全省建档立卡贫困户都得到产业扶贫和就业扶贫扶持，工资性收入、生产经营性收入和财产性收入占比上升，转移性收入占比逐年下降，2021年全省脱贫户人均纯收入达到11 156元，脱贫村集体经济年均收入由2万元提高到5.6万元。全省45个国家级贫困县农村居民人均可支配收入增速均高于全省农村居民人均增速平均水平，2016年至2020年分别高于全省平均增速2.7、3.2、2.5、2.8、1.7个百分点。在脱贫攻坚的伟大实践中，河北省积累了许多宝贵经验，涌现出李保国等一大批脱贫攻坚先进个人。威县"金鸡帮扶"产业扶贫和涞水"双带四起来"旅游扶贫案例，2017年2月21日，被列入中央政治局第三十九次集体学习参考资料；隆化县"政银企户保"等金融扶贫案例在全国推广；魏县"防贫保"和保定市"太行山农业创新驿站"模式荣获"全国脱贫攻坚奖"后，又在7家国际组织开展的"全球减贫案例有奖征集活动"中获评"最佳减贫案例"。当然，不同地区在特色产业扶贫的方向、路径、模式、水平和效益上呈现出差异，也存在一些不同程度的不平衡不充分问题。

在基层乡村社会，既有来自顶层设计的方向指引，也有基层基于自身区域资源禀赋条件因地制宜的自主探索实践。脱贫攻坚的贫困治理创新受到自上而下和自下而上两股力量的共同驱动，创造出了一批可操作、可复制、可推广、可持续的机制模式。笔者在河北省特色产业扶贫中，先后总结了100个典型案例，并从中精选了36个典型案例，按照带动主体的不同类型，将典型案例归类为创业致富带头人主导型、家庭农场主导型、农民合作社主导型、村集体经济组织主导型、农业龙头企业主导型、农业产业化联合体主导型、农业社会化服务组织主导型、工商资本主导型、新业态主导型、地方政府平台主导型、股份合作制主导型和农业扶贫园区综合体主导型12类不同的特色产业扶贫模式。在总结梳理的过程中，各地特色产业扶贫模式原创性与模仿性创新效益显著与效益甚微并存。

党的十九届五中全会提出："坚持和完善社会主义基本经济制度，充分发挥市场在资源配置中的决定性作用，更好发挥政府作用，推动有效市场和有为政府更好结合。"特色产业扶贫模式，以特色产业、三产融合、新型经营主体和联农带贫机制为基本要素，以依托当地资源禀赋建成的特色产业为基础，以三产融合为核心，以新型经营主体为关键，以联农带贫机制为根本，构建了一个以党政权力为核心的多元一体的经济治理体系，并通过责任制、考核制、奖惩制等多重动员机制上的创新，强化了责任落实体系、政策执行体系、工作推进体系和投入保障体系等。为了补足短板，新型经营主体、科技、金融、电商和贫困户等都参与到特色产业扶贫发展过程中来，诸多主体的相互配合与协作，充分发挥出了引领多元一体乡村经济治理的优势，所形成的市场体制是一种"有效市场"，即地方政府深度参与其中，根据特色产业发展需要主动改变体制机制，积极扩大职能和服务范畴，与其他行动者形成紧密合作的关系。引领多元一体乡村经济治理的地方政府是"有为政府"，具备发展型政府的典型特征，具有可持续的发展意愿和凝聚力极强的经济行政机构，有良好的政商合作关系和政府主导的特色产业政策。引领多元一体乡村经济治理模式，在"有为政府"和"有效市场"的共同作用下，既凸显治理权力的集中，又强调多元治理主体构成的新型治理结构的主导型和重要性。从这个意义上讲，引领多元一体乡村经济治理是一种创新的治理机制。

引领多元一体乡村经济治理，在制度条件上创设了以政权的组织权力为中心的多元治理主体参与路径，共同解决重大发展问题，开创经济新秩序。在脱贫攻坚的贫困治理实践中，各级党组织和政府为代表的组织权力，围绕治理目标和治理对象起到整合机制的作用，通过组织动员的权力运作，促使多元主体超越各自原有的职能或属性，达成功能上的再组合；通过制度化策略保障其独特的乡村经济治理模式，在运作中，以治理目标为考核导向，整合资源资产资金，实施资本化运作，推进资源变资产、资产变资金、资金变资本、农民变股东"四变"改革，采取闭环式目标管理，运用系统论、信息论、控制论，打破条块结构向功能性整合转变；在组织机制上，则通过制度政策和具体策略整合了市场的对称交换逻辑和社会的互惠合作机制，从而为乡村治理效能的提升奠定了制度基础。例如，政府通过扶贫小额信贷政策，将金融和扶贫整合在一起。为了一个共同目标，政府、银行、贫困户同舟共济，银行由"锦上添花"变成"雪中送炭"，开拓出了金融扶贫的新路子。

脱贫攻坚构建了以人民为中心的治理终极目标和价值追求。为实现这样的目标，脱贫攻坚所采取的治理模式是引领多元一体乡村经济治理，就本质而言，是贫困治理的体制机制创新。党组织和政府通过多元一体治理的积极参与，通过高效利用诸多制度政策和各类资源，再加上多元主体之间密切合作，建立了贫困治理体系，在提升乡村治理能力的同时，也展现了国家政治和制度能力，集中体现了中国特色社会主义道路自信、理论自信、制度自信和文化自信。脱贫攻坚实践证明，产业发展是解决农村发展中一切问题的前提。在全面推进乡村振兴战略的过程中，要切实守住不发生规模性返贫的底线和始终贯彻巩固、拓展和衔接的主线。巩固拓展脱贫攻坚成果是全面实施乡村振兴的前提，也是促进农业农村现代化的基础。乡村振兴，产业兴旺是重中之重，并以生态宜居为内在要求，以乡风文明为紧迫任务，以治理有效为重要保障，以生活富裕为主要目的。为此，在规划上，要坚持农业和农村现代化一体设计、一并推进；在目标上，要加快产业扶贫向产业兴旺转变；在路径上，由资金到村到户向推进农村三产融合发展转变；在帮扶上，由政府投入为主向有效市场和有为政府更好结合转变；在职能上，重构党委农办、农业农村和乡村振兴部门的"三定方案"。在改革发展中不断创新完善体制机制，推进引领多元一体乡村经济治理，加大主导型经营主体培育，持续推进一二三产业融合发展，实现特色扶贫产业全面提质升级，持续推进农村集体产权制度改革，进一步发展壮大农村集体经济，加快发展壮大县域经济，支持和鼓励农民就业创业，拓宽增收渠道，把产业链延伸环节更多留在乡村，把产业发展的增值收益更多留给农民，着力缩小城乡差距、区域差距、收入差距，加大政策的支持力度，建立健全联农带农利益联结机制，提高低收入农户收入水平，防止规模性返贫导致两极分化，促进共同富裕。本书提供的12类36个特色产业扶贫模式典型案例，在推进特色产业三产融合发展的实践中，从一个侧面体现出中国基层乡村社会，在传统的"计划经济"与"市场经济"模式之外，寻求产业兴旺、农村经济发展的第三条道路的创新潜力，供大家参考借鉴。

王留根　王　腾

2023年1月8日

目录

第一章　乡村振兴与共同富裕的特性及关系
　　第一节　乡村振兴与共同富裕的特性 / 003
　　第二节　乡村振兴与共同富裕的关系 / 008

第二章　以高质量乡村振兴推动农业农村现代化
　　第一节　加快发展乡村特色产业化 / 019
　　第二节　推进农村三产融合立体化 / 023
　　第三节　推动城乡融合发展一体化 / 026
　　第四节　实现农民增收渠道多元化 / 029
　　第五节　开创党建引领多元一体化 / 033

第三章　特色产业扶贫模式的背景及意义
　　第一节　推进特色产业扶贫模式的研究背景 / 039
　　第二节　推进特色产业扶贫模式的重要意义 / 054

第四章　特色产业扶贫模式的发展现状与问题
　　第一节　特色产业扶贫模式的发展现状 / 063

第二节 特色产业扶贫模式存在的问题 / 074

第三节 特色产业扶贫模式的研究方法 / 080

第五章 特色产业扶贫模式的理论基础

第一节 特色产业扶贫模式的相关理论 / 085

第二节 特色产业扶贫模式的概念、内涵及作用机理 / 099

第三节 特色产业扶贫模式发展的一般规律 / 116

第六章 创业致富带头人特色产业扶贫实践模式

第一节 创业致富带头人特色产业扶贫实践模式 / 127

第二节 案例分析 / 128

第七章 家庭农场特色产业扶贫实践模式

第一节 家庭农场特色产业扶贫实践模式 / 143

第二节 案例分析 / 144

第八章 农民合作社特色产业扶贫实践模式

第一节 农民合作社特色产业扶贫实践模式 / 157

第二节 案例分析 / 158

第九章 村集体经济组织特色产业扶贫实践模式

第一节 村集体经济组织特色产业扶贫实践模式 / 171

第二节 案例分析 / 172

第十章 农业龙头企业特色产业扶贫实践模式

第一节 农业龙头企业特色产业扶贫实践模式 / 185

第二节 案例分析 / 186

目录

第十一章　农业产业化联合体特色产业扶贫实践模式

　　第一节　农业产业化联合体特色产业扶贫实践模式 / 201

　　第二节　案例分析 / 202

第十二章　农业社会化服务组织特色产业扶贫实践模式

　　第一节　农业社会化服务组织特色产业扶贫实践模式 / 221

　　第二节　案例分析 / 222

第十三章　工商资本特色产业扶贫实践模式

　　第一节　工商资本特色产业扶贫实践模式 / 237

　　第二节　案例分析 / 239

第十四章　新业态特色产业扶贫实践模式

　　第一节　新业态特色产业扶贫实践模式 / 253

　　第二节　案例分析 / 254

第十五章　地方政府平台特色产业扶贫实践模式

　　第一节　地方政府平台特色产业扶贫实践模式 / 269

　　第二节　案例分析 / 270

第十六章　股份合作制特色产业扶贫实践模式

　　第一节　股份合作制特色产业扶贫实践模式 / 285

　　第二节　案例分析 / 299

第十七章　农业扶贫园区综合体特色产业扶贫实践模式

　　第一节　农业扶贫园区综合体特色产业扶贫实践模式 / 309

　　第二节　案例分析 / 316

第十八章 特色产业扶贫模式的发展趋势

　　第一节　加快特色产业扶贫转向产业振兴 / 329

　　第二节　推进特色产业扶贫模式经营主体的培育 / 344

　　第三节　打造特色产业扶贫模式创新升级板 / 350

第十九章 持续推进农村集体产权制度改革

　　第一节　深化农村集体产权制度改革 / 369

　　第二节　建立完善农村集体产权制度 / 376

　　第三节　加强党对农村集体资产监管工作的领导 / 384

第二十章 特色产业扶贫模式的支持政策

　　第一节　财政政策 / 389

　　第二节　金融政策 / 392

　　第三节　土地政策 / 400

　　第四节　人才政策 / 403

　　第五节　科技政策 / 404

后　记 / 407

第一章

乡村振兴与共同富裕的特性及关系

共同富裕已经接力全面小康，成为社会民生关注的新焦点。而要实现共同富裕，乡村振兴是必经之路。从1953年12月16日，中共中央通过的《关于发展农业生产合作社的决议》首次提出"共同富裕"这一概念，到党的十九届五中全会提出要"扎实推动共同富裕"。这充分表明，实现共同富裕是社会主义的本质要求，是中国式现代化的重要特征，是人民群众的共同期盼，是中国共产党的初心和使命。

第一节 乡村振兴与共同富裕的特性

2021年2月25日，习近平总书记在全国脱贫攻坚总结表彰大会上指出，脱贫攻坚战的全面胜利，标志着我们党在团结带领人民创造美好生活、实现共同富裕的道路上迈出了坚实的一大步。同时，脱贫摘帽不是终点，而是新生活、新奋斗的起点。解决发展不平衡不充分问题、缩小城乡区域发展差距、实现人的全面发展和全体人民共同富裕仍然任重道远。我们要切实做好巩固拓展脱贫攻坚成果同乡村振兴有效衔接各项工作，让脱贫基础更加稳固、成效更可持续。乡村振兴是实现中华民族伟大复兴的一项重大任务。这些重要论述表明，脱贫攻坚的伟大成就奠定了共同富裕的基础，实现巩固拓展脱贫攻坚成果同乡村振兴有效衔接、推进高质量乡村振兴促进共同富裕，是建设社会主义现代化国家的历史性任务。

（一）从打赢脱贫攻坚战、实施乡村振兴战略出发，实现共同富裕的目标具有阶段性。

习近平总书记指出，要深入研究不同阶段的目标，分阶段促进共同富裕。1955年，毛泽东同志在《关于农业合作化问题》的报告中明确指出：广大农民要实现共同富裕，除了社会主义再无别的出路。1978年开始，邓小平同志先后提出了"先富带动后富""消除两极分化、最终达到共同富裕"的发展思路。党的十八大以来，以习近平同志为核心的党中央把逐步实现全体人民共同富裕摆在更加重要的位置上，明确了到2020年我国现行标准下农村贫困人口实现脱贫、贫困县全部摘帽、解决区域性整体贫困以及全面建成小康社会的宏伟目标。习近平总书记指出，消除贫困、改善民生、逐步实现共同富裕，是社会主义的本质要求，是我们党的重要使命。党的十九大作出了实施乡村振兴战略的重大决策部署，2018年9月，中共中央、国务院印发《乡村振兴战略规划（2018—2022年）》，指出实施乡村振兴战略是实现全体人民共同富裕的必然选择；2021年6月《中共中央国务院关于支持浙江高质量发展建设共同富裕示范区的意见》发布；2021年6月1日起施行的《中华人民共和国乡村振兴促进法》，将促进广大农民共同富裕作为出发点和落脚点。

脱贫攻坚取得了胜利，历史性地解决了我国绝对贫困问题。脱贫攻坚是实现共同富裕的底线任务，乡村振兴是实现共同富裕的必然选择。同时，脱贫攻坚也是全面建成小康社会、开启建设社会主义现代化国家新征程的目标要求。打赢脱贫攻坚战、实施乡村振兴战略，其出发点和落脚点就是要通过解决发展不平衡不充分的问题，增进人民福祉、促进人的全面发展、稳步迈向共同富裕。脱贫攻坚，通过做到"六个精准"、实施"五个一批"、解决"两不愁三保障"问题，实现"扶真贫、真扶贫"，进而实现消除农村绝对贫困的目标。打赢脱贫攻坚战，有力促进了全体人民共享改革发展成果，促进共同富裕。从中华民族伟大复兴战略全局看，民族要复兴，乡村必振兴。实施乡村振兴战略是我国在新发展阶段缩小城乡差距、促进城乡人民共同富裕的重要举措。从国家层面看，当绝对贫困问题已经解决，而不平衡不充分发展的问题却依然存在，乡村振兴战略的基本出发点便向实现共同富裕的目标转变；从空间层面看，乡村振兴战略是面向全国各类乡村的发展战略；从人口发展层面看，乡村振兴战略是面向全国农村居民，同时需要全国相关机构和市场主体参与的战略。实现共同富裕宏伟目标是一个长期且艰巨的过程。在实现这一目标的过程中，必然会面临不同的发展形势，经历不同的发展阶段。从脱贫攻坚与乡村振兴在侧重点、实现路径等方面的差异性看，脱贫攻坚与乡村振兴是战役和战略的关系，前者是为了实现第一个百年奋斗目标打基础，后者是为了实现第二个百年奋斗目标打基础。脱贫攻坚、乡村振兴同属于迈向共同富裕的两大关键步骤，二者具有内在的逻辑一致性。一方面，脱贫攻坚与乡村振兴共同承载了促进社会公平正义和缩小区域、城乡、群体发展差距的使命，是使改革发展成果更多更公平惠及全体人民的重大战略举措，两者在本质上都是为了实现共同富裕这一宏伟目标。另一方面，从脱贫攻坚到乡村振兴是迈向共同富裕的关键步骤，乡村振兴作为脱贫攻坚的接续战略得到全面推进，是"三农"工作重心的历史性转移。现在，我们已经到了扎实推动共同富裕的历史阶段。立足新发展阶段，党的十九届五中全会制定了扎实推动共同富裕的战略部署，习近平总书记指出，要深入研究不同阶段的目标，分阶段促进共同富裕：到"十四五"末，全体人民共同富裕迈出坚实步伐，居民收入和实际消费水平差距逐步缩小。到2035年，全体人民共同富裕取得更为明显的实质性进展，基本公共服务实现均等化。到本世纪中叶，全体人民共同富裕基本实现，居民收入和实际消费水平差距缩小到合理区间。

(二）从巩固拓展脱贫攻坚成果同乡村振兴有效衔接出发，实现共同富裕的实践具有艰巨性。

巩固拓展脱贫攻坚成果是乡村振兴的前提，乡村振兴是巩固拓展脱贫攻坚成果的保障。乡村振兴，不仅要巩固脱贫攻坚成果，还要以更加有力的举措、汇聚更强大的力量，加快农业农村现代化的步伐。乡村振兴正在完成一个前无古人的伟大创举，也就是实现一个超大规模社会的共同富裕。在一个超大规模社会实现共同富裕，这无疑是一个世界性的难题，绝大多数发达国家仅仅实现了总量和均值意义上的富裕。2021年中央一号文件提出设立衔接过渡期，脱贫攻坚目标任务完成后，对摆脱贫困的县，从脱贫之日起设立5年过渡期。过渡期内要保持主要帮扶政策总体稳定，对现有帮扶政策逐项分类优化调整，合理把握节奏、力度和时限，逐步实现由集中资源支持脱贫攻坚向全面推进乡村振兴平稳过渡。同时，也要继续做好巩固拓展脱贫攻坚成果同乡村振兴有效衔接，健全防止返贫动态监测和帮扶机制，切实守住不发生规模性返贫的底线。当前，我国发展不平衡不充分问题还比较突出，城乡、区域、收入三大差距十分明显，解决城乡差距、区域差距、收入差距是推动共同富裕的重要着力点，在推进共同富裕的实践途径中，要将三大差距缩小到合理区间。

从城乡差距看，城镇综合承载能力、资源配置能力和辐射带动能力有待增强，乡村发展依然落后。推动共同富裕必须提升城镇化的要素集聚能力，着力提高农业转移人口市民化质量，将推动新型城镇化与全面推进乡村振兴战略的有机结合，加快建立新型城乡融合互动关系。推进乡村城镇化和城镇乡村化，推进农村三产融合，盘活农村资产，壮大农村集体经济，增加农民财产性收入，加强农村基础设施和公共服务体系建设，改善农村人居环境，促进共同富裕。从区域发展差距看，以沿海和内陆为代表的东西部发展差距长期存在，以南方和北方为代表的南北相对经济差距日益凸显，特殊类型地区发展相对滞后。推动共同富裕必须坚持发挥各地区的比较优势，促进劳动力等资源要素自由流动，完善先富带后富、先富帮后富的区域互助合作机制。从不同群体收入差距看，我国低收入群体分布广、数量大，虽然相当一部分脱贫户基本生活有了保障，但收入水平仍然不高，脱贫基础还比较脆弱，一些边缘户稍遇风险变故就可能致贫；脱贫地区的产业链还比较短，技术、人才、资金、市场等支撑还不强。因此，推动共同富裕必须抓住重点，聚焦乡村振兴重点帮扶县和易地扶贫搬迁集中安置区等容易发生规模性返贫的特殊群体，精准施策，加大税收、社保、转移支付等调节力度并提高精准性，着力扩大中等收入群体规模，增加低收入群体收入，形成中间大、两头小的橄榄型分配结构，稳步朝着实现共同富裕目标迈进。

（三）从高质量乡村振兴推动农业农村现代化出发，实现共同富裕的路径具有开创性。

习近平总书记2021年在庆祝中国共产党成立100周年大会上的讲话中指出，我们坚持和发展中国特色社会主义，推动物质文明、政治文明、精神文明、社会文明、生态文明协调发展，创造了中国式现代化新道路，创造了人类文明新形态。乡村振兴的总目标是实现农业农村现代化，农业农村现代化是实现共同富裕的基础。共同富裕是社会主义的本质要求，是中国式现代化的重要特征。共同富裕是全体人民的富裕，是人民群众物质生活和精神生活都富裕，不是少数人的富裕，也不是整齐划一的平均主义，要分阶段促进共同富裕。党的十九大报告指出，中国特色社会主义进入新时代，我国社会主要矛盾已经转化为人民日益增长的美好生活需要和不平衡不充分的发展之间的矛盾。共同富裕是人民群众的共同期盼，也是贯彻以人民为中心发展思想的具体体现，把实现好、维护好、发展好最广大人民根本利益作为发展的出发点和落脚点，尽力而为、量力而行，扎实推动共同富裕，不断增强人民群众获得感、幸福感、安全感，促进人的全面发展和社会全面进步。社会主义基本经济制度是实现共同富裕的基础和优势所在，坚持和完善公有制为主体、多种所有制经济共同发展和按劳分配为主体、多种分配方式并存。社会主义市场经济体制等社会主义基本经济制度，既体现了社会主义制度的优越性，又同我国社会主义初级阶段社会生产力发展水平相适应，是党和人民的伟大创造。推动共同富裕，必须坚持和完善社会主义基本经济制度，最大程度解放和发展生产力，做大做优社会财富"蛋糕"。同时，构建初次分配、再分配、三次分配协调配套的基础性制度安排，切好分好社会财富"蛋糕"，避免两极分化。要坚持公有制和按劳分配为主体，毫不动摇巩固和发展公有制经济，发挥其对共同富裕的基础性支撑作用。要坚持多种所有制经济共同发展和多种分配方式并存，毫不动摇鼓励、支持、引导非公有制经济发展，发挥其对共同富裕的重要支撑作用，激发共同富裕的强大动力。要正确认识和把握资本特性和行为规律，推动资本健康发展并为促进共同富裕服务。要坚持发挥市场在资源配置中的决定性作用、更好地发挥政府作用，正确处理效率和公平的关系，坚持以人民为中心，在高质量发展中促进共同富裕。

第二节　乡村振兴与共同富裕的关系

乡村振兴与共同富裕之间的内在逻辑关系，可以从历史演变、理论创新、实践探索与中国贡献四个方面来理解和把握精髓要义。

第一章 乡村振兴与共同富裕的特性及关系

一、乡村振兴与共同富裕的历史演变

（一）城乡关系演变下的乡村振兴与共同富裕。中国共产党百年历程中城乡发展关系的演变可以划分为四个时期。第一个时期，从中国共产党成立至中华人民共和国成立（1921—1949年）。城乡经济关系变动集中表现为从解放战争前的城乡分离到解放战争中的城乡互助，从农业优先到农工商协调发展。城乡关系中乡村是中心，城乡相互帮助、相互支撑，促进乡村发展以恢复经济。第二个时期，中华人民共和国成立后实行计划经济体制到改革开放前（1949—1978年）。党和国家逐渐把中心从乡村转向城市，采取重工业优先发展战略，城乡经济关系体现为以城乡统筹实现城乡互助，在城乡的不平等中乡村向以城市为中心的国家工业化输送农业剩余价值，同时工业品下乡推进农业机械化。尽管乡村在经济和收入方面增长缓慢，但在教育、医疗卫生等公共服务领域进步显著。第三个时期，从改革开放到党的十八大前（1978—2012年）。城乡经济关系特点是市场机制下"三农"问题凸显，国家积极构建"以工促农、以城带乡"的发展格局，乡村获得更多的发展资源，但城乡发展差距仍在扩大。第四个时期，党的十八大以来（2012年至今）。这一时期的城乡发展关系，体现在乡村成为党和国家工作的重中之重。为有效解决城乡发展不平衡、农村发展不充分问题，国家推进城乡一体化发展、城乡融合发展、脱贫攻坚和乡村振兴战略。可见，在共同富裕的进程中，城乡发展关系的演进逻辑是城乡建设要服务于国家的经济战略和城乡发展要和生产力与生产关系发展水平相适应。

（二）共享发展实践下的乡村振兴与共同富裕。共享发展是缩小贫富差距的重要路径，党和国家在"三农"领域推进共享发展、共同富裕，建党百年来，历经了创造条件、探索实践、创新推进和全面提升四个阶段，党在不同阶段采取了不同的策略。在创造条件阶段（1921—1949年），主要策略包括开展土地改革运动，农民获得了土地，通过开荒、兴修水利发展农业，推动了根据地经济发展，保障了革命所需。在探索实践阶段（1949—1978年），主要策略是按照马克思原理并参照苏联经验进行农业社会主义改造，实施计划经济、农业"一大二公"生产模式、城乡分治，这种策略尽管体现了共享发展和共同富裕理念，乡村的贫富分化在缩小，但乡村处于低水平的"共同富裕"。在创新推进阶段（1978—2012年），以邓小平同志为主要代表的中国共产党人打破了传统思想束缚，通过理论与实践创新着力推进乡村发展，打破了低水平共同富裕的局面。在产权制度上实行土地家庭联产承包责任制，实现要素的流动与优化配置，由汲取乡村资源向支持乡村发展转变，建立农村社会保障体系和大规模推进扶贫开发。在坚持农村土地公有制的基础上，依照市场经济规律推进"三农"领域改革，通过以城带乡加大对乡村发展的支持，为实现乡村振兴和共同富裕提供了制度保障。在全面提升阶段（2012年至今），以习近平同志为核心的党中央以乡村振兴为引领，全面促进"三农"共享发展。把共享发展作为激活乡村振兴的内生动力，进一步破除二元经济社会结构体制，关注农民的全面发展，通过高质量乡村振兴实现第二个百年的共同富裕目标。

（三）建党百年积累了丰富经验的乡村振兴与共同富裕。一是坚持党对乡村振兴和共同富裕的全面领导。在党的领导和带领下，中国人民推翻"三座大山"，建设社会主义新中国，集中力量发展生产力，经济社会各方面取得了突飞猛进的发展，人民生活水平大幅提高。中国共产党的全面领导是实现高质量乡村振兴和共同富裕目标的根本保障。二是坚持以人民为中心的发展思想。中国共产党获得人民群众支持的根本原因就是始终坚持为人民谋幸福、为民族谋复兴，而带领中国人民走向共同富裕正是人民群众愿望的具体体现。收入分配是体现人民共享最重要最直接的方式，必须处理好利益增长和利益分配问题，必须在把"蛋糕"做大的同时把"蛋糕"分好，实现乡村经济与农民收入同步增长，实现城乡融合发展，促进收入分配更合理更有序，让改革发展成果更多更公平地惠及全体人民。三是遵循社会生产力与生产关系的发展规律。先富带动后富的路径，是社会主义生产力和生产关系发展相适应的必然结果。在高质量乡村振兴促进共同富裕进程中，加强社会主义法治建设、维护社会公平正义是关键。

二、乡村振兴与共同富裕的理论创新

（一）乡村振兴是实现共同富裕迈出坚实步伐的必然要求。实施乡村振兴战略是促进区域均衡发展、城乡融合发展、建设新型城乡工农关系的关键。乡村振兴战略关系到亿万农民的权益和福祉，促进农业农村现代化，缩小城乡差距，持续促进农民增收，推进共同富裕迈出坚实步伐，不仅关系到发展的正义性，更关系到现代化建设的质量。推动乡村振兴，促进农民共同富裕，是扩大中等收入群体规模，促进社会结构优化，构建服务"双循环"发展格局的关键；是最大限度激活农村沉睡要素和激发主体创造性，挖掘发展潜力形成发展动能的关键；是实现城乡工农公平高效互补、互动、互促，不断开创发展新局面的关键；是不断体现社会主义制度优越性、不断夯实党的执政基础、凝聚最广泛发展共识，引领全国人民推动伟大事业的关键。

（二）乡村振兴是实现共同富裕宏伟目标的难点和潜力。一方面，中华人民共和国成立以来，中国乡村发展取得了巨大成就，但仍然是中国现代化建设的最大短板，是推动共同富裕的最大难点。其原因有三点：一是乡村振兴的基础薄弱。我国人均资源有限，农村人力资本建设较为滞后，存在规模较大的低收入群体和特殊困难群体，发展的要素供给不足、环境约束逐步凸显，农民增收难度较大。二是各种要素下乡的渠道还不够畅通。要素聚合的交易成本仍然居高不下，农业产业弱质性质并没有得到根本性改变。三是实现共同富裕可推广、可借鉴的模式还比较有限。从国际范围来看，益贫增长、共享发展都是世界性难题，解决这些问题，需要运用更多的智慧，付出更大的努力。另一方面，乡村振兴也是推进共同富裕、提升中国式现代化水平最具潜力的领域。在资源整体匮乏的同时，广大乡村还存在大量沉睡的生态资源，要素还没有被激活，这些要素不仅可以服务于乡村振兴，更能够为中国现代化建设提供源源不断的动能，共同富裕起来的乡村、农民能够不断服务于"双循环"的发展格局。同时，高质量的乡村振兴与城市文明互补互动互促，不仅富裕生活、涵养生活，更能滋润心灵。

（三）共同富裕是高质量实施乡村振兴战略的行动指引。党的十九大明确乡村振兴的总要求是产业兴旺、生态宜居、乡风文明、治理有效、生活富裕。其中，生活富裕是出发点，也是落脚点，是亿万农民对美好生活的期盼。中国特色社会主义乡村振兴道路必须坚持共同富裕，既是不变的初心，也是本质的要求。共同富裕必将成为高质量实施乡村振兴的行动指南。一方面，要探索共同富裕的实现机制和实现模式，不断推进农业农村现代化；探索更有效的发展机制和模式，让市场运转起来，让市场有益于社会共同体福祉。另一方面，共同富裕是衡量乡村振兴成果的重要标准。考量乡村振兴成果，不仅要看在活跃乡村产业、促进环境改善等方面的成果，更要看对共同富裕所起到的促进作用。而共同富裕绝不是通过扭曲市场机制来实现超越发展阶段的公平，更不是回到吃大锅饭的状态，而是善用市场机制，用好市场无形之手和政府有形之手，实现有效市场和有为政府更好的结合，共同推进共同富裕。

三、乡村振兴与共同富裕的实践探索

（一）高质量乡村振兴是实现共同富裕的必然要求。共同富裕不仅指收入方面达到一定的水平，还包含社会上有多少人享有社会福利和福祉以及教育、医疗卫生服务等，还包含精神生活的富裕程度。不仅要看个人收入是否增长，也要看公共财政收入是否增加，更要看公共财政收入是否用于民生事业、公共服务和基础设施等。改革开放以来，中国共产党深刻认识到贫穷不是社会主义，摆脱传统体制束缚，允许一部分人、一部分地区先富起来，解放和发展社会生产力。党的十八大以来，党中央把逐步实现全体人民共同富裕摆在更加重要的位置。打赢脱贫攻坚战，全面建成小康社会，是促进共同富裕的第一阶段。全面推进乡村振兴、加快农业农村现代化，是解决人民日益增长的美好生活需要和不平衡不充分的发展之间的矛盾的必然要求，是实现第二个百年奋斗目标的必然要求，是实现全体人民共同富裕的必然要求。

（二）高质量乡村振兴是迈向共同富裕的前提基础。全面建成小康社会之后，高质量的乡村振兴承载了促进社会公平和缩小城乡、区域、群体发展差距的使命，是让改革发展成果更多更公平惠及全体人民的重大战略举措。乡村振兴重在补齐农业农村发展短板，促进城乡、区域发展差距及不同群体之间生活水平差距的持续缩小。乡村振兴的总目标是实现农业农村现代化，共同富裕是农业农村现代化要达到的目标。共同富裕不等同于平均主义，而是体现包容、共享、发展的公平正义原则。高质量全面推进乡村振兴需要坚持时空观。空间上既要考虑不同区域之间的差异，重视国家区域重大战略、区域协调发展战略对乡村振兴的带动和影响，又要特别关注城乡互动与发展融合；时间上服务于"两个一百年"奋斗目标的历史进程和全面推进共同富裕的目标导向，把促进全体人民共同富裕作为高质量乡村振兴的最终目标，脚踏实地、久久为功。

（三）高质量乡村振兴是实现共同富裕的必由之路。乡村振兴事关中国式现代化发展全局。高质量全面实施乡村振兴战略，是准确把握新发展阶段、深入贯彻新发展理念、加快构建新发展格局的重中之重。从历史和发展的维度来看，当前我国发展最大的不平衡是城乡发展不平衡，最大的不充分是农村发展不充分。乡村振兴战略的首要任务是缩小城乡差距，就是从全局和战略高度来把握和处理工农关系、城乡关系，解决"一条腿长、一条腿短"的问题。高质量全面实施乡村振兴战略，有利于有效破除城乡"二元结构"，促进城乡协调发展，进而全面提升发展质量效益，保持经济持续健康发展；有利于推动各类经济要素在城乡之间自由流动，畅通国内大循环，促进国内国际双循环，加快构建新发展格局；有利于进一步促进革命老区、民族地区、边疆地区等欠发达地区加快发展，提升区域经济发展平衡性，优化区域经济布局，促进区域协调发展；有利于进一步缩小城乡差距，促进基本公共服务的均等化，持续增进民生福祉，扎实推动共同富裕。因此，全面推进乡村振兴，不仅要增加农民收入，实现农业农村现代化，更要为共同富裕开辟道路。

四、乡村振兴与共同富裕的中国贡献

（一）以高质量乡村振兴促进共同富裕是全球现代化实践的重大创新。谋求现代化转型是世界各国共同的发展目标。日本、韩国乡村的现代化发展，采取了先实现城镇化再推动乡村复兴的发展道路。在城市反哺乡村的过程中，虽然乡村具备了与城市相当的基础设施和公共服务，但乡村空心化、老龄化现象依旧严重，实现的仅仅是乡村的发达，离乡村的全面振兴依然存在差距。农业、农村、农民的现代化是世界现代化进程中始终没有真正完成的事业。中国以高质量乡村振兴为抓手，在城镇化的发展过程中，把"三农"工作作为治国理政的重中之重，以农业农村优先发展破题农业农村农民现代化，这是人类国家现代化发展史上前所未有的探索和成就，拓展了发展中国家走向现代化的路径。中国农业农村现代化道路，必将打破"乡村衰落"的现代化魔咒，实现乡村产业、人才、文化、生态、组织的全面振兴，共同筑起乡村现代化的世界体系。

（二）以高质量乡村振兴促进共同富裕是社会主义蓬勃发展的生动展现。我国农村发展成就举世瞩目，很多方面对发展中国家具有借鉴意义。"赤脚医生"被国际组织誉为"发展中国家群体解决卫生保障的唯一范例"，乡镇企业曾经是众多国家学习的样板，精准扶贫精准脱贫被世界银行称为"世界反贫困事业最好的教科书"。改革开放使中国走上了一条中国特色社会主义道路，而这条道路的本质就是"以先富带动后富，最终实现共同富裕"。对中国以及世界上大部分发展中国家来说，要想实现共同富裕，面临的最大问题就是城乡发展的不平衡。中国以高质量乡村振兴破题共同富裕，以此实现所有人充分的物质和精神自由，是马克思主义中国化的最新成果。在世界百年未有之大变局中，中国人民在中国共产党的带领下走上了高质量乡村发展道路。中国共同富裕宏伟目标的逐步实现，将是对西方资本主义发展话语下"历史终结论"的终结，证明了中国没有辜负社会主义，社会主义也始终没有辜负中国。

（三）以高质量乡村振兴促进共同富裕是人类命运共同体构建的重要基础。中国以乡村振兴推进共同富裕，为构建人类命运共同体奠定实践和理论基础。在实践中，农业是每个国家发展必不可少的物质基础，农村是每个国家都不可能舍弃的重要组成部分，农民是每个国家重要的人民群体。农村和城镇共同体的建设是人类命运共同体的重要组成部分，是建成人类命运共同体的基础。中国拥有广大的农村以及相当数量的农村人口，到21世纪中叶，当中国这个发展中大国实现共同富裕，形成以工促农、以城带乡、工农互惠、城乡一体的新型工农城乡关系的时候，意味着世界范围内最大的城镇乡村共同体的成功构建，这将带动全人类早日进入人类命运共同体的理想境界。中国共产党坚持走中国特色社会主义道路，坚持在保持经济增长的同时让劳动者分享经济发展成果。中国以乡村振兴推进共同富裕的理论创新为发展中国家提供了新的道路选择，必将成为推动人类命运共同体构建的持续动力。

总之，共同富裕体现了马克思主义基本原理和中国具体实际的统一，其基本内涵、主要特性、实现方式和路径都具有鲜明的时代特色。正确认识实现共同富裕的阶段性、艰巨性、开创性，准确把握乡村振兴与共同富裕之间的历史演变、理论创新、实践探索与中国贡献内在逻辑关系，有助于我们科学回答什么是共同富裕，在实施乡村振兴战略中，怎样推进共同富裕这一重大理论和实践问题，找准实现共同富裕的主攻方向，在巩固拓展脱贫攻坚成果、全面推进乡村振兴的基础上，不断推动共同富裕取得更为明显的实质性进展。

第二章

以高质量乡村振兴推动农业农村现代化

随着"三农"工作重心历史性转移到全面推进乡村振兴、加快农业农村现代化的新阶段,我国脱贫地区乡村产业发展还处在初级阶段,产业链条比较短。2021年我国乡村常住人口近5亿人,占总人口的35.3%,我国低收入群体的主体是农民,2021年河北省农村居民人均可支配收入18 179元,河北省脱贫户人均纯收入11 156元。"十三五"期间,全国农民年人均可支配收入14 713元,河北省农民年人均可支配收入14 134元。预计到2025年,全国农村居民人均可支配收入将达到25 641元,年均增幅8.4%;河北省农村居民人均可支配收入将达到23 096元,年均增幅7%。农民富裕富足是我国实现共同富裕的重要标志,发展产业是解决农村一切问题的前提。推进乡村产业振兴,要以当地资源禀赋建成的特色产业为基础,以三产融合发展为核心,以新型经营主体为关键,以联农带农富农机制为根本,以党建引领多元一体为保障,在传统的"计划经济"与"市场经济"模式之外,开创经济新秩序,寻求农业农村现代化的创新潜力之路。

第一节 加快发展乡村特色产业化

按照资金跟着项目走、项目跟着规划走、责任跟着资金走的要求,建立产业项目库,将前期谋划、中期实施、后期监管到整改提升过程作为一个闭环系统，实施项目闭环式管理。坚持规划引领，按照资金使用要求，谋划储备一批项目；中期按序时拨付衔接资金，开工一批、在建一批、竣工一批；后期加强项目资产的监管，实现保值增值；整改提升是上一年的结束，也是下一年的开始，依据考评监督等发现的问题，及时整改，实现项目资金绩效阶梯式的上升。

一、基于资源禀赋谋划特色产业

在京津冀协同发展的背景下，如何把河北脱贫地区的自然禀赋特征和优势转化为经济高质量地发展？这取决于当地干部群众的认知能力。

河北省在地理区位上蕴藏着巨大的发展潜力，不仅有环京津、环渤海这两大优势，还地处北纬 38 度，拥有这一得天独厚的自然禀赋优势。北纬 38 度有"地球的金项链"之称，是全球最佳农作物的种植区，孕育出了许多高品质的农产品，河北的藁城小麦、深州蜜桃、献县金丝小枣等驰名中外。北纬 38 度带与滹沱河流域相伴而行，南北纵深 110 千米，包括天津、石家庄、保定、衡水、廊坊、沧州等地全部或部分地区，降雨集中在七八月份的高温时段，水和热同步出现，为旱作雨养农作物生长提供了基础条件。石黄高速公路沿滹沱河自西向东穿过，独特的空间区位优势，是发展现代农业的理想区域。

燕山地区，包括北京、张家口、承德、秦皇岛的全部或部分地区。地处内蒙古高原与华北平原交界区域，特别是坝上地区，这里空气冷凉，冰雪资源充沛，风大，光照时间长。承德践行"绿水青山就是金山银山"的理念，经过几代人的努力，将"黄沙遮天日，飞鸟无栖树"的荒沙秃岭，建成了水的源头、云的故乡、花的世界、林的海洋，铸就了塞罕坝精神。张家口以筹办冬奥会为契机，按照"首都水源涵养功能区和生态环境支撑区"的战略定位，利用冷凉的气候、独特的阳光、风力、冰雪等资源，大力发展设施绿色农业、文化旅游、新能源、大数据产业，构建零度以下特色产业体系，把劣势转化成为优势。

太行山区位于河北省西部，北起拒马河，南至漳河，纵贯华北平原南北，连接京冀两地，包括北京、保定、石家庄、邢台、邯郸等地的全部或部分地区，面积约占河北省的1/3，地势西高东低，受山东雨影响和太行山阻挡作用，这里土壤瘠薄、生态脆弱、交通闭塞、产业落后，但其红色资源丰富。太行山高速公路和南水北调中线沿太行山东麓穿过，为太行山地区经济发展动能转换、产业转型升级带来新的机遇。

二、构建G型特色产业格局

充分利用燕山、太行山和北纬38度带土地的属性、特征对人类及其他生命族群生存的影响，梳理和借鉴多年来开发利用的经验，提升土地内在价值，尊重自然规律，按照区域功能定位和科技、绿色、品牌、质量农业的要求，制定县级特色产业"十四五"发展规划，打造县级巩固拓展脱贫攻坚成果同乡村振兴有效衔接示范区、现代农业示范区，提升河北脱贫地区经济发展活力。在燕山地区，建设零度以下绿色产业和生态经济区，重点发展设施特色农业、大数据、光伏、风力发电和冰雪经济，加快建设京张承体育文化旅游带，把冷资源变成热经济；在太行山地区，开发建设"一路三带"，依托太行山高速公路，建设生态文化旅游带、中医药养生产业带、山地特色农业产业带；在黑龙港流域，沿滹沱河，以石黄高速公路为主线，重点打造北纬38度绿色产业隆起带，承接京津产业转移，进行生产力布局；在更大产业范围、更高层次上,构建"多县一带、一乡一业、一村一品"的乡村特色产业 G 型发展格局,G 即是英语绿色(green)的简称。充分发挥乡村在保障农产品供给和粮食安全、生态保护、优秀文化传承等方面的特有功能,推进特色产业发展,壮大农村集体经济,促进农民增收,加快农业农村现代化的建设步伐。

三、推进特色产业集群建设

乡村产业越升级,越需要龙头企业的带动。以新型经营主体为关键,按照"三品一标"的要求,培育全产业链标准"领跑者",推动品种培育、品质提升和品牌打造和标准化生产。新技术革命和创新能力不断改变着人们的生活方式和社会的经济结构,而中小企业是加快县域经济科技创新的主力军。截至 2021 年底,我国有 1.54 亿户市场主体,其中 95% 以上是中小企业。这些中小企业贡献了 50% 以上的税收、60% 以上的 GDP、70% 以上的技术创新、80% 以上的城镇就业人口、99% 的企业数量,是推动高质量发展的重要基础。抓优势特色产业集群建设,依托的是农业农村资源,培育的是农业龙头企业,参与的是广大农户,打造的是特色鲜明、业态丰富、创新活跃的乡村产业。开展"万企兴万村",推动村企合作、村村合作、村社合作,把脱贫地区特色产业纳入全省乡村产业发展,围绕 107 个县域特色产业集群、15 个特色优势产业集群一体推进,统筹六大产业提升工程,聚力打造 21 个特色产业带、100 个省级现代农业示范区,带动脱贫地区特色产业转型升级,壮大县域经济,催生多个农业产业化联合体和农业社会化服务组织,聚合上中下游完整环节,打造全产业链,借助网商平台,推动农业由"卖原料"向"卖加工产品""卖品牌产品"和"卖服务"转变。

第二节 推进农村三产融合立体化

以三产融合发展为核心,在农业产业化发展的基础上,将一二三产业进行交互,将第二产业标准化的生产理念和第三产业"以人为本"的服务理念引入第一产业的发展,不仅仅是一种纵向发展,也能够使农业得到横向发展,更是从平面发展转变为多维度的立体发展,完成由点(农业)到线(产业链)到面(产业融合)到立体(引领多元一体)的发展过程。

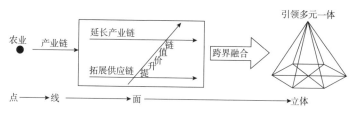

图2.1 三产融合从点到线到面再到立体

一、建立股份合作制经济组织

三产融合是以第一产业农业为基本依托,通过产业联动、产业集聚、技术渗透、体制创新等方式,将资本、技术及资源要素进行跨界集约化配置,综合发展农产品加工业等第二产业;同时使农业生产、农产品加工业与销售、餐饮、旅游、文化、康养等第三产业有机整合在一起,乡村各产业有机融合、协同发展,实现农业产业链长度的延伸、供应链宽度的拓展、价值链厚度的提升,最终将长度、宽度与厚度紧紧拧在一起,让农户共享增值收益。

三产融合不仅是产业链融合和跨界融合,而是从动物(包括人)、植物、微生物"三物"循环到建设生态文明的过程,更是农业生产、生活、生态"三生属性"的具体表现:一是第一产业内部产业整合型融合,种植与养殖相结合;二是农业产业链延伸型融合,以第一产业农业为中心向前后链条延伸,将种子、农药、肥料供应与农业生产连接起来,或将农产品加工、销售与农产品生产连接起来,或者组建农业产加销一条龙;三是农业与其他产业交叉型融合,如农业与加工业融合形成品牌农业,农业与文化、旅游业融合而来的休闲农业等;四是先进要素技术对农业的渗透型融合,信息技术的快速推广应用,既模糊了农业与二、三产业间的边界,也大大缩短了供求双方之间的距离,使得网络营销、在线租赁托管等成为三产融合发展的新趋势。借用级差地租理论来分析,农业"一产"只能增加绝对地租,"二产"增加的是产业级差地租,而三产融合因极大地拓展了被重新定价的要素范围,带来的级差地租增加将会数倍于"二产",农户可以获得更大的溢价收益,在一定程度上缩小村内的收入差距。其中重要的环节是实现土地资源价值化。现阶段,面对农村千家万户的经营主体和极度分散的资源,土地不能流转,小农经济产出效率显然很低;土地能自由流转并集中,农业生产效率就会大幅度提高。而要实现土地资源价值化,必须推动农村土地股份合作制改革。

股份合作制经济组织兼有股份制和合作制两种经济形态,是农户在合作制基础上,将土地、资金、劳动力等资源资产资金折价入股,依法自愿组织起来,并采取股权设置、组织管理的一种新型经济实体。根据《中华人民共和国公司法》"有限责任公司由五十个以下股东出资设立""设立股份有限公司,应当有二人以上二百人以下为发起人"的规定,采取"龙头企业+合作社+农户"的形式,龙头企业带合作社，合作社带农户。股份合作制经济组织实行按股分配和按劳分配相结合，是盈利与互助相互兼顾、市场主体和农户互利共赢的有效形式，是发展特色产业、壮大农村集体经济和增加农户财产性收入的重要途径，是对马克思主义合作制与股份制理论的继承与发展，为促进共同富裕开辟了道路。

二、重点建设"三个链条"

在推进路径上，要补上技术、设施、营销等短板，一是延长产业链。大力发展现代农产品加工业，立足县域布局产地初加工、精深加工和副产物综合利用，打造农产品加工集群。二是拓展供应链。加快发展现代农产品流通业，大力推进仓储保鲜冷链物流设施建设，积极发展农村电商和农村金融，把农产品更加快速、低成本地送到消费者手中。三是提升价值链。推动农业与文化、旅游、教育、医疗等产业深度融合，培育田园艺术、休闲旅游、农事体验、健康养生等新产业新业态。

三、开展衔接示范区创建

进一步优化省级财政衔接资金投入方式，支持县级巩固拓展脱贫攻坚成果同乡村振兴有效衔接示范区建设，作为开展"百县千乡万村"乡村振兴示范创建的"牛鼻子"。衔接示范区贯彻创新、协调、绿色、开放、共享的新发展理念，在县域范围内，以功能定位准确、基础条件较优、生态环境良好、政策措施有力、投资机制明确、运行管理顺畅、联农带农富农作用显著、防止返贫机制有效为标准，以 10 个以上行政村成方连片的特色片区为开发单元，面积一般不低于 5 000

亩，核心区不低于20%，打造巩固拓展脱贫攻坚成果的样板、产业项目联农带农富农的样板、资金资产高效使用的样板、三产融合发展的样板、部门协调联动的样板，确保衔接示范区单位面积产值处于全省先进水平，农民人均收入增速高于全县农民平均收入增速，脱贫人口人均收入增速高于全省农民人均收入增速。省乡村振兴局、省财政厅按A、B、C、D档次，每年向相关市级政府通报年度评估结果，给评估结果B档次（含B）以上的衔接示范区安排后续绩效奖励资金。同时，评估结果与下年度支持相关市建设衔接示范区数量挂钩。衔接示范区建设实施完成后，开展终期评估，达到建设标准后，分级创建一批乡村振兴示范乡镇、示范村。

第三节　推动城乡融合发展一体化

推进城乡融合发展一体化，是国家现代化的重要标志，也是实现农民全面发展、农业农村全面进步的基础所在。在推进城乡融合发展一体化过程中，必须坚持共享发展理念，要打破大多数原料在农村、加工在城市、劳动力在农村、产业在城市的二元格局。

一、把县域作为城乡融合发展的重要切入点

强化以工补农、以城带乡，加快形成工农互促、城乡互补、协调发展、共同繁荣的新型工农城乡关系。2021年，我国常住人口城镇化率已达到64.7%，比上年增长了0.8个百分点。从目前到2035年是我国破除城乡二元结构、健全城乡融合发展体制机制的窗口期。要强化

统筹谋划和顶层设计，强化提高土地出让收益用于农业农村比例政策的落实。农民进城务工是个大趋势，要把该打开的"城门"打开，促进农业转移人口市民化，确实增加农民的打工收入。要推进县域空间布局、特色产业、基础设施等统筹发展，坚持农业农村一体设计、一并推进，要强化基础设施和公共事业县乡村统筹，加快形成县乡村功能衔接互补的建设管理格局，推动公共资源在县域内实现优化配置。要赋予县级资源整合使用的自主权，强化县域综合服务能力，加快实施数字乡村建设发展工程，把乡镇建设成为服务农民的区域中心。

二、实施乡村建设行动

当前，我国乡村正处于形态快速演变的阶段，乡村建设要遵循城乡发展建设规律，做到先规划后建设。脱贫攻坚以来，农村基础设施有了明显改善，但农村欠账还很多，往村覆盖、往户延伸还存在明显薄弱环节，投资空间很大。要继续把公共基础设施建设的重点放在农村，加快补上短板。在推进城乡基本公共服务均等化上要持续发力，加强普惠性、兜底性、基础性民生建设。要接续推进农村人居环境整治提升行动，重点抓好改厕和污水、垃圾处理，健全长效机制。农村人口向城镇集中是大趋势，乡村建设是为农民而建。"乡村文明是中华民族文明史的主体，村庄是这种文明的载体，耕读文明是我们的软实力。"城乡一体化发展，要保留村庄原始风貌，尽可能在原有村庄形态上改善农民生活条件，注重保护传统村落和乡村特色风貌，留得住青山，记得住乡愁。不能违背农民意愿，超越发展阶段，盲目大拆大建，搞大规模村庄撤并，要稳扎稳打、分类指导。

三、丰富农民的精神文化生活

乡村建设，不仅要塑形，更要铸魂。要加快新时代文明实践中心、所、站建设，推进乡村文化振兴。农村社会主义精神文明建设是滋润人心、德化人心、凝聚人心的工作，要加强农村思想道德建设，弘扬和践行社会主义核心价值观，推进农村思想政治工作，感党恩、听党话、跟党走，知民心、晓民情、解民意，把农民群众精气神提振起来。开展形式多样的群众文化活动，孕育农村社会好风尚。普及科技科学知识，推进农村移风易俗，革除高价彩礼、人情攀比、厚葬薄养、铺张浪费等陈规陋习，反对迷信活动，推动形成文明乡风、良好家风、淳朴民风，创建文明家庭。注重农村青少年教育和精神文化生活，深化"扣好人生第一粒扣子"主题教育实践，完善举措，加大投入，促进其健康成长。

四、打造美丽宜居的生活环境

农业是个生态产业，农村是生态系统的重要一环。民以食为安，食以安为先，要牢牢把住国家粮食安全主动权。目前，改善农村生态环境、治理农业面源污染还处于治理存量、遏制增量的关口。要持续抓好化肥农药减量、白色污染治理、畜禽粪便和秸秆资源化利用，加强土壤污染、地下水超采、水土流失等治理和修复。要健全草原森林河流湖泊休养生息制度，巩固退牧还草、退耕还林成果，开展大规模国土绿化行动，加强生物多样性保护。构建国家记忆体系，打造大运河文化带。国家力争2030年前实现碳达峰、2060年前实现碳中和，农业农村减排固碳，实现生态资源价值化，既是重要举措，也是潜力所在。加强农村生态文明建设，全面推进乡村生态振兴，要坚持"绿水青山就是金山银山"的理念，爱山如父、爱水如母、爱林如子，不断增强自律捍卫意识，不断提升绿水青山"颜值"，不断做大"金山银山"价值。

第四节 实现农民增收渠道多元化

发展新型农村集体经济是实现农民共同富裕的物质基础。深化农村改革，建立更加稳定的联农带农富农利益联结机制，既要完善产业帮扶与农村低保有效衔接的机制，更要在推进三产融合中，让农民参与进来，把产业链延伸环节更多留在乡村，让脱贫群众更多分享产业增值收益。

一、把小农户融入产业链挣薪金

发挥村集体经济"统"的作用，按照"项目安排精准"的要求，大力发展有利于农户增收致富的产业项目，补上技术、设施、营销等短板，推动"一县一业、一乡一特、一村一品"产业提档升级；建链补链强链、拉长产业链、拓展供应链、提升价值链，将小农户融入产业链，鼓励农户积极参与到产业主体和交通运输、服务等产业链中来，促进一二三产业融合发展，加大以工代赈项目的管理，及时足额发放劳务报酬，让农户就近就地就业获得劳动工资收入，切实提高脱贫群众的产业参与度和受益度。

二、深化农村集体产权制度改革赚租金

新时代建立农村基层党组织领导的农村集体经济组织制度和村民自治组织制度,构成了我国农村治理的基本框架,为中国特色农业农村现代化提供了基本的制度支撑。在衔接示范区,整合资源资产资金,实施资本化运作,激发农村资源要素活力,探索让农民长期分享土地增值收益的有效途径。第一步,由村集体经济组织发挥熟人社会的中介作用和集体资产的杠杆作用,借用企业上市股改完成股权设置及协商定价,村集体经济组织在"三资"转为股权过程中发挥"保荐人"作用,作为村内部"三资整合者",建立"初次定价"的一级产权市场,形成"归属清晰、权责明确、保护严格、流转顺畅"的现代产权制度。对资源清产核资颁证,按照土地"三权分置"的原则,在产权交易中心的价格指导下,农民通过土地"租赁收益+合作社+入股分红",将土地经营权流转到村集体经济组织;将村集体经营性项目资产,按照"明晰所有权、放活经营权、落实监管权、确保收益权"的原则,量化到人、分红到户;将各类财政资金、帮扶资金和现有村集体资金等"以投转股",根据一般农户、建档脱贫户、监测户三种不同的户类别,进行不同的折股量化,确定成员股份份额。把股本按资源股、资产股、资金股和其他分为四类,一般村集体持股(优先股)占40%,社员持股(普通股)占60%,完成社员大会、董事会、监事会的组建。第二步,对外引资相当于形成二级债权市场,村集体经济组织承担村域资产管理公司的职能,将在内部完成了初次定价的资产,通过股权、债权"发包"给村内合作社,而合作社进一步引进外来的龙头企业和工商资本,通过股份合作制以合作社为中介将分散的农户与工商企业予以对接,以股份量化为机制将农户分散的资产经营权和使用权变为无差别的股权,与工商资本进行"耦合",形

成农户、合作社与社会资本合作 PPP 模式组合投资和多元化的开发机制。第三步，将新型经营主体引入地方"场外交易"三级股权市场——石家庄股权交易所"乡村振兴板"或北京证券交易所"专精特新"板挂牌或上市，促发形成资产增值机制，推进资产证券化，权属可拆分可交易，投资人退出时，村集体经济组织做"回购商"，实现村集体资产的溢价增值收益。这为城乡之间要素充分流动、三产融合打开了通道，也可让农户获得资产收入。

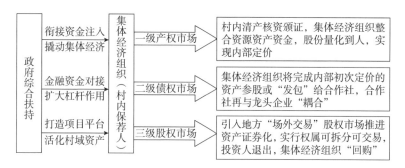

图 2.2　以村集体经济组织构建三级市场

三、壮大农村集体经济分红金

以村集体增收为根本出发点，在遵循"政府配置衔接资金、市场配置社会资本"的原则下，以科技含量附加值高的项目为平台，推动资源变资产、资产变资金、资金变资本、农民变股东"四变"改革。土地变资产，信用变资金。将沉睡的土地资源通过土地流转转化成经营主体的资产；通过林权、宅基地使用权和土地经营权抵押贷款，将资产转化成信贷资金。建档立卡脱贫户通过扶贫小额贷款入股合作社并参与生产，按不低于 6% 年固定分红。资金变资产，农民变股东。把政府配置的衔接资金，整合下放、折股量化、参股投放到项目，通过资产物化，将资产折股量化给村集体经济组织，将资产收益权明确到村集体，合作社以量化的产权资金额度每年6%—8%的标准作为村集体经济组织分红收益。认定村集体经济组织成员身份，以土地承包证、宅基地证和林权证确定一般农户村集体成员权，在此基础上，以乡村振兴部门的建档立卡系统确定建档脱贫户和监测户村集体成员权。股份量化以户口、人数为标准，以户为单位，人人平均。实行"增人不增股、减人不减股，三十年不变，五年一微调"的静态管理。三资变股金，股金变资本。通过挂牌或上市，构建引领多元一体的股份合作制经济组织，把产业发展的增值收益更多留给农民，年终纯收入合作社提取公益金、公积金和风险金后再进行分配，村集体经济组织与农户按股分红，村集体股份分红与村民的社区表现挂钩，40%安排公益岗进行差异化分配，60%用于合作社扩大再生产，建立激励和约束机制，集体经济组织带动有效乡村治理，保障农民的财产性收入。

四、做好三次分配收善金

三次分配是在完善的道德体系下，高收入群体以捐赠、慈善的方式实现对低收入群体的帮扶，是调节收入分配、实现共同富裕的有效办法。要在市场初次分配、政府兜底二次分配的基础上，发挥扶贫基金会、慈善协会、社会帮扶组织的作用，鼓励高收入群体以慈善等形式进行帮扶，村"两委"将精神文明建设、生态文明建设和乡村治理的成果，采取"道德银行"积分制，转化为股权奖励，切实解决重点监测户返贫致贫的问题。

第五节　开创党建引领多元一体化

推进乡村全面振兴是一项系统工程，涉及社会的方方面面。既要有顶层设计，又要有基层探索。要坚持以人民为中心，以党建引领共同富裕，健全党领导农村的组织体系、责任体系、政策体系、工作体系。构建引领多元一体的乡村经济治理体系，发展股份合作制经济组织是实现共同富裕的重要保证，要不断提高集体经济组织化，把乡村振兴融入中国式的农业农村现代化。

图2.3　党建引领多元一体的乡村经济治理

一、正确把握农业农村发展新的历史定位

坚持把解决好"三农"问题作为全党工作重中之重，举全党全社

会之力推动乡村振兴。一是加快推动工作重心的"三个转向",把工作对象转向所有农民,把工作任务转向推进乡村"五大振兴",把工作举措转向促进发展,使农业农村与国家同步实现现代化。二是要抓紧"三项任务"的落实,聚焦产业促进乡村发展,扎实稳妥推进乡村建设,加强和改进乡村治理。三是巩固好拓展好脱贫攻坚成果,把增加脱贫群众收入作为根本举措,把加快脱贫县发展作为主攻方向,不断缩小脱贫群众的收入差距和脱贫县的发展差距,确保兜底保障水平稳步提高,确保"三保障"和饮水安全保障水平持续巩固提升,确保不发生规模性返贫。

二、强化创新驱动的政策措施保障

以农业供给侧结构性改革,尽快破解一些"卡脖子"的问题。一是破解钱从哪里来。加大政府转移支付的力度,合理安排地方财政资金投入规模,逐步提高用于特色产业发展的比例,适当向乡村振兴重点帮扶县倾斜,允许边缘户享受使用财政衔接资金,推动均衡发展。要建立健全支持新型经营主体发展的税收政策体系,适时调整政策优惠力度。发挥财政投入引领作用,研究设立用于三产融合发展的专项贴息贷款,探索产业链融资、园区融资等模式,大力发展林权、农民宅基地使用权、农村土地经营权抵押贷款;通过政策性农业保险制度对生产过程中的自然风险和市场价格风险进行分散和转移,并进行经济补偿;支持以市场化方式设立乡村振兴基金。开展信用户、信用村、信用乡、信用县"四信联建",建立信用信息数据库。二是解决地从哪里出。盘活存量,调优增量,支持建立健全农村产权流转市场体系,发挥农村产权交易中心的定价机制。在衔接示范区和现代农业园区建设中,采用"设施农用地+建设用地+永久基本农田+林地+

一般耕地"五地联动的模式,形成用地组合。要严防死守18亿亩耕地红线,建设高标准农田。三是创新人到哪里去。制定财政、金融、社会保障等激励政策,吸引各类人才返乡入乡创业。鼓励原籍普通高校和职业院校毕业生、外出农民工及经商人员回乡创业兴业。建立告老还乡制度,鼓励退休公职人员回村发挥余热。探索通过岗编适度分离,推进专家人才定期服务乡村。加快发展人力资源服务业,持续推进农业创新驿站服务模式,培养懂农业、会管理、能掌握先进农业生产技术的职业农民。允许农村集体经济组织探索人才加入机制,吸引人才、留住人才。

三、提升党领导"三农"工作的能力和水平

各级党委要坚决扛起政治责任,落实农业农村优先发展的方针,毫不松懈地加强组织领导和支持保障,切实把五级书记抓乡村振兴的要求落到实处。各级党委农村工作领导小组要健全议事协调、督查考核等机制,切实发挥牵头抓总的作用。健全多部门联动参与的工作机制,加强"三位一体"的工作协调机制,因地制宜地加强分类指导,农办侧重于政策协同,农业农村部门侧重于产业,乡村振兴部门侧重于农村,各负其责又密切配合,共同推进乡村振兴。乡村振兴各项政策,最终要靠农村基层党组织来落实。要选优配强乡镇领导班子、村"两委"成员,特别是村党组织书记。要推动各类资源向基层下沉,为基层干事创业创造条件,正确处理"一个顶层设计"和"多种基层模式创新"的关系。发扬脱贫攻坚精神,建设一支政治过硬、本领过硬、作风过硬的乡村振兴干部队伍,对各级领导干部开展集中培训,特别是各级主管领导干部,继续用好驻村第一书记和工作队,以更大的力度全面推进乡村人才振兴和组织振兴。要广泛依靠农民、教

育引导农民、组织带动农民，激发广大农民群众积极性、主动性、创造性，投身乡村振兴，建设美好幸福家园，不断夯实党在农村的执政根基。

第三章

特色产业扶贫模式的背景及意义

不忘初心、牢记使命。只有坚持用大历史观来看待农业、农村、农民问题，才能深刻理解"三农"问题。我们党自成立后，充分认识到中国革命的基本问题是农民问题，把为广大农民谋幸福作为重要使命。打土豪分田地，农村包围城市，完成新民主主义革命，建立中华人民共和国。完成社会主义革命，确立社会主义基本制度，建立起独立的完整工业体系（大类41个、中类207个、小类666个）和国民经济体系，积累进行社会主义建设的重要经验。进行改革开放新的伟大革命，开创、坚持、发展中国特色社会主义，特别是党的十八大以来，在习近平新时代中国特色社会主义思想的指引下，党中央把脱贫攻坚摆在治国理政的突出位置，发扬"上下同心、尽锐出战、精准务实、开拓创新、攻坚克难、不负人民"的脱贫攻坚精神，打赢了脱贫攻坚战，建党100年实现全面建成小康社会。到建国100年时，全面建成社会主义现代化强国，实现中华民族的伟大复兴。

第一节 推进特色产业扶贫模式的研究背景

一、从改革开放史看

自改革开放以来，截至2021年，中共中央、国务院发布了23个关于"三农"工作的"中央一号文件"。在乘势而上接续奋斗的新时代，要走出一条乡村振兴的发展新路，必须从中国农村改革开放史中，汲取继续前进的智慧和力量。

（一）第一阶段：1982—1986 年。波澜壮阔的中国改革事业，发端于农村。改革初期，以安徽凤阳县小岗村的"分田密约"为标志，包产到户、包干到户，以其强劲的生命力在中国农村出现，并席卷中华大地。但是，当时还处于人民公社和计划经济的体制下，这种农业生产责任制到底是姓资还是姓社？农业生产责任制是否为国家权宜之计？这在当时引起了很多人的质疑。为此，20 世纪 80 年代，围绕农村农业生产责任制中共中央出台了五个中央一号文件，简称"五个一号文件"。其显著特点：一是突出农村改革在于构建新的经济体制。推行家庭联产承包责任制，废除人民公社，突破计划经济模式，构建了适应发展社会主义市场经济要求的农村新经济体制框架。以农民为主体的家庭联产承包责任制这一诱导制度的变迁，大大提高了农民的劳动积极性，促进了农业产量和农村剩余劳动产品的增长。更为关键的是，家庭联产承包责任制这种制度创新，使农民获得了对剩余劳动产品和劳动时间的支配权，而国家富民政策减少了工业对农业的提取量，使相当一部分农业剩余产品留在农民手中，增加了农民对非农产业投资的选择，使亿万农民逐步从绵延数千年"面朝黄土背朝天"的生产模式中解放了出来，通过非农经营等方式，百业兴起，在解放生产力的同时，实现了劳动力自身的进一步解放，开始参与到中国工业化、城镇化的伟大历史进程，为中国城市经济体制改革，提供了坚实的物质基础和取之不竭的精神动力。二是以政府为主导的农产品价格调整这一强制性制度变迁，较大幅度地提高了农副产品收购价格，为农业生产带来了 60% 以上的增长，促进了农业大发展。同时，农村改革始终坚持市场取向，市场机制也引入农业和农村经济，"双轨制"

运行的格局呼唤国家全面推行市场取向改革。这些都为1992年以后的市场经济改革目标的确立奠定了基础。三是突出解放和发展农村生产力，繁荣农村商品经济。农村改革的根本目的是解放和发展生产力，发展农村商品经济，促进农业现代化，使农村繁荣富裕起来。农村改革，从供给和需求两个方面有力地推动了整个国民经济的增长，农业生产力获得解放，农业产量和农民收入出现超常规增长，农村改革在改革初期作出示范，为中国经济体制改革提供借鉴。这"五个一号文件"，记录了中国共产党尊重人民群众的首创精神，从群众中来、到群众中去，指导中国农村改革的一系列重大决策，对实现农村改革率先突破、调动广大农民积极性、解放农村生产力起到了巨大的推动作用，"交够国家的，留足集体的，剩下全是自己的"，深深地印在亿万中国农民的心坎上。

（二）第二阶段：2004—2012年。时隔18年，中央一号文件回归"三农"，中共中央出台了九个中央一号文件，简称"新世纪九个一号文件"。其鲜明主题是缩小城乡差距，促进城乡经济社会一体化发展。通过一系列"多予、少取、放活"的政策措施，使农民休养生息，重点强调农民增收，给农民平等权利，给农村优先地位，给农业更多反哺，中国农业和农村进入前所未有的发展新阶段，最直接的表现是农民人均收入进入较快增长期。其特点：一是在战略决策上，体现了"统筹城乡经济社会发展"。"新世纪九个一号文件"的共性是建立以工补农、以城带乡的长效机制，逐步解决"三农"问题，改变城乡二元经济结构。二是在指导方针上，体现了"多予、少取、放活"，重点在"多予"上下功夫。调整国民收入分配结构，扩大公共财政覆盖农村的范围，加大对农村公共服务的投入。全面取消农业税，对农业生产实行直接补贴；加强农村基础设施建设，社会事业发展重点转向农村；在农村普遍建立最低生活保障制度，保障农民工权益等。国家对农民实现了由"取"向"予"的重大转变。城市与农村经济之间的关系由"汲取型"向"反哺型"转变。三是在着力点上,体现了改善农村民生。扎实推进社会主义新农村建设、农村基础设施建设和社会事业不断进步,加快水利改革,推进农业科技创新,逐步提高农村基本公共服务水平,包括提高农村义务教育水平、增强农村基本医疗服务能力、稳定农村生育水平、繁荣农村公共文化、建立健全农村社会保障体系。2008年开始在全国范围内全面实行农村最低生活保障制度,成为这一时期"三农"工作的亮点。"新世纪九个一号文件"记录了中国共产党以人为本的改革发展历程,体现了马克思主义历史唯物论的基本原理,体现了我们党的根本宗旨和推动经济社会发展的根本目的。把人民拥护不拥护、赞成不赞成、高兴不高兴、答应不答应,作为衡量、判断党的一切工作得失的根本标准,对实现农村改革持续突破,调动广大农民积极性,进一步解放和发展农村生产力起到了巨大的推动作用,2006年取消农业税成为中国农民永恒的记忆。

(三)第三阶段:2013—2021年。党的十八大以来出台了九个中央一号文件,简称"新时代九个一号文件"。前八个一号文件具有鲜明的特点:一是在破解"三农"新难题上,贯彻创新、协调、绿色、开放、共享的发展理念。明确了新时代推进农村改革发展的目标,坚持农业农村优先发展总方针,全面实施乡村振兴战略,推动共同富裕。农村居民人均可支配收入2019年突破16 000元,提前一年实现比2010年翻一番的目标。2020年农村居民人均可支配收入达到17 131元,城乡居民收入差距缩小到2.56∶1。二是在着力点上,下大力补齐农村这块"短板"。围绕全面建成小康社会,解决"两不愁三保障",确定了到2020年现行标准下的农村贫困人口脱贫、贫困县全部摘帽、解决区域性整体贫困的目标,打一场脱贫攻坚战。贫困地区发生了翻天覆地的变化,近1亿贫困人口脱贫,解决了困扰中华民族几千年的绝对贫困问题，书写了人类发展史上的伟大传奇，为世界减贫贡献了中国智慧和中国方案，集中彰显了中国共产党领导和中国特色社会主义制度的优越性。脱贫攻坚伟大斗争，锻造形成了"上下同心、尽锐出战、精准务实、开拓创新、攻坚克难、不负人民"的脱贫攻坚精神，为全面建成小康社会作出了重大贡献，为开启全面建设社会主义现代化国家新征程奠定了坚实的物质基础和精神动力。三是在体制机制上，做好农业供给侧结构性改革。核心是围绕市场需求进行生产，建立可持续的农产品有效供给体系。推进农村集体产权制度改革，激发亿万农民创新创业活力，释放农业农村发展新动能。四是在生态上，坚持"绿水青山就是金山银山"的理念。推动农业绿色发展和高质量发展，深度挖掘农业的多种功能，培育壮大农村的新产业新业态，把推动产业融合发展作为农民增收的重要支撑。稳步提高粮食生产能力，确保粮食安全，始终把中国人的饭碗牢牢端在自己手上。五是在乡村治理上，加强党的基层组织、农业基础设施和农村基本公共服务建设，建立现代治理体系，提升治理能力，推进城乡融合发展。新时代前八个一号文件记录了中国共产党以人民为中心的改革发展历程，不论是"人民对美好生活的向往，就是我们的奋斗目标"的执政理念，还是"全面建成小康社会，一个不能少；共同富裕路上，一个不能掉队"的庄严承诺，都倾注着中国共产党人的初心和坚守。"以人民为中心"让农民群众进一步提高了获得感、幸福感、安全感。中国共产党人独特的治理智慧和政治哲学将指引人类未来走向更好的道路。

2021年中央一号文件承上启下，既立足当前，突出年度性、实效性，部署当年必须完成的任务；又兼顾长远，着眼"十四五"开局，突出战略性、方向性，明确"十四五"时期的工作思路和重点举措。2021年6月1日，《中华人民共和国乡村振兴促进法》正式实施，为推进乡村振兴各项工作,提供了法律保障。综上所述,改革开放以来的 23 个中央一号文件的核心和落脚点始终是农民增收、农村改革和农业农村现代化。

农民增收。主要是通过提高产业效益促增收,扩大就业促增收,深化改革促增收。

农村改革。始终以处理好农民和土地的关系为主线,推进体制机制创新,让农村的资源要素活化起来,让广大农民的积极性创造性迸发出来,推动小农户与现代农业有机衔接,从制度上提供支撑。首先,深化农村集体产权制度改革。围绕"三块地",巩固和完善农村基本经营制度,明确承包地的所有权、承包权、经营权;稳慎推进农村宅基地制度改革,明确宅基地的所有权、资格权、使用权;农村集体经营性建设用地,在符合规划和用途管制的前提下,与国有土地同等入市、同权同价。其次,通过农业供给侧结构性改革和需求侧改革,加快推动城乡融合发展。截至 2020 年 11 月,河北省有 49 034 个村在农业农村部门完成了登记赋码,占比 99.9%。根据 2021 年 1 月数据,全国城乡建设用地共计 22 万平方千米,其中城市建成区面积只有 5 万平方千米,宅基地面积达 17 万平方千米。宅基地是农村重要的经济增长点,17 万平方千米土地等待盘活。

农业农村现代化。一是构建一二三产融合的现代产业体系;二是推动农业绿色发展和高质量发展,打造现代生产体系;三是通过土地流转,推进现代化农业经营体系。同时,加大投入补贴,完善农业支持保护制度。围绕种子和耕地,强化现代农业科技和物质装备支撑,充分发挥乡村在保障农产品供给和粮食安全、保护生态环境、传承发展中华民族优秀传统文化等方面的特有功能。

二、从发展机遇上看

（一）国民经济总量上升为全球第二位。改革开放40年来，我国国民经济大踏步前进，经济总量连上新台阶，成功从低收入国家迈入中等偏上收入国家行列，综合国力和国际影响力显著提升。在改革开放的历史背景下，我们要立足国情，稳中求进，全力、继续推进改革任务，科学实施宏观调控、激发市场潜能，培育创新动能，实现经济社会持续稳定发展。

经济总量跃上新台阶。1978年，我国国内生产总值只有3 678.7亿元，2020年在新冠疫情的影响下，我国国内生产总值仍然呈现增长趋势，全年生产总值1 013 567亿元，经济总量稳居世界第二，1979至2020年国内生产总值年均增长9.2%。2020年我国国内生产总值突破百万亿元大关，这意味着我国经济实力、科技实力、综合国力又跃上一个新的台阶。

人均经济指标迅速增长。从人均经济指标来看，我国人均GDP从1978年的385元增长到了2020年的71 828元，人均国民总收入也实现同步快速增长，1978年我国的人均国民总收入为190美元，2020年，人均国内生产总值已连续两年超过1万美元，稳居中等偏上收入国家行列，与高收入国家的差距继续缩小。

第一二三产业间的比重有所调整。1978年我国一二三产业产值比重为27.7∶47.7∶24.6，2020年这个比重变为7.7∶37.8∶54.5。第一产业比重快速下降，第二产业比重有所降低但保持稳定，第三产业的比重上升较快。改革开放所带来的工业化进程加快，经济社会发展迅速，促进了二、三产业的发展，二、三产业的发展进一步夯实了我国经济发展的基础，为推进我国农业现代化奠定了基石。改革开放至今，我国经济总量及人均指标均大幅增长，经济结构逐步优化，经济发展的全面性、协调性和可持续性不断增强。同时，三产结构的不断优化，为我国农村三产融合提供了技术、资金、人力资源等要素支持，为全面推进乡村振兴奠定了坚实的基础。

（二）党和国家高度重视产业融合。党中央、国务院一直高度重视农业与其他产业的融合发展并出台了一系列政策，为确保粮食安全和产业融合发展明晰道路。2014年中央农村工作会议提出了一二三产业融合发展的目标，为我国农业产业化发展指明了新的方向。2015年中央一号文件，首次提出通过推进农村三产融合发展来提高农民收入、发展现代化农业。文件提出要因地制宜、发展特色农业产业；要创新驱动，拓展农业产业多功能；要双管齐下，兴乡村产业提农民收入。文件明确提出：第一，要让农民共享产业融合发展带来的价值增值；第二，要立足资源优势，发展具有特色的、有效益的、有市场需求的产业；第三，要创新，发展服务业带动就业，发展精深加工带动产业提质增效，挖掘农业多功能性，实现"农业+"的创新驱动。2016年中央一号文件再次强调，促进农业供应链拓展、产业链整合和价值链提升，才能有效实现产业兴旺、农民增收入。强调要增加农民在产业价值链中的话语权。2017年中央一号文件开启了农村三产融合的新布局：鼓励培育新业态、壮大新产业、发展新模式。在产业融合的基础上，进一步拓展供应链、延长产业链、提升价值链，逐步壮大新业态。同年党的十九大指出推动农村三产融合是实现乡村产业兴旺最为重要的途径之一。2018年中央一号文件要求各地逐渐形成农村三产融合的发展体系，并确立了明确的目标。同年，《乡村振兴战略规划（2018—2022年）》中首次提出产业交叉融合的理念，并在此基础上进一步强调了要壮大产业融合。2019年中央一号文件强调乡村振兴中农民的主体地位，要让农民分享产业融合的利益。再次强调产业融合的增值收益，要让农户共享产业融合发展的成果。2020年中央一号文件再次突出农村三产融合是发展富民乡村产业的重点。将产业融合作为发展富民乡村产业的重要抓手。2021年中央一号文件进一步细化了对农村三产融合的要求，提出在构建现代乡村产业体系过程中，要"推进农村一二三产业融合发展示范园和科技示范园区建设"，依托乡村特色优势资源，打造农业全产业链，让农民更多分享产业增值收益。推进农村三产融合发展，是实现农业现代化的有效途径。一系列的中央文件规划表明，党和国家高度重视加快推进农村三产融合发展，农村三产融合将随着乡村振兴战略的深入推进而持续发展，未来国家将持续从制度与政策上保障农业产业的深度融合发展，这也是实现共同富裕的必然选择。农村三产融合发展的提出是中央结合当前宏观经济发展大势及农业自身发展态势提出的重要战略决策，深思熟虑且恰逢其时。推进农村三产融合，是党中央在经济发展进入新常态的现实背景下，对农业农村工作作出的重要部署。

（三）"三农"工作重心历史性转移。不谋万世者，不足谋一时；不谋全局者，不足谋一域。从集中资源脱贫攻坚转向全面推进乡村振兴战略的背景下，一要准确把握新发展阶段。新发展阶段是社会主义初级阶段中的一个阶段，是经过几十年积累、站到了新起点的一个阶段，是我们党带领人民从站起来、富起来到强起来的历史性跨越的新阶段。立足新发展阶段，历史和现实都告诉我们：农为邦本，本固邦宁。任何时候都不能忽视农业、忘记农民、淡漠农村，始终把解决好"三农"问题作为全党工作重中之重。从中华民族伟大复兴战略全局看，民族要复兴，乡村必振兴；从世界百年未有之大变局看，稳住农业基本盘、守好"三农"基础是应变局、开新局的"压舱石"；全面建设社会主义现代化国家，实现中华民族伟大复兴，最艰巨最繁重的任务依然在农村，最广泛最深厚的基础依然在农村。从集中资源脱贫攻坚转向乡村全面振兴，实现"三农"工作重心的历史性转移，要坚持以系统观念来谋划，把握好全局与一域的关系，自觉把一地一域的工作放在国家发展大战略中谋划推进，既为一域争光，又为全局添彩。要把握好战略与战术的关系，坚持战略部署与战术安排有机衔接，推动各方资源力量向服务国家重大战略落地聚焦，以科学机制来保障落实。二要深入贯彻新发展理念。创新是事物发展的本质，必须坚持创新驱动；协调、绿色、开放是方法论，必须推动高质量的发展；共享是价值观，必须走共同富裕的道路。以新发展理念为引领，推动高质量发展，要把握好质量与规模的关系，不是一味追求规模增长，而是注重提升经济"含金量"，把实力做强。要把握好政府与市场的关系，坚持有所为有所不为，充分发挥市场在资源配置中的决定性作用，更好地发挥政府作用，推进有效市场和有为政府更好地结合。加强党对"三农"工作的全面领导，落实农业农村优先发展的总方针，各级党委必须扛起政治责任，以担当作为推动落实。三要加快构建新发展格局。要明确重点所在、希望所在、潜力所在，把战略基点放在扩大内需上，农村有巨大空间，可以大有作为。构建新发展格局，要把握好供给与需求的关系，扭住农业供给侧结构性改革这条主线，同时注重需求侧管理，形成需求牵引供给、供给创造更好需求的更高水平动态平衡。要把握好国内大循环与国内国际双循环的关系，坚持扩大内需战略基点，以畅通国内大循环为双循环提供坚实基础，以双循环提升国内大循环的效率和水平。要把握好发展与安全的关系，坚持总体国家安全观，把困难估计得更充分一些，把风险思考得更深一些，既要切实守住不发生规模性返贫的底线，又要始终贯彻巩固、拓展和衔接的主线，有效防范化解各类风险。以"产业兴旺、生态宜居、乡风文明、治理有效、生活富裕"为目标，坚持稳中求进，要始终坚持农业高质高效，立足特色、绿色、景色抓产业，推进产业生态化、生态产业化；要始终把握乡村宜居宜业，实施乡村建设行动，推进乡村城镇化、城镇乡村化，实现城乡融合发展；要始终把握农民富裕富足，立足农场、工厂、市场抓就业。以更有力的举措、汇聚更强大的力量，来推进乡村产业、人才、文化、生态、组织五大振兴，逐步实现共同富裕。

（四）**特色扶贫产业发展态势向好**。特色产业扶贫模式及新业态丰富了产业融合发展路径。长期以来，我国农业发展处于种植、加工、销售等环节互相割裂的状态，导致农业延伸出来的增值空间大的二、三产业不能留在农村。随着乡村振兴战略的全面实施，加快构建现代农业产业体系、生产体系、经营体系，实施农村一二三产业融合发展，将新技术、新业态和新模式引入到农业产业中来，转变农业发展方式，推进农业农村现代化，一场农业领域的大变革正在上演，大大丰富了我国特色扶贫产业的发展模式，为农业产业未来的发展提供了新的平台以及路径。随着近年来乡村振兴战略的实施，许多地区以农业为依托，开始将农业产业与文化、旅游、加工、物流等产业结合在一起，这些产业之间相互促进，为农业农村发展开辟了农业旅游、农耕文化、农村电子商务以及农产品特色加工等新的发展途径，推进了农村百业兴旺、农业多样化发展。此外，特色扶贫产业与光伏扶贫的结合形成了农光互补的绿色新型业态；信息技术在特色扶贫产业中的应用，催生了智能化、信息化以及数字化的农业新业态；扶贫产业与旅游业的结合，吸引了大量游客到农村观光，在增加农民经济收入的同时加快了农业产业的发展步伐。

新型经营主体成为农村三产融合发展的主力军。推进农村三产融合发展，市场必须在资源配置中发挥决定性作用。产业融合不是简单的产业叠加，也不是创造一个全新的产业，而是结合区域特征、区域产业发展、市场需求，科学、合理、有效地将第二产业和第三产业融入第一产业发展中，实现产业链延长、供应链拓展和价值链提升。同时，农村一二三产业融合发展融入了新科技、新思想等内容，以普通农户为代表的传统经营主体无法完全担负起农村三产融合的重任，必须依靠新型农业经营主体的力量。改革开放之后，我国农业产业发展迅猛，农村劳动力得到了极大的解放，随着全球经济一体化格局的推进，国外先进的生产技术和生产设备，为我国农业农村发展带来了新机遇。近年来，新型农业经营主体在各级政府的大力扶持推动下蓬勃发展，呈现出数量快速增长、规模日益扩大、领域不断拓宽、实力不断增强的良好态势。在脱贫攻坚中，以农业龙头企业、农民专业合作社和家庭农场为代表的新型农业经营主体，集聚了现代农业建设的人才、物质、技术和资金，他们合理使用农村资源、充分利用现代化科技、依靠现代化经营管理，持续推进农业产业化经营，将农业由"一枝独秀"发展为多行业、多产品的"百花争艳"，他们在实现小农户与现代农业发展有机衔接、推进农业供给侧结构性改革、构建新型农业经营主体、培育现代农业建设人才、推动现代农业发展上发挥了重要作用，新型农业经营主体逐渐成为发展农村经济的重要主体，农业产业化对农户的辐射带动作用也不断增强，没有农业的产业化就没有农业农村的现代化。

农业龙头企业的快速壮大促进了农村三产融合发展。在产业融合发展过程中，农业龙头企业作为重要的一部分，对促进整个产业的发展起到了一定的推动作用。目前，许多农业龙头企业的快速崛起与发展为我国产业融合的整体发展提供了良好的机会。在促进农业龙头企业发展的过程中，政府部门采取了新的经营管理理念，各个地区在财政以及用地等方面开始适当加大对农业龙头企业的扶持，为农业龙头企业的发展提供了更好的平台，使得这些农业龙头企业快速发展壮大。例如，在现阶段，我国许多农业龙头企业根据农业产业的实际发展情况，将农业产业发展的品牌、标准以及资本等作为"集结号"，

第三章　特色产业扶贫模式的背景及意义

将农业和其他产业聚集在一起，延伸产业链、拓展供应链、提升价值链，且在这一过程中，农业龙头企业通过股份合作制，带领农民合作社以及许多农户共同发展，在促进自身企业发展的同时，促进了农民合作社以及农户的提质增效。部分农业龙头企业聚焦需求侧供给，通过订单农业、电商、消费帮扶等，解决农产品销售问题。在农产品加工中，会产生一些副产品或资源废弃物，造成资源的浪费与环境的污染，影响农村人居环境，一些农业龙头企业可以通过发展精深加工，实现动物（包括人）、植物、微生物"三物"循环，并且进行减量化、资源化利用，极大地提高资源利用效率，改善环境污染问题，促进产业融合的可持续发展。

传统消费结构的升级为特色扶贫产业的发展和农村三产融合提供了市场空间。随着消费水平的提升，人们对消费质量的要求越来越高。一方面，民以食为天，食以安为先。人们越来越追求吃得健康和吃出健康，农产品加工业有助于推动农产品市场的细化和分层，提高产品附加价值，实现质量兴农、品牌强农。同时，随着收入水平不断提升，居民的农产品需求越来越个性化，对农业的粮食安全功能、经济功能、文化功能、社会功能和环境功能需要日益凸显。另一方面，传统消费结构升级进一步倒逼农产品加工业追求农产品差异性和个性化，在市场竞争中，消费者越来越重视农产品的产地标识、产品品质和产业文化，这就要求农产品加工业与时俱进，既要不断创新加工业的"硬件设施"，也要注意提升农产品"软件设施"，打造无公害农产品、绿色产品、有机农产品和地理标志农产品。同时，农产品加工业改革创新为农村三产融合扩展了市场空间，增加了新动能。消费者是市场经济的主体，实现农村三产融合发展，要瞄准消费者需求，深入研究消费者的行为差异，以需求为导向推动农村三产融合发展。

在此背景下，大力推进特色产业扶贫转向产业兴旺，实现农村一二三产业融合发展是重要抓手，对于构建和丰富现代农业产业体系，转变农业发展方式，拓展农民增收渠道，推动农业农村现代化建设，具有十分重要的意义。

三、从面临的挑战看

我国正处于"经济转轨、社会转型"的关键时期。大国家小农户、大农业小生产、大产业小组织是我国农业的现状，而河北省农村的发展问题千头万绪、错综复杂。乡村振兴的主体，必须是组织起来的亿万中国农民。从百年历史看，中国农民存在的贫、愚、弱、私、懒的问题得到了有效的解决，"贫"是生产力问题，脱贫攻坚战解决了困扰中国农民千百年来的绝对贫困，但相对贫困将会长期存在。"愚"是知识储备的问题，中华人民共和国成立后扫盲运动的开展、九年义务教育的普及，中国农民文化程度普遍提高。"弱"是健康水平的问题，农村医疗制度的普及和健康中国战略的实施，人均寿命2021年达到78.2岁，但因病致贫仍是返贫的重要因素。"私"是凝聚力的问题，必须把广大农民团结起来。"懒"是内生动力不足的问题，必须消除精神上的贫困。

首先，我国主要矛盾转变为人民日益增长的美好生活需要和不平衡不充分的发展之间的矛盾，其中不平衡发展主要体现在城乡间发展的不平衡；不充分发展则主要体现在农村发展得不充分，特别是老少边及脱贫地区发展得不充分。随着我国基本矛盾的转化，我国经济发展进入新常态，正从高速增长转向中高速增长，如何在经济增速放缓背景下继续强化农业基础地位、促进农民持续增收，是必须破解的一个重大课题。

其次，当前我国农业发展面临一系列的突出问题：农业生产资源短缺，人均资源不足，农业生态环境压力日益增大，生态环境的污染影响着农业发展进程；城乡二元结构依然存在，城乡发展差距仍未缩小，部分中西部地区，农民对农业生产的投入依然集中于土地和劳动要素的投入，仍然存在外延式扩大生产、粗放经营、超载放牧、乱砍滥伐等现象，农村的"短板"一定程度上限制了农业快速发展；农业产业结构不合理，农业生产风险大，拓展供应链、延长产业链、提高价值链、维护农业产业安全风险大。特别是国内农业生产成本快速攀升，农业生产成本较高，农户利润薄，农产品价格居高不下，农业比较效益下降。2018年，我国稻谷、小麦、玉米、大豆的生产成本分别高出美国47%、53%、116%、139%。历史上我国"南粮北运"格局，今天已转变为"北粮南运"，物流成本占到粮食销售价格的20%—30%，比发达国家高出1倍左右。大宗农产品价格普遍高于国际市场价格，按配额外最惠国税率计算，粮食进口到岸税后价低于国内市场价格，关税配额将失去对国内粮食生产的保护作用。2020年中国粮食进口量创下近十年来历史之最，2020年玉米进口量是2018年的3倍，小麦进口量是2018年的2.5倍，大豆进口量更是达到惊人的1亿吨，而2014年大豆进口量才7 000万吨。尤其在中美摩擦加剧的当下，我国大豆进口高度依赖美国，极易形成"受制于人"的被动局面，对我国粮食安全构成一定威胁。仓廪实，天下安，如何在"双重挤压"下，创新农业支持保护政策、提高农业竞争力，是必须面对的一个重大考验。

河北省农业资源环境约束日益加大，地下水长期严重超采，在华北地区已形成约18万平方千米的世界上最大的"漏斗区"。农业生产经营管理粗放，使用化肥、农药、除草剂、地膜生产粮食，土地污染加重，粮食质量在下降。粮食安全已成为国家关注的大事。如何在资源环境硬约束下保障农产品有效供给和质量安全、提升农业可持续发展能力，是必须应对的一个重大挑战。

随着我国工业化、城镇化进程加快，大量青壮劳动力从农村向城镇转移，留在农村从事农业生产的劳动力总体呈现老龄化趋势，种粮意愿普遍较低，土地撂荒情况时有发生。农村剩余劳动力转移面临较多难点，乡镇企业对劳动力吸纳能力逐渐减弱，农村劳动力素质偏低导致就业选择面狭窄，直接影响到城乡经济发展和社会稳定。据河北省农林科学院调查，2019年河北省有的地区农民自己种粮每亩纯收入只有17.9元。60后勉强种、70后不愿种、80后不会种、90后不提种，未来中国的土地，谁来种、怎么种、种什么、为谁种是一个迫切需要解决的重大问题。

最后，随着京津冀协同发展、雄安新区规划建设、冬奥会筹办以及北京大兴国际机场临空经济区和中国（河北）自由贸易试验区的推进，城乡资源要素流动加速，城乡互动联系增强，如何在新型城镇化深入发展的背景下，加快乡村振兴的步伐，实现城乡融合发展，共同繁荣，共同富裕，是必须解决好的一个重大问题。

第二节 推进特色产业扶贫模式的重要意义

一、有助于实现巩固拓展脱贫攻坚成果同乡村振兴有效衔接

党的十九大把精准脱贫作为决胜全面建成小康社会必须打好的三大攻坚战之一，《乡村振兴战略规划（2018—2022年）》更是明确提出："把打好精准脱贫攻坚战作为实施乡村振兴战略的优先任务。"党的十九大报告提出要"按照产业兴旺、生态宜居、乡风文明、治理有效、生活富裕"的总要求实施乡村振兴战略，从脱贫攻坚到乡村振

兴，是从雪中送炭到锦上添花的变化，从产业扶贫到产业兴旺是乡村振兴战略的基础和首要任务，而农村三产融合则是实现农村产业兴旺的重要抓手。可以说，农村三产融合发展不仅是国家实施乡村振兴战略的重要抓手，也是巩固拓展脱贫攻坚成果的现实选择。一方面，农村三产融合以第一产业——农业为依托，通过技术渗透、产业联动及体制机制创新等方式，创新利益联结机制，壮大村级集体经济收入，让贫困户通过入股、务工、创业等方式，参与到农村三产融合发展中，分享产业链带来的增值收益，从而达到带动贫困地区农民实现稳定脱贫、长久致富的目的。农村三产融合发展可以有效解决我国欠发达地区农村居民收入低、农村发展凋敝的问题。另一方面，农村三产融合发展通过高新技术对农业产业的渗透、三次产业间的联动与延伸、体制机制的创新等多种方式，深度挖掘农业的多功能性，打破一二三产业之间原有的界限，使得资金、技术、人力及其他资源进行跨产业集约化配置，将农业生产、加工、销售、休闲农业及其他服务业有机整合，形成较为完整的产业链条，带来农业生产方式和组织方式的深刻变革，实现农村三次产业协同发展，促进农民增收，激发农村发展的新活力。可以说，推进农村三产融合发展是实施乡村振兴战略产业兴旺最为重要的途径。2021年作为全面推进乡村振兴的开局之年，也是脱贫攻坚任务完成后，对摆脱贫困的县，从脱贫之日起设立5年过渡期的开局之年，做好我国农村三产融合发展，对于做好产业兴旺、实现巩固拓展脱贫攻坚成果同乡村振兴有效衔接、平稳过渡，推动"三农"工作重心历史性转移，具有重大意义。

二、有助于推动我国城乡融合发展

城乡关系是我国经济社会发展的一个基本关系。在长期农业支持工业、农村支持城市的城市优先发展政策下，我国呈现典型的城乡二元分割特征，农村内生发展动力不足、生态环境恶化、公共服务配置严重不足，导致农村逐步走向衰败甚至凋敝。农业户口和非农业户口的户口管理制度非常严格，而城市的基础设施、公共服务较农村完善，再加上城市福利制度的存在，使得城市和农村之间差距依然很大，城乡的结构性矛盾只是有所缓和，并未根本消除。随着乡村振兴战略的实施，农村地区的基础设施、教育服务、医疗水平、人居环境等方面逐步完善，越来越多的资源向农村地区倾斜与覆盖，农民生活品质提高，乡村治理有效，城乡一体化进程加快。国内外城乡一体化发展的经验给我们启示，不能简单地围绕改造传统农业来实现农村经济的发展，不能完全局限于要求传统农民自力更生来解决城乡协调发展的问题，不能仅仅依靠政府的力量改造城乡二元经济结构。关系"三农"的问题要综合考虑、多元参与、统筹协调。推进产业兴旺，产业融合不仅是突破产业边界、促进不同产业间交叉与渗透的过程，也是强化城乡关联、重构区域空间结构的过程。产业融合强化了城乡之间的要素关联，使农业、工业和服务业之间互相渗透，打破了二元经济背景下农村发展农业、城市发展非农产业的传统分工格局，优化了城乡资源的空间配置，大大提高了资本、劳动力、技术等生产要素在城乡之间的流动性。城市非农部门和农村的农业部门紧密融合，城市的先进科学技术、生产设备、经营管理、充裕的资本、高素质的人才等资源向农村倾斜，鼓励农村产业创新和城市产业下沉，既要挖掘农村发展的内在动力，又要发挥以城带乡的外在推力。通过城乡双轮驱动，进一步缩小城乡差距，让农民更多地享受到农业产业链延长带来的价值增值，同时改变农村相对落后的局面，实现城乡融合发展。

三、有助于提高我国农民收入

乡村振兴为农民而兴。从城乡收入的角度来看，城市经济的快速发展和农村经济缓慢攀升，非农经济的快速发展和农业经济的不景气形成鲜明的对比。工业化和现代化发展过程中，劳动力大规模转移到城市和非农部门，支撑城市经济高速增长。推进农村三产融合，实现产业兴旺，一是提高了城市对农村富余劳动力的"拉力"，农村富余劳动力由农业向非农产业、由农村向城市转移，是城镇化发展的基本趋势；二是农村三产融合，促进了农民增收、农村富裕，有利于缩小城乡收入差距。一方面，现代科学技术与传统农业的结合，或者通过生物链将农业内部的种植养殖融合发展，使传统的农业生产向高效、优质的现代农业生产方式转变，农业生产效率大幅提高，直接提高了农民的收入水平。另一方面，农村三次产业融合使传统单一的农业生产经营活动发展成集农业研发、种植（养殖）、加工、物流、销售、旅游等一体的复合型现代农业，既扩大了农业市场范围，也将与农业价值链相关的二、三产业增加值更多地留在农村，拓展了农民就业增收的渠道。

四、有助于推进农村改革开放

农村地区孕育着丰富的农业资源和生态禀赋，充分挖掘这些资源禀赋不但可以给农村带来巨大的商业利益，还能保护资源，改善人居环境。农村三产融合需要打破原有的"农业+"旧思维模式，比如农业+旅游业、农业+生态环保、农业+文化产业、农业+生物制药等单纯的产业加总，而是要实现三产一体化，将农业与其他产业相互糅合、相互延伸、相互渗透，最终融为引领多元一体，逐步形成新业态，以实现更大程度上的横向与纵向产业融合组织，完成由点（农业）到线（产业链）到面（产业融合）到立体（引领多元一体）的发展。农村三产融合能够在第一产业的基础上，更好地实现农业的多功能性。不论是从近20年日韩两国农业"第六产业"的经验来看，还是从我国新田园主义来看，推进农村三产融合发展，对农民利大于弊。因此，推进农村三产融合发展的积极意义还表现在：一是有利于农村土地改革，畅通城市生产要素进入农业和农村，保障乡村产业融合的要素供给，促进以城带乡和以工促农；二是有利于承包土地流转，推进农业产业结构调整，加快农业品牌建设，提高经济发展速度；三是有利于宅基地改革，拓展农民的收入渠道，改善人居环境，发展富民乡村产业；四是有利于农村集体建设用地改革，实现加工制造业和现代服务业对农业转型升级的带动作用，提高农业产业附加值；五是有利于整合土地资源，统筹生态、生产、生活，拓展农业的多功能性，打造农业农村经济新的增长点。

五、有助于实现农业农村现代化

传统农业在实现小农经济自给自足的基础上，很少有农业剩余，因此对经济增长的贡献十分有限。农业农村现代化主要依靠包括物质、人力、技术、制度等一系列不断改进的要素应用于传统农业中引发的变革和更新，表现为农业劳动力素质提高、农业生产机械化的普及等，具体体现为农业劳动生产率提高、农业产出率显著上升、农产品商品率明显提高。农村三产融合改变以往经营规模小、生产成本高、经济效益低的传统农业经济，为农业农村现代化建设提供产业发展的保障。从农业农村现代化的基本特征来看，一是较高的科技贡献率，表现为以现代农业科学技术为核心；二是完备的农业基础设施，表现为覆盖范围广的农田水利工程以及配套设施、灵活便捷的农产品流通渠道、城乡一体化的职业教育和科研推广平台、标准化的粮棉油生产基地、严格的用材林和防护林的生态环境保障;三是农业机械化水平和生产力较高,表现在农业生产过程中因地制宜实施机械化操作,全面提高劳动生产效率;四是土地产出率较高,传统农业的小规模、分散化经营逐渐演变成土地集约化经营和适度规模化经营,一定程度上降低农业生产成本,全面提高土地生产效率;五是农业产业化发展,表现为瞄准区域,找准特色主导产业,确立市场、农业龙头企业和产业基地的循环发展,辐射带动农户、家庭农场、农民合作社、股份合作制经济组织、农业产业联合体、农业社会化服务组织的产业组织形式等;六是发达的农业教育、科技推广体系,表现为农业生产者综合素质全面提升,应对市场风险的能力显著增强,农业的产前、产中和产后服务体系不断健全;七是城乡融合发展,表现为劳动力转移的大规模减少、城镇和乡村资源公平配置、公共服务趋同;八是农业农村可持续发展,表现为生产、生活、生态相协调,乡村优秀的传统文化、红色文化,得以赓续传承。

总之,推进特色产业扶贫模式的研究,实现由产业扶贫到产业兴旺,加快特色产业一二三产业融合发展,是以农村一二三产业之间的融合渗透和交叉重组为路径,以产业链延伸、产业范围拓展和产业功能转型为特征,以产业发展和发展方式转变为结果,通过形成新技术,发展新业态、新商业模式,带动资源、要素、技术、市场需求在农村的整合集成和优化重组,乃至农业农村产业空间布局的调整,有助于促进农民增收、带动农民致富,对于实现我国城乡融合发展、农业高质高效可持续发展、农业农村现代化具有积极促进作用,在现阶段,对于实现巩固拓展脱贫攻坚成果和乡村振兴有效衔接,对于走共同富裕的道路具有重要意义。

第四章

特色产业扶贫模式的发展现状与问题

特色产业扶贫是一种建立在产业发展和扶植基础上的扶贫开发政策，相比于一般的产业化发展，特色产业扶贫更加强调对贫困人群的目标瞄准性和特惠性，更加强调贫困家庭从产业发展中受益。特色产业发展是手段，扶贫脱贫是目的。特色产业扶贫的发展和推进与我国农业的产业化发展密不可分。20世纪80年代初，以家庭联产承包责任制为伊始的农村改革开始启动，农村获得前所未有的发展。20世纪80年代中后期，东部地区和一些大城市的郊区开始涌现出"产加销一体化""贸工农一条龙"的经营方式。这种经营方式是以农村家庭联产承包制为基础，以农业企业为龙头，以市场为导向的一种新型经营方式，这种经营方式被认为是我国农业产业化的开端或雏形。20世纪90年代初期，农业产业化开始被纳入国家层面的发展计划，作为实现农业现代化和促进农业经济发展的战略性举措备受重视。此时，产业化的概念开始被引入扶贫开发工作当中，特色产业扶贫开始兴起并逐渐在扶贫开发中占据越来越重要的位置。

第一节 特色产业扶贫模式的发展现状

一、党的十八大以来特色产业扶贫的整体设计

2015年11月29日，《中共中央国务院关于打赢脱贫攻坚战的决

定》(以下简称《决定》)发布,这是指导中国打赢脱贫攻坚战的纲领性文件。《决定》再次强调了特色产业扶贫在脱贫攻坚战中的重要地位,明确指出了特色产业发展在实现贫困人口脱贫中的目标和任务。《决定》强调:"按照扶持对象精准、项目安排精准、资金使用精准、措施到户精准、因村派人精准、脱贫成效精准的要求,使建档立卡贫困人口中有5000万人左右通过产业扶持、转移就业、易地搬迁、教育支持、医疗救助等措施实现脱贫。"《决定》基于对特色产业扶贫重要性的考量,对脱贫攻坚期特色产业扶贫的发展规划和具体举措进行了详细规定。《决定》指出要"发展特色产业脱贫。制定贫困地区特色产业发展规划。出台专项政策,统筹使用涉农资金,重点支持贫困村、贫困户因地制宜发展种养业和传统手工业等"。《决定》从六个方面阐述和规定了如何发展特色产业助力脱贫攻坚。第一,实施贫困村"一村一品"产业推进行动,扶持建设一批贫困人口参与度高的特色农业基地。第二,加强贫困地区农民合作社和龙头企业培育,发挥其对贫困人口的组织和带动作用,强化其与贫困户的利益联结机制。第三,支持贫困地区发展农产品加工业,加快一二三产业融合发展,让贫困户更多分享农业全产业链和价值链增值收益。第四,加大对贫困地区农产品品牌推介营销支持力度。依托贫困地区特有的自然人文资源,深入实施乡村旅游扶贫工程。第五,科学合理有序开发贫困地区水电、煤炭、油气等资源,调整完善资源开发收益分配政策。探索水电利益共享机制,将从发电中提取的资金优先用于水库移民和库区后续发展。第六,引导中央企业、民营企业分别设立贫困地区产业投资基金,采取市场化运作方式,主要用于吸引企业到贫困地区从事资源开发、产业园区建设、新型城镇化发展等。通过六个方面的阐述和规划,《决定》对脱贫攻坚时期的产业扶贫进行了整体勾画。2016年,《中华人民共和国国民经济和社会发展第十三个五年规划纲要》把特色产业扶贫放在脱贫攻坚八大重点工程之首,要求到 2020 年,每个贫困县建设一批贫困人口参与度高的特色产业基地,初步形成特色产业体系。2016 年 11 月颁布的《"十三五"脱贫攻坚规划》(以下简称《规划》)明确了一系列具体的、具有可操作性的特色产业扶贫项目和政策。《规划》从农林产业扶贫、旅游扶贫、电商扶贫、资产收益扶贫、科技扶贫五个层面对特色产业扶贫的路径和具体举措进行了详细阐述和规定,为"十三五"期间特色产业扶贫提供了发展指引。2018 年 6 月 15 日,《中共中央国务院关于打赢脱贫攻坚战三年行动的指导意见》第三条"强化到村到户到人精准帮扶举措"第一点明确指出要"加大特色产业扶贫力度",从深入特色产业提升工程、发展扶贫产业园、拓展农产品营销渠道、完善利益联结机制、建立贫困户产业发展指导员制度、实施电商扶贫以及推动农村农业改革带动特色产业发展七个方面,为 2018—2020 年特色产业扶贫指明了方向。

二、党的十八大以来特色产业扶贫制度和政策创新

自精准扶贫精准脱贫基本方略提出以来,特色产业扶贫在制度和政策层面的创新逐步围绕精准识别、精准帮扶、精准脱贫、精准防贫展开,更加强调特色产业发展对贫困人口和贫困地区的带动作用。十八大以来特色产业扶贫制度和政策创新主要集中在以下几个方面。

(一)**发展特色产业**。党的十八大以来,在总结前期发展弊端和困境的基础上,产业扶贫致力于结合贫困地区资源禀赋和地域特色,找准适应地区发展的特色主导产业,发展"一村一品"。2013 年 12 月,中共中央办公厅、国务院办公厅印发《关于创新机制扎实推进农村扶贫开发工作的意见》,就将特色产业增收工作列入十项重点工作之中。

2014年,农业部、国务院扶贫办等七部门制定了《特色产业增收工作实施方案》,为我国14个连片特困地区明确了区域主导产业,并对特色产业增收工作的各项任务进行分解,明确各部门职责与目标。2015年启动编制的《农业综合开发扶持农业优势特色产业规划(2016—2018年)》,要求各级农发机构科学编制区域农业优势特色产业规划,每县确定的优势特色产业不超过两个。2015年11月29日,《中共中央国务院关于打赢脱贫攻坚战的决定》指出,要"发展特色产业脱贫"。2016年5月,农业部等九部门联合印发《贫困地区发展特色产业促进精准脱贫指导意见》,提出要科学选择特色产业。2018年6月15日,《中共中央国务院关于打赢脱贫攻坚战三年行动的指导意见》指出,要"积极培育和推广有市场、有品牌、有效益的特色产品"。

(二)促进农村三产融合。2015年11月29日颁布的《中共中央国务院关于打赢脱贫攻坚战的决定》提出,要"支持贫困地区发展农产品加工业,加快一二三产业融合发展,让贫困户更多分享农业全产业链和价值链增值收益"。2015年,国务院办公厅发布《关于推进农村一二三产业融合发展的指导意见》,提出要"支持贫困地区农村产业融合发展"。2016年5月,《贫困地区发展特色产业促进精准脱贫指导意见》印发,提出要"促进一二三产业融合发展。积极发展特色产品加工,拓展产业多种功能,大力发展休闲农业、乡村旅游和森林旅游休闲康养,拓宽贫困户就业增收渠道"。2016年,中央财政安排12亿元,在全国选取12个省开展农村一二三产业融合发展试点工作。2017年,国家发展改革委会同农业部、工业和信息化部、财政部、国土资源部、商务部、国家旅游局联合印发了《关于印发国家农村产业融合发展示范园创建工作方案的通知》,部署国家农村产业融合发展示范园(以下简称"示范园")的创建工作。《国家农村产业融合发展示范园创建工作方案》提出,要以示范园建设为抓手,着力打造农村产业融合发展的示范样板和平台载体，带动农村一二三产业融合发展，促进农业增效、农民增收、农村繁荣。2018年6月15日，《中共中央国务院关于打赢脱贫攻坚战三年行动的指导意见》指出，要"支持有条件的贫困县创办一二三产业融合发展扶贫产业园"。

（三）培育和扶持新型农业经营主体。2012年12月31日，《中共中央国务院关于加快发展现代农业进一步增强农村发展活力的若干意见》发布，指出要"围绕现代农业建设，充分发挥农村基本经营制度的优越性，着力构建集约化、专业化、组织化、社会化相结合的新型农业经营体系""要尊重和保障农户生产经营的主体地位，培育和壮大新型农业生产经营组织，充分激发农村生产要素潜能"。《中国农村扶贫开发纲要（2011—2020年）》提出，"通过扶贫龙头企业、农民专业合作社和互助资金组织，带动和帮助贫困户发展生产"。《关于创新机制扎实推进农村扶贫开发工作的意见》和《中共中央国务院关于打赢脱贫攻坚战的决定》均提出，要培育贫困地区农民合作组织，发挥龙头企业带头作用，"发挥其对贫困人口的组织和带动作用，强化其与贫困户的利益联结机制"。《贫困地区发展特色产业促进精准脱贫指导意见》指出，要"发挥新型经营主体带动作用。支持新型经营主体在贫困地区发展特色产业，与贫困户建立稳定带动关系，向贫困户提供全产业链服务，提高产业增值能力和吸纳贫困劳动力就业能力"。2017年5月，中共中央办公厅、国务院办公厅印发《关于加快构建政策体系培育新型农业经营主体的意见》，提出要"加快培育新型农业经营主体，综合运用多种政策工具，与农业产业政策结合、与脱贫攻坚政策结合，形成比较完备的政策扶持体系，引导新型农业经营主体提升规模经营水平、完善利益分享机制，更好发挥带动农民进入市场、增加收入、建设现代农业的引领作用"。

（四）完善利益联结机制创新。党的十八大以来，各地积极探索和创新特色产业扶贫的利益联结机制，注重构建联农带贫的利益联结机制，取得了可喜的成效。按照"宜农则农、宜牧则牧、宜工则工、宜商则商、宜游则游"的原则，支持培育和发展特色种植、农业基地、产业集群、扶贫园区、扶贫创业园、扶贫示范园建设等，找准优势富民产业，确保"项目安排精准"。在利益联结机制上，要求充分发挥比较优势，大力发展有利于贫困户增收致富的产业项目，推动"一村一品""多村一品"产业的形成；鼓励贫困人口积极参与到产业主体和交通运输、服务等产业链中来，促进一二三产业融合发展，让贫困户更多分享产业和产业链增值收益，切实做到以"产业＋扶贫"的模式带动贫困户脱贫增收；建立企业与贫困户的利益联结机制，提高贫困群众的产业参与度和受益度。河北省按照精准扶贫的要求，突出特色产业扶贫资金到户、资本到户、权益到户、带动到人，推动市场主体和贫困户双赢。按照河北省扶贫办的政策部署，各地涌现出一批成效明显的"引领多元一体"特色产业扶贫利益联结模式，包括"政府＋科技＋金融＋企业＋合作社＋农户""龙头企业＋合作社＋农户""农业扶贫园区＋龙头企业＋合作社＋农户""乡村党政＋企业＋合作社＋农户""科技＋公司＋基地＋农户"以及"政府＋银行＋企业＋农户＋保险"等。实践证明，这些模式比较成功地构建了"引领多元一体"的特色产业扶贫利益联结机制。利益联结机制的构建对于推动特色产业扶贫意义重大。从系统看，利益联结的关键在于做链条，在特色产业革命和利益联结中进行系统的布局，既要做好特色产业的链条，更要做好分配的链条，只有合理的分配机制，才能让各方充满活力和动力。从长远看，利益联结的关键在于完善机制。特色产业革命的根本目的，在于建立和发展现代高效农业。要发展现代高效农业，需要在制度设计、机制建立上不断完善，让企业、合作社和农户利益共享，风险共担。要统筹构建稳定、紧密的利益联结机制,推动持久、长远的特色产业升级发展。完善制度环境要建立负面清单制度,防止与民争利,使市场经营主体参与特色产业化的水平和质量提升。同时,完善相关政策和法律,保障农户、农民合作社和龙头企业在特色产业升级和发展中的知情权、参与权和选择权,最终通过法律和制度,维护权益,壮大特色产业。

三、党的十八大以来特色产业扶贫模式实践和组织创新

党的十八大以来,在精准扶贫精准脱贫基本方略的指引下,全国各地开展了特色产业扶贫的丰富实践,探索出一系列适合地区区情、能有效解决地区产业发展问题和贫困问题、能够带动贫困地区经济社会发展的特色产业扶贫模式。从行业上分,一般包括直接带动模式、就业创收模式、资产收益模式和混合带动模式。从带动的市场主体上分,将是本书在下面的章节要研究的12类主导型的特色产业扶贫模式。各地的特色产业扶贫在组织形式方面突出了党委和政府的引领性,形成了"多元一体"的格局,推动了特色产业的深入发展。

(一)特色产业扶贫模式的实践。直接带动模式采用的主要组织方式是以"公司+合作社+贫困户"为主体的股份合作制。在这种实践模式中,合作社发挥着重要作用。有能力的农户与贫困户一起按照相关政策要求,在相关扶贫政策的支持下组建专业合作社,合作社主要是以扶贫资金和土地与相关公司和企业实现股份对接,形成新的项目公司,公司内部按股权分配。这种模式避免了企业直接与贫困户合作成本过高的问题,节省了大量的服务和交易成本,在一定意义上响应了国家层面鼓励培育和扶持农业新型经营主体的政策要求。在这种模式中,公司主要与合作社打交道,公司为合作社提供产前、产中和产后的全方位技术支持与服务,合作社按照公司的要求负责组织成

员,即参加合作社的农户和贫困户,进行生产,合作社内部按劳分配。这种模式,一方面降低了合作社运行的成本和风险,另一方面又降低了公司的生产和运营成本。通过联农带贫利益联结机制的构建,公司在生产环节对合作社特别是对贫困户让利,实现公司、合作社、贫困户多方共赢的利益格局。直接带动模式是特色产业扶贫中的经典模式,长期以来,这种模式在带动贫困地区经济发展、带动贫困户增收脱贫方面起着非常重要的作用,但这种模式也存在一定弊端,如导致"精英俘获"。党的十八大以来出台的多项政策对参与特色产业扶贫的公司或龙头企业进行了一定的约束,有效增强了直接带动模式的益贫性。

就业创收模式是党的十八大以来特色产业扶贫的主要实践模式之一。贫困地区在发展产业、推动特色产业扶贫的过程中,大都发展的是劳动密集型的农业产业。这些产业在生产和流通环节能够提供大量的工作机会,需要大量劳动力,而且这些工作机会大多是技术含量低甚至没有技术要求、低强度的,特别适合农村"三留守"人员,适合劳动能力有限、缺乏技术的弱能力贫困户,建档立卡贫困户大多能适应这种工作强度和工作要求。例如,河北省在推进特色产业扶贫的过程中,将食用菌等作为主导产业之一,在食用菌种植、采摘过程中需要大量劳动力,工资收入成为贫困户脱贫致富的有效途径之一。

资产收益模式是党的十八大以来特色产业扶贫的重要创新模式之一。在精准扶贫精准脱贫基本方略指引下,资产收益模式以特色产业发展为平台,将自然资源、农户自有资源、公共资产(资金)或农户权益资本化或股权化,相关经营主体或经济实体以市场化的方式进行经营,产生经济收益后,贫困村与贫困农户按照股份或特定比例获得收益。这种模式在一定程度上可为贫困户带来可持续的财产性收入,从而达到持久脱贫、长效致富的目标。特色产业扶贫资产收益模式的具体形式主要有四种:第一种是贫困村、贫困户将农村土地、森林、荒山、荒地、水面、滩涂等集体资产以及个人土地承包经营权、林权进行流转,直接取得租金等资产收益。第二种是将农村土地、森林、荒山、荒地、水面、滩涂等集体资产以及个人土地承包经营权、林权资产量化入股到龙头企业、农民合作社、家庭农场等经营主体,获取分红等资产收益。第三种是在不改变资金性质的前提下,将财政扶贫资金或其他涉农资金投入设施农业、养殖、光伏、水电、乡村旅游等项目形成资产,或投入到有能力、有扶贫意愿、带动能力强、增收效果好的龙头企业、农民合作社、家庭农场等经营主体,折股量化给贫困户,贫困户按股分红。第四种是贫困村、贫困户将资金或土地经营权、宅基地使用权等投入到营利性的城乡供水、供热、燃气、污水垃圾处理、景区配套服务、集贸市场、停车设施等市政基础设施或营利性的乡村旅游、仓储、养老、扶贫车间等建设,再利用这些资产以租赁、经营收费或入股分红等方式获取收益。比较而言,资产收益模式有三方面的优势:第一,该模式强调贫困户收入增长和收益的稳定性,能实现和保证贫困户的长效脱贫;第二,该模式不依赖农户的产业发展能力和经营能力,对于全面建成小康社会时期"啃硬骨头",有更好的针对性和有效性;第三,该模式强调贫困户的参与,致力于提升贫困户的自我发展能力和内生动力。但是,有的地方也存在"明股实债""一股了之"的简单现象。

混合带动模式是一种机制设计相对复杂、操作略为烦琐的特色产业扶贫模式。该模式一般是将农户参与生产或就业创收模式与资产收益模式结合起来。从整体上看,混合带动模式是一种扶贫效果最好的产业扶贫实践模式,既能带来稳定收益,又强调农户的参与性,有利于贫困户内生动力的增长和自我发展能力的提升。

除了上述四种实践模式创新以外,党的十八大以来,在精准扶贫精准脱贫基本方略的指引下，还出现了电商扶贫、旅游扶贫、光伏扶贫、科技扶贫、金融扶贫、消费扶贫等多种模式。各地地方政府根据地方资源禀赋与产业发展的特色要求，进行了多方探索与实践。

（二）特色产业扶贫组织形式创新。长期以来，特色产业扶贫对于推动贫困群体脱贫致富、带动贫困地区整体发展方面有着重要作用。贫困户、贫困村由于其本身的群体特质，发展能力弱，难以应对巨大的自然风险和市场风险，难以成为特色产业发展的独立经营主体。推动贫困地区的特色产业发展是产业扶贫的重要举措，贫困地区特色产业发展与开发的程度、深度与涉及产业发展的各类生产要素的组织水平和组织模式密不可分。

党的十八大以来，在各类政策的推动下，各地的特色产业扶贫在组织形式方面突出了引领性，进行了大胆的创新和实践，推动着特色产业扶贫的深入发展。股份合作制经济组织以及三产融合的农业扶贫园区建设和发展是党的十八大以来特色产业扶贫组织形式的重大创新之一，亦是我国农业产业化发展与扶贫开发工作有机结合的重要实践。从发展的历程来看，农业园区并不是个新生事物，但农业扶贫园区与一般意义上的农业园区存在两大方面的区别：一是在建设目的上，一般意义上的农业园区的建设和发展是基于经济目的，集聚各类经济资源实现农业现代化以推动地方经济发展，而农业扶贫园区更多的是为了实现脱贫攻坚的政治目标和社会目标；二是在资源类型上，一般意义上的农业园区发展资金更多来源于社会资金，而农业扶贫园区发展资金更多的是来源于财政专项扶贫资金、涉农整合资金和各类帮扶资金，以及部分在扶贫政策优惠下吸引而来的社会资金。

河北省于 2015 年在特色产业扶贫领域提出，每年打造"十大扶贫产业园区"的目标。截至 2021 年年底，河北省建成了 100 个农业扶贫园区，农业扶贫园区的数量和规模持续壮大，在完善主导产业、新增龙头企业、招商引资、培训农民等方面完成情况较好，已成为河北农业示范园区建设的重要组成部分。同时，农业扶贫园区通过与贫困户建立利益联结机制，带动贫困户就业增收、减贫增收、致富增收，农业扶贫园区的扶贫效应日益凸显，已成为带动广大贫困户脱贫致富的新龙头、河北扶贫开发的新模式。建立健全龙头企业带动、合作社组织领办、贫困户入股"三方联动"机制，分年度、分步骤规划建设，探索出"单村兴建""跨村联建""连乡成片"三大建园模式。依托股份合作制经济组织、现代农业示范园等综合体，整合多个乡镇资源，打造生产、加工、销售一体的全链条产业园，形成特色产业与扶贫开发的"双重亮点"。

社区营造模式是党的十八大以来特色产业扶贫组织形式的另一大创新。全面建成小康社会时期的精准扶贫精准脱贫，已然超越提升经济收入水平、促进经济发展的单一经济目标，而是希冀达成政治、经济、文化等综合协调的区域复合发展目标，这一复合目标与社区营造理念不谋而合。易地搬迁扶贫社区是一个社区的自我组织过程，在这个过程中提升社区内的社群社会资本，达到社区德治法治自治有效结合的目的。社区营造的开篇布局大都从经济角度伊始，如建设果园基地、食用菌基地、花卉基地、扶贫车间、扶贫微工厂、光伏扶贫村级电站等，但其最终目标绝不仅仅限于区域产业发展，而往往是综合了文化、生态、旅游观光、教育等多种目的。社区经营通过多管齐下的手段以达到社区自我组织、自我发展、自我治理的目的，这是一种可持续的社区发展模式。

社区营造理念的坚持和贯彻主要表现在农旅一体化的"三产融合"发展过程：一是使得产业精准扶贫与社区发展相结合，是一种全方位的发展模式，不仅注重经济脱贫，更注重向人文历史传承开发、生态环境保持、生态农产品开发等诸多领域扩展，既注重贫困户的综合发展，也注重贫困地区社区的多维度发展。二是"农旅一体化"的社区营造促使特色产业扶贫向"扶智""扶志"意义层面深化。在介入和扎根农村社区的过程中，更加注重扎根自身的深度，并着重挖掘贫困户的能力，发现社区的综合资源，组织贫困户参与到特色扶贫产业及社区发展的各个环节，培养其调查、管理、协商等各方面的综合能力，为贫困社区脱贫及长远发展奠定基础。三是注重社区可持续发展。在易地搬迁社区，对贫困户主体性的尊重和培养是实现社区可持续发展的根本，也是脱贫攻坚的根本意义所在。如何实现贫困地区脱贫以及长久发展，说到底还要归根于人。既包括挖掘培养当地贫困人口的反贫困能力和自我组织能力，也包括吸引具有更高知识水平的流动人员和返乡人员，他们是脱贫地区未来的主人。

第二节 特色产业扶贫模式存在的问题

党的十八大以来，我国确立到 2020 年现行标准下的农村贫困人口实现脱贫、贫困县全部摘帽，全面建成小康社会的宏伟目标。精准扶贫精准脱贫成为实现这一宏伟目标的基本方略，在这个过程中，特色产业扶贫逐渐成为我国脱贫攻坚的重要实现路径，特色产业扶贫模式的探索，丰富了中国特色扶贫理论和政策体系。

一、特色产业扶贫模式要回应当前农村存在的问题

长期以来，在城乡二元结构的社会背景下，在"快速城镇化"的进程中，我国的农村社会出现了诸多问题。"乡村空心化"是脱贫攻

坚与乡村振兴战略下乡村社会发展面临的主要问题之一，主要包括五个层面的内涵：一是人口学意义上的"空心化"。意指乡村人口特别是青壮年人口大量外流，乡村人口结构以"386199"为主体，30岁以上的未婚大龄男青年逐年增加，生育率下降，人口总量大幅度减少。二是地理意义上的"空心化"。随着"村村通"乡村道路建设工程的推进，依然居住在乡村的农民不断地将房屋建于"村村通"道路两旁，或集中在集市等交通要道，农村原有的聚落点逐渐荒芜，村庄内部处于中心地带的老村址悄然变成废墟，留下一片破旧、闲置或废弃的旧房。这种内部闲置、外围新房的"内空外扩"现象我们可视其为地理意义上的乡村"空心化"。三是经济意义上的"空心化"。意指农村青壮年劳动力大量外流，大部分青壮年在外长期务工拥有一定经济实力以后，在城镇或城市租房或购房定居，乡村留居人口老龄化、贫困化趋势日益明显，人口、资金等关键生产要素流向城市，农业生产逐渐荒芜，乡村经济日益衰退。四是基层政权意义上的"空心化"。意指乡村基层政权组织中有一定文化素质的青壮年劳动力外流，造成乡村基层政权组织在人口年龄结构上出现脱节甚至老龄化，人员构成出现真空，使政府职能在乡村基层得不到有效的发挥，各项政策无法贯彻；在城乡二元社会结构和户籍制度的限制下，乡村基层政权内部人力、物力、财力呈现流失与断层局面，基层政权职能、权力和责任逐步弱化。五是公共性意义上的"空心化"。这既是乡村"空心化"的表现之一，又是上述层面"空心化"的后果，意指乡村社会连接、地域文化以及公共事务层面的空心化，人口、地理、经济以及基层政权意义上的"空心化"作用于乡村社会，不可避免造成乡村社会连接和地域文化的解体，乡村公共服务无力承载，公共生活无法开展。上述问题的存在，是当前阻碍我国农村发展的障碍所在。特色产业扶贫必须正视这些问题的存在，有针对性地选择特色产业，制定政策，做到特色产业扶贫与农村社会发展密切关联。

二、特色产业扶贫模式要着眼于农业农村改革大局

2014年1月,中共中央、国务院印发《关于全面深化农村改革加快推进农业现代化的若干意见》(以下简称《意见》),指出:"全面深化农村改革,要坚持社会主义市场经济改革方向,处理好政府和市场的关系,激发农村经济社会活力;要鼓励探索创新,在明确底线的前提下,支持地方先行先试,尊重农民群众实践创造;要因地制宜、循序渐进,不搞'一刀切'、不追求一步到位,允许采取差异性、过渡性的制度和政策安排;要城乡统筹联动,赋予农民更多财产权利,推进城乡要素平等交换和公共资源均衡配置,让农民平等参与现代化进程、共同分享现代化成果。"《意见》认为,全面深化农村改革需要从完善国家粮食安全保障体系、强化农业支持保护制度、建立农业可持续发展长效机制、深化农村土地制度改革、构建新型农业经营体系、加快农村金融制度创新、健全城乡发展一体化体制机制和改善乡村治理机制等方面入手。2015年11月,中共中央办公厅、国务院办公厅印发《深化农村改革综合性实施方案》(以下简称《方案》),明确指出:"全面深化农村改革涉及经济、政治、文化、社会、生态文明和基层党建等领域,涉及农村多种所有制经济主体。当前和今后一个时期,深化农村改革要聚焦农村集体产权制度、农业经营制度、农业支持保护制度、城乡发展一体化体制机制和农村社会治理制度等5大领域。"从时间顺序上看,精准扶贫精准脱贫的深入开展与全面深化农村改革保持一致性,这既是特色产业扶贫开展的契机,同时又是难点。特色产业扶贫的开展与推进需要与全面深化农村改革双向联动,这样才能产生应有的效益。从一定意义上而言,农民职业化要富裕富

足、农业产业化要高质高效、农村社区化要宜居宜业,既是当前我国全面深化农村改革的目标所在,又是我国农村社会的发展趋势。在推进特色产业扶贫的过程中,我们既要将之作为特色产业扶贫的重要依托和支柱,又要将之列为特色产业扶贫的目标所在,唯有如此,特色产业扶贫模式才能兼具精准性、有效性、安全性、益贫性和可持续性。

三、特色扶贫产业要避免趋同化发展

当前,大力推进特色产业扶贫,扶贫项目产业化成为脱贫攻坚的共识,特色产业扶贫成为精准扶贫精准脱贫的重要举措,成为脱贫攻坚的重要模式之一。但是我们必须清晰地认识到,特色扶贫产业已然出现了局部性、区域性产业趋同现象。随着5年过渡期进入盛果期或成熟期,如果产大于需,就会出现"卖难"的现象,产业趋同的最直接后果就是"伤农"。由于没有摸清或者忽视市场规律,在推进特色产业扶贫的过程中,没有突出特色产业发展的地域性和特色性,将导致部分农产品价格波动幅度过大,有的农产品甚至严重滞销,贫困户损失惨重,雪上加霜。

精准扶贫精准脱贫是党的十八大以来我国扶贫开发工作的基本方略,落实到特色产业扶贫方面,就是要在精准扶贫精准脱贫基本方略下,把特色扶贫产业做精做强,定向打靶。这首先要求政府在推进特色产业扶贫的过程中,尊重市场规律,避免特色扶贫产业同质化,应在仔细研究地区资源禀赋与特色产业发展意愿的基础上,因地制宜地发展特色扶贫产业,在地区、区域之间实行差异化竞争。各地要在充分尊重市场规律的基础上,对市场行情进行充分的分析,结合地区的地形、气候、土壤等自然资源禀赋和区位优势,找准适合当地发展的

特色主导产业，发展"一村一品""一县一业"，形成特色主导产业带，汇聚资源，集中投入生产要素，把握特色扶贫产业的比较优势，推进特色产业扶贫模式的健康有序发展，充分发挥特色产业扶贫在巩固拓展脱贫攻坚成果中的基础性作用。

四、特色产业扶贫项目资产要加强监督管理

党的十八大以来，特别是脱贫攻坚以来，各级政府加大财政扶贫资金投入，再加上社会各界支持，贫困地区累积了大批扶贫资本，形成了庞大的扶贫经营性资产，为打赢脱贫攻坚战提供了有效保障，取得了明显成效。但是，由于扶贫经营性资产分散、顶层设计滞后、监督管理缺位，导致扶贫经营性资产底数不清、管理松懈、收益率总体不高。有的地方急于完成脱贫任务，选择的扶贫项目难以契合市场，群众参与程度低，造成一些扶贫资产长时间闲置，难有收益；有的无人经营，造成扶贫资产荒废；特别是面对经济下行压力和农产品市场价格波动的不确定性，如何防范化解特色扶贫产业失败的风险，管好用好扶贫资产，提高收益？能力上的恐慌，已成为当前基层政府和扶贫干部亟待解决的新课题。按照习近平总书记"脱贫攻坚要取得实实在在的效果，关键是要找准路子、构建好的体制机制，抓重点、解难点、把握着力点"的指示精神，以及2019年中央一号文件提出的"加快农村集体资产监督管理平台建设，建立健全集体资产各项管理制度"要求整改。为巩固拓展脱贫攻坚成果，进一步提高扶贫资产的质量和效益，让贫困群众更多分享扶贫资产增值收益，作为巩固拓展脱贫攻坚成果的长效机制，亟待建立完善"产权清晰、权责明确、管理科学、运营高效、监管到位"的扶贫资产监督管理体制和运行机制，实现扶贫资产保值增值。

五、特色产业扶贫模式要与乡村振兴战略相衔接

党的十九大报告明确提出要"实施乡村振兴战略",指出"要坚持农业农村优先发展,按照产业兴旺、生态宜居、乡风文明、治理有效、生活富裕的总要求,建立健全城乡融合发展体制机制和政策体系,加快推进农业农村现代化"。2018年2月,中央一号文件《关于实施乡村振兴战略的意见》正式发布,明确指出乡村振兴,要以产业兴旺为重点,要从夯实农业生产能力基础、实施质量兴农战略、构建农村一二三产业融合发展体系、构建农业对外开放新格局、促进小农户和现代农业发展有机衔接这五个方面出发,提升农业发展质量,培育乡村发展新动能。这与脱贫攻坚时期的特色产业扶贫不谋而合。2018年6月15日,《中共中央国务院关于打赢脱贫攻坚战三年行动的指导意见》印发,指出要统筹衔接脱贫攻坚与乡村振兴。脱贫攻坚期内,贫困地区乡村振兴主要任务是脱贫攻坚。乡村振兴相关支持政策要优先向贫困地区倾斜,补齐基础设施和基本公共服务短板,以乡村振兴巩固脱贫成果。2020年12月16日,《中共中央国务院关于实现巩固拓展脱贫攻坚成果同乡村振兴有效衔接的意见》(以下简称《意见》)发布,围绕加快推进脱贫地区乡村产业、人才、文化、生态、组织的全面振兴,提出了具体的任务书、时间表、路线图,为做好乡村振兴这篇大文章提供了重要依据。《意见》指出,脱贫摘帽不是终点,而是新生活、新奋斗的起点。打赢脱贫攻坚战、全面建成小康社会后,接续推进脱贫地区发展和群众生活改善。脱贫攻坚目标任务完成后,设立5年过渡期。到2025年,乡村产业质量效益和竞争力进一步提高,脱贫地区农民收入增速高于全国农民平均水平。到2035年,脱贫地区经济实力显著增强,乡村振兴取得重大进展,农村低收入人口生活水平显著提高,城乡差

距进一步缩小,在促进全体人民共同富裕上取得更为明显的实质性进展。

第三节 特色产业扶贫模式的研究方法

贫困经济学就其研究对象而言,主要分为两类:一是贫困主体即贫困人口,二是贫困客体即贫困地区。特色产业扶贫模式的研究,将贫困人口和贫困地区在发展特色扶贫产业的过程中,形成的可操作、可复制、可推广、可持续的理念、做法、机制、制度,进行总结和完善,强调发展特色产业是手段,增收脱贫是目的,将特色产业、三产融合、新型经营主体、联农带贫机制四个要素作为研究的重点。

研究方法的选择主要是由特定的研究对象所决定的,选择何种方法的标准,主要是看其是否有利于研究任务的完成以及能否达到一定学术水准的研究目的。本书所确定的研究方法,既是为达到研究目的的基本手段,也是为了揭示特色产业扶贫模式中内在运作关系及其一般规律的基本技能。

一、制度分析方法

将制度与经济效益(主要是扶贫资金项目绩效)联系起来的研究方法是现代经济分析的一个新型分析范式。它的最大特点是分析制度与经济效益的内在联系。中国式的脱贫攻坚形成的特色产业扶贫模式,充分体现了中国共产党的领导和中国特色社会主义制度的优越性,既有市场在资源配置中的决定性作用,又有政府的推动作用,是有效市场和有为政府有机结合的产物。在具体运用中，以习近平新时代中国特色社会主义思想为指导，立足新发展阶段，贯彻新发展理念，构建新发展格局，推进高质量发展。对特色产业扶贫模式的分析，就其某一方面来说，不论如何深刻，如果缺乏深层次的制度因素分析，将是苍白无力的。因为社会制度是前提，有些特色产业扶贫模式是学不来、不能仿效的。

二、辩证分析方法

这是贯穿特色产业扶贫模式研究的基本方法，也是马克思主义的辩证分析方法，即按照客观事物自身的运动和发展规律来认识事物的一种分析方法，就是用联系的观点、发展的观点、全面的观点、对立统一的观点和具体问题具体分析的观点来认识事物的本质，揭示其内在规律性，其核心是从事物内部的矛盾运动来研究其本质和特殊性的东西。就贫困对象和贫困地区来说，从其表面特征看，是落后的，处于发展的劣势，但仍有其比较优势，诸如后发优势，处在经济蓝海，将会走向经济红海。如果我们不运用辩证分析的方法，分析穷则思变嬗变的转变机理，那么特色产业扶贫模式的研究将可能走进死胡同，我们就不可能在问题中找到正确的思路，在困境中看到希望，在起步中发挥优势，扬长避短，真正寻求我们渴望得到发展转型，走向高质量发展的正确道路。坚持这样的研究方法，就是力图纠正偏颇，让研究结论尽可能地反映客观事实，揭示事物的内在联系。

三、实证分析方法

这是现代经济学比较公认的研究方法，也可以说是一种比较成熟的研究范式。实证分析方法的特点是研究事物是什么,具有什么特征以及说明该事物在各种条件下会发生什么样的变化,产生什么样的结果,其间不涉及任何伦理价值判断。实证分析方法为我们研究特色产业扶贫模式铺垫了理论基础,对动态发展以及反贫困战略的构建需要什么样的条件,以及转型趋势将转向什么样的结果,具有直接的运用价值。

四、规范分析方法

和实证分析方法一样,规范分析方法也是现代经济学中常用的一种分析范式。它主要回答的是"应该是什么"的问题,其间涉及一定的价值判断。根据特色产业扶贫模式研究的需要,我们必然要把一定的价值判断作为出发点和落脚点,提出研究的特色产业扶贫模式"应该是什么样的""不该是什么样的",选择有关条件下特色产业扶贫模式类型并对案例的可操作、可复制、可推广、可持续做出点评,并提出选择的理由。运用案例研究法,通过"解剖麻雀"式的深入分析,具体阐述特色产业扶贫模式中"最适宜的三产融合发展"分析框架在工作中的运用,其目的在于拉长产业链、拓展供应链、提升价值链,增加农民收入。研究特色产业扶贫模式的意义,不在本身,而是为巩固拓展脱贫攻坚成果,全面推进乡村振兴战略,提出一套可供选择和参考的政策。规范分析方法对我们提出一系列政策建议具有重要的实践指导意义。

第五章

特色产业扶贫模式的理论基础

从经济学意义上讲，人类社会发展的历史，就是一部反贫困的历史。贫困问题是经济学研究的永恒主题。正如著名经济学家、发展经济学创始人西奥多·舒尔茨指出："我衷心地希望经济学家们在构筑自己的理论大厦时不要忘记给贫困问题留点地位。"

第一节 特色产业扶贫模式的相关理论

在特色产业扶贫模式形成的过程中，特色产业、三产融合、新型经营主体和联农带贫机制构成了基本的四个要素，而发展的趋势和方向是加快产业转型升级，基于当地资源禀赋形成特色产业是基础，一二三产业融合发展是核心，新型经营主体是关键，联农带贫的利益联结机制是根本。特色产业三产融合指的是在广大农村地区出现的第一产业、第二产业和第三产业的产业融合发展现象。它的具体表现是，农业产业化的发展促使第一产业与第二、三产业融合，同时，技术创新加快了农村地区第二产业和第三产业的融合。关于特色产业三产融合，目前学术界普遍认为有两个途径：一是同一农业产业内部的不同行业之间通过重组结为一体，是产业链的延伸的融合；二是农业与其他产业在相关交集的地方产生了融合，是跨界跨行业的融合。鉴于三产融合是特色产业扶贫模式的重要组成部分，本研究首先梳理特色产业融合的理论基础并介绍特色产业融合的一般理论。

特色产业扶贫模式的理论基础可分为三部分内容：一是分工理论。分工和融合看似是两个相互矛盾的概念，但实质上特色产业融合是在生产高度发展、产业高度分工的基础上发展起来的，是有分工的统一，是在对原有产业边界发生部分重叠和交叉基础上进行的重新分工。分工理论与产业融合理论呈现对立统一的关系。二是产业集聚相关理论，包括区位理论、集聚理论、新经济地理学理论、交易成本理论等。这些理论有着一定的内在联系，集聚理论是基于产业区理论和区位理论发展起来的，新经济地理学理论是有关学者试图从其他角度研究集聚理论而产生的，交易成本理论是从产业集聚效应这一层面着手进行的研究。产业集聚相关理论是产业融合理论产生和发展的基础。三是对特色产业融合在脱贫地区发展实践的研究，这是本书的研究重点。现代农业是多功能农业，而农村三产融合是实现农业多功能性的客观需求。第六产业是产业融合在日本和韩国农村地区实践的重要形式。从我国农业多功能性发展趋势上看，新田园主义理论推进的"田园综合体"是有着重要意义的探索。

一、分工理论

分工理论的发展源远流长。它在原始社会就存在，它是劳动的组织方式，大大提高了人们的劳动效率。在《理想国》中，柏拉图说分工取决于人的先天禀赋，它会对社会福利的提高有益处。亚当·斯密在《国民财富的性质和原因的研究》中指出，人与人之间交换的需求导致了分工的出现，并以扣针制造为例论述了分工可提高劳动生产力，进而促进社会的普遍富裕。他还指出，农业生产力的提高低于制造业生产力提高的原因是农业不能采用完全的分工制度。马克思对亚当·斯密的分工理论作了补充和发展。他认为分工不仅提高了生产力，还创造了生产力。分工提高生产效率的原因除了工人不断重复同一项工序熟能生巧之外，更重要的原因是协作，协作能节约非生产费用。另外，马克思还对分工进行了分类，即个别分工、特殊分工和一般分工三种类型。第一种是生产单位内部分工，后两种是社会内部分工。关于分工和产业融合的关系，周振华和姜奇平曾做过一些论述。对于产业融合，周振华提出了三个观点：一是产业融合不是产业同一；二是产业融合不是产业重叠；三是产业融合是产业分工模式中的一种。产业融合是在生产力高度发展、产业高度分工的基础上发展起来的，是有分工的统一，是在对原有产业边界发生部分重叠和交叉基础上进行的重新分工。在信息技术快速发展的今天，融合会成为社会财富增长的根本来源。姜奇平认为，融合通过生产者和消费者的合一减少了中间环节，降低了中间费用。他从产业层次上对产业融合和分工关系进行了三点描述：一是融合和分工在同一层面是对立的，但在不同层面上未必是对立的；二是产业融合只是同一产业内部分企业的融合，其他企业在新的融合产业内部充当内部化分工的角色；三是在产业融合过程中，若内部协调成本大于分工产生交易成本，则融合会停止。这些学者的研究表明分工曾是社会财富迅速积累的根本来源，但随着经济的发展，市场的大小和交易成本使得分工存在一定的局限，而产业融合可以打破这一局限。产业融合最初的迹象体现在产业集群现象。

二、产业集聚相关理论

（一）区位理论。杜能在《孤立国》中提出了孤立国理论，指出了土地的天然特性、农业经济状况、特别是土地与农产品消费地的距离决定了土地经营集约化程度和土地利用的类型,从农业土地利用角度探讨了农业生产的区位选择问题。韦伯的工业区位理论研究了影响工业区位选择的三大要素:一般区位因子与特殊区位因子,地方区位因子与集聚、分散因子,自然技术因子与社会文化因子。克里斯塔勒和廖什的市场区位论认为工厂区位的选择依据是利润最大化,而不是成本最小化,区位选择的地点应该包括生产中心、消费中心和供应地区。包括杜能的农业区位论、韦伯的工业区位理论、克里斯塔勒与廖什的市场区位论在内的古典区位论阐释了一个思想:经济活动主体在一系列约束条件下,通过区位选择这一方式形成集聚。在此基础上,产业集聚理论应运而生。

(二)**循环经济理论**。传统经济是由"资源—产品—污染排放"所构成的物质单向流动的经济。在这种经济模式下,人们以越来越高的强度把地球上的物质和能源开发出来,生产加工和消费过程中又把污染和废物大量地排放到环境中去,对资源的利用常常是粗放的、一次性的,通过把资源持续不断地变成废物来实现经济数量型增长,导致许多自然资源的短缺与枯竭,并酿成灾难性环境污染。与此不同,循环经济倡导的是一种建立在物质不断循环利用基础上的经济发展模式,要求经济活动按照自然生态系统模式,组织成一个"资源—产品—再生资源"的物质反复循环流动过程,使得整个经济系统以及生产和消费的过程基本上不产生或者只产生很少的废弃物,只有放错了地方的资源,而没有真正的废弃物,其特征是自然资源的低投入、高利用和废弃物的低排放,从而根本上消解了长期以来环境与发展之间的尖锐冲突。

(三)**规模经济理论**。规模经济又称"规模利益"。规模指的是生产的批量,具体有两种情况:一种是生产设备条件不变,即生产能力不变情况下生产批量变化;另一种是生产设备条件即生产能力变化时产生的生产批量变化。规模经济中的"规模"指的是后者，即伴随着生产能力扩大而出现的生产批量的扩大，而"经济"则含有节省、效益、好处的意思。按照权威解释，规模经济指的是，给定技术条件下（指没有技术变化），对于某一产品（无论是单一产品还是复合产品），如果在某些产量范围内平均成本下降或上升，我们就认为存在着规模经济或不经济。规模经济具体表现为长期平均成本曲线向下倾斜。从这种意义上说，长期平均成本曲线便是规模曲线，长期平均成本曲线上最低点就是最小最佳规模。

（四）**产业结构调整理论**。产业结构演变与经济增长具有内在联系。产业结构的高变换率会导致经济总量的高增长率，而经济总量的高增长率应会导致产业结构的高变换率。随着技术水平的进一步提高，这两者间的内在联系日益明显，社会分工越来越细，产业部门增多，部门与部门间的资本流动、劳动力流动、商品流动等也越来越复杂。这些生产要素在部门之间的流动对经济增长有什么影响，逐渐引起专家、学者的注意。他们开始研究生产要素在不同产业之间的变化与经济增长之间的内在联系。研究发现，大量的资本积累和劳动投入虽然是经济增长的必要条件，但并非充分条件，因为大量资本和劳动所产生的效益在很大程度上还取决于部门之间的技术转换水平和结构状态，不同产业部门对技术的消化、吸收能力往往有很大不同，这在很大程度上决定了部门之间投入结构、产出结构的不同。

（五）**产业集聚理论**。产业集聚理论率先由区位经济学家提出，韦伯和廖什是最先从区位选择角度探索产业集聚形成机制的学者。韦伯通过对单个工厂的区位选址进行分析，研究了集聚原因、集聚因素、集聚过程等等。韦伯认为集聚形成的原因包括技术设备的发展、劳动力组织的发展、市场化因素、经常性开支成本。集聚因素是指在某一地点集中所获得的优势，这就是集聚经济的最初含义。集聚过程由两个阶段组成：第一阶段是集聚的初级阶段，通过企业自身规模的扩大、发展而产生的集聚优势；第二阶段是集聚的高级阶段，各个企业通过相互联系的组织而地方集中化。廖什的研究将主体从单个工厂选址拓展到多个，分析方法也从局部均衡转向一般均衡。他构建了以多因素为基础的区位均衡体系，这一体系假设前提是企业数量要尽可能地多，以使整个空间被占用；一切经济活动中正常以上的利润消失。这一假设前提体现了区位选择和集聚思想，在这一体系中描述的企业集聚现象就是区位选择的结果。由区位理论产生的集聚理论并没有在"从区位选择到集聚"这一思想的基础上进行更深层次的探索，反而从廖什之后渐渐被推向边缘。这迫使研究集聚问题的学者不得不寻找一些新思想来解释产业集聚，其中就包括新经济地理学理论。

（六）新经济地理学理论。20世纪90年代由保罗·克鲁格曼等人开创，克鲁格曼通过迪克西特-斯蒂格利茨模型，分析了产业集聚的原因：市场需求、外部规模经济和历史的偶然。在这个模型中，处于中心或核心的是报酬递增的工业部门，外围是报酬不变的农业地区，区位因素取决于规模经济和交通成本的相互影响。他认为某种历史偶然现象引起了初始的产业集聚，这种集聚产生的优势通过路径依赖被放大，接下来的锁定效应给集群内的企业带来了集群外企业不能得到的收益，进而诱使集群外企业纷纷携带资金、技术、劳动力等资源向集群靠拢，使得路径依赖更为强烈。在一部分学者探究产业集聚原因的同时，还有一部分学者研究了产业集聚的效应，提出了交易成本理论。

（七）交易成本理论。由科斯于1937年在其论文《企业的性质》中首次提出，主要观点为在市场经济条件下，假定存在"理性人""资源稀缺""有限的技术"，在"理性人"从事经济活动时，要受"资源稀缺"以及"有限的技术"约束，所以"理性人"要从物质世界获得资源,从技术类人才中获得技术,在获得资源和技术的过程中会发生交易费用。威廉姆森等经济学家进一步对交易成本理论进行了完善与补充,强调将市场内的交易转为企业内部交易,即使企业内部交易纵向一体化,将交易成本划分为事前交易成本与事后交易成本。由于交易过程中存在不确定风险,在交易之前,要规定交易各方的权利、义务以及责任,规定过程所产生的成本被称为事前交易成本,事前交易成本的大小与交易对象的产权初始归属权的明确程度有关。事后交易成本就是交易之后所产生的成本。产业集聚能够降低交易成本,在产业集聚过程中形成了产业集群,它们的空间范围和交易主体相对稳定,减少了交易的不确定性,信息的对称性大大提高,不仅使企业的经济活动根植于地方社会网络,而且有助于形成共同的价值观念和产业文化,有利于企业间建立合作与信任,促使交易双方很快达成并履行合约,节省企业搜寻市场信息的时间和成本。

(八)**产业集群理论**。马歇尔在《经济学原理》中研究了产业集群现象,他认为产业集聚与外部规模经济密切相关。规模经济可分为内部规模经济和外部规模经济,内部规模经济是指企业的规模变化是由企业内部原因,如企业内工人工作的熟练程度、管理工作的专业化水平、企业经营范围的专业化带来的长期平均成本下降,使得产量和收益增加。外部规模经济是由于一个或几个相关产业的众多企业聚集在某一特定区域,促进了技术的创新和传播、行业的发展和成熟以及新兴市场的形成。外部规模经济促使了产业集群的形成,企业聚集的特定区域就是所谓的产业区。马歇尔的产业区理论是从规模经济的角度衍生出来的,是为了介绍其外部经济理论而提出的,因此其关于产业区形成因素的论述也是以总结能获得的外部经济因素为主,是一种根据现有产业区的特征进行的静态分析,并没有探讨产业区最初形成的区位选择以及产业区的动态发展过程,而区位理论解释了这一过程。

(九)产业集群发展理论。早在20世纪30年代,一些发达国家和发展中国家纷纷开展对产业集群的研究,但是直到20世纪90年代,产业集群理论才逐渐成为政府、产业和学术界关注的热点之一。目前国内外关于产业集群的理论有多种说法,国内学者盖文启在总结国外有关产业区、新产业区理论的基础上,给出了自己的定义。他认为,大量的中小企业在一定的地域范围内集聚成群,集聚区内的企业在生产经营中进一步专业化分工,并在市场交易与竞争中彼此之间形成密集的合作网络,协同创新。这种创新的网络根植并融入当地不断创新的社会文化环境中,进而形成具有较强创新驱动力和竞争力的区域创新系统或柔性生产地域系统。这一区域最重要的特性是学习与创新,区域的形成与发展过程就是各个行为主体在一定地域范围内进行集体学习的过程,同时在相互信任的基础上形成区域创新网络。

区位理论、循环经济理论、规模经济理论、产业结构调整理论、产业集聚理论、新经济地理学理论、交易成本理论、产业集群理论、产业集群发展理论等都是围绕产业集聚进行的相关理论研究,这些理论是产业融合理论产生和发展的基础。产业集群内的相关产业可能基于技术融合发生产业融合,同时,集群内产业与外界相关产业在经济一体化的形式下也可能发生产业融合。成熟的产业集群有专业化的供应商、多元化的相关产业和广泛的支援机构,集群内的经济体具有跨产业、跨机构的联合与互补的属性,集群内的多元产业在产品功能、特性、零部件和技术上具有一定互通性,这两点使得集群内的相关产业很可能在技术融合的基础上发生业务交叉与渗透,并实现产业融合。理论源于实践并指导实践,在全球产业结构融合背景下,推进产业扶贫转向产业兴旺、农村三产融合成为必然,国内外有关专家围绕农村三产融合实践进行了理论研究,形成了第六产业理论、农业多功能性理论和新田园主义理论。

三、产业融合在农村地区发展实践

（一）第六产业理论。第六产业是一种现代农业的经营方式，这一概念最早是在 1996 年由日本东京大学名誉教授今村奈良臣提出。所谓第六产业，指的是通过鼓励农户从事多种经营，以获得更多的增值价值，为农业增效、农民增收开辟新的空间。其中，多种经营不仅仅种植农作物（第一产业），而且从事农产品加工（第二产业），此外还从事销售农产品及其加工产品或服务业（第三产业）。按照行业分类，农林牧渔属于第一产业，加工制造业是第二产业，销售、服务等为第三产业。三者无论是相加（1+2+3=6）还是相乘（1×2×3=6）都是六，所以取名为第六产业。第六产业的核心是产业融合一体化，本质是在产地增加农产品附加值，目标是促进农民增产增收。发展第六产业需要农产品原产地、农产品加工企业、产品销售单位等多方相互配合。第六产业打破了原有三大产业并列且分割的现状，突破了原有的产业边界，力求实现三个产业的一体化，以建立更大程度上的产业融合组织。

（二）农业多功能性理论。农业多功能性研究源于日本稻米文化，为了保护和传承其"稻米文化"，日本于 20 世纪 80 年代末提出农业多功能性概念。经济合作和发展组织对多功能农业做出了具体定义：多功能农业是指农业除了生产食物和植物纤维以外，还能形成景观、保护土地、保护生物多样性、可持续管理可再生自然资源等，同时还能保持乡村的经济活力。当农业除了生产食物和植物纤维的基本功能外，还具有一个或多个功能时，农业就是多功能的。农业多功能性是指农业具有经济、生态、社会和文化等多方面的功能。经济功能是指农业的农产品供给和收入提供功能，它是农业的基本功能；生态功能是指土地与土地上的生物构成的生态系统所具有的调节气候、保护和改善环境、维持生态平衡和生物多样性等方面的功能；社会功能是经济功能和生态功能的延伸功能，主要包括确保粮食安全、维护社会和政治稳定、提供就业和社会保障、推动人类可持续发展等方面的功能；文化功能是指土地本身构成的自然和人文综合景观带给人们的休闲、审美和教育的功能，以及维护原有乡村生活形态、保留农村文化多样性遗产、传承优秀传统历史文化的功能。农业多功能性理论在当代农业可持续发展实践中的重要展现就是多功能农业，而多功能农业有四大特点：第一，新的增产手段迅速取代传统的农业增产措施；第二，农业的内涵与外延出现重大改变；第三，农业与其他产品部门的结合空前紧密；第四，农业作为一个社会事业部门的属性日益明显。从产业融合理论的视角分析，多功能农业的实质是农业与非农产业横向融合发展，形成横向的农业产业链，产业融合是实现农业多功能性的必然途径。

（三）新田园主义理论。田园东方投资集团有限公司创始人兼 CEO 张诚，自 2012 年起，他以建筑师和城市规划专业背景视角，集多年城市综合体和文旅产业运营发展的经验，将目光转向旅游度假和乡村建设。在乡村建设领域始创新田园主义理论，创建"田园东方"这个田园综合体，主张以休闲旅游业带动城乡一体发展。

中国城市与乡村的矛盾。中国乡村在社会经济发展过程中的模式探索，即乡村在不可偏安地迎接新型城镇化浪潮中的一种发展模式选择，即"田园综合体的商业模式研究"。城市规划和建筑学专业的张诚，受百年前霍华德的名著《明日的花园城市》启发，提出的新田园主义，就是中国当前乡村社会经济发展的一种实施导则。中国社会的一个主要问题是城乡二元结构问题，二元就是指差距，差距不仅体现在物质方面，还体现在文化方面，解决差距的主要办法是发展经济，发展经济主要是通过产业。那么，在乡村社会，什么样的产业可

第五章　特色产业扶贫模式的理论基础

以并需要发展起来呢？在一定的范畴内，快速工业化时代的乡镇工业模式之后，乡村可以做出的选择不多，通常只有发展现代农业和旅游业。其中，旅游业可作为引擎产业。在这个过程中，解决物质水平差距的办法，是创造城市人的乡村消费；迅速解决文化差异问题的有效途径是城乡互动。关于城乡互动，最直接的方法，就是在空间上把城市人和乡村人聚集在一起，让他们互相交往。"人的城镇化"，不是住上楼就是城市人了，也不是解决了身份待遇就是城市人了，文化得以弥合，才是人的城镇化。"人的城镇化"最有效的途径就是城乡融合发展。新田园主义主要的载体，就是田园综合体。田园综合体的经济技术原理，就是以企业和地方合作的方式，在乡村社会进行大范围整体、综合的规划、开发、运营。首先，企业承接农业。企业承接农业，可以避免实力弱的小农户短视规划，可以作中长期产业规划，以农业产业园区发展的方法提升农业产业，尤其是发展现代农业，形成当地社会的基础性产业。其次，规划打造新兴驱动性产业——综合旅游业，我们也可称之为文旅产业，促进社会经济大发展。最后，在基础产业和新兴拉动型产业起来后，当地的社会经济活动就会发生大的改变，人们的生活和社会关系就会发生改变，该地区就可以开发地产及建设社区，为原住民、新移民、旅居人群这三种生活在这里的人营造新型乡村。田园综合体最终形成的是一个新的社会、新的社区。综上，田园综合体就是农业＋文旅＋地产的综合发展模式。

基于企业化运作的特征和出于形成一种可提炼模式的考虑，田园综合体里的三个产业应以"现代高效农业生产＋休闲农业＋CSA"为主。CSA农业经营模式即社区支持农业，指的是农民寻找愿意预定农产品的社区成员，并按照社区成员的要求进行种植，然后直接送至社区成员家中，而社区成员则需要预付一定的费用。在该模式下，社区成员可以吃到按照自己意愿生产出来的粮食和蔬菜，缩短了农产品从生产至消费的距离,同时农民与消费者共同承担或分享了粮食生产过程中的风险或利益。文旅产业要打造符合自然生态型的旅游产品加度假产品组合,组合中需要考虑功能配搭、规模配搭、空间配搭,此外还要加上丰富的文化生活内容,以丰富的业态规划设计旅游度假目的地。地产开发及社区建设,无论改建还是新建,都需要按照村落肌理打造,即使是开发,也是开发一个"本来"的村子,并且更重要的是附着管理和服务,打造新社区。需要特别指出的是,我们不是要打造一个旅游度假区,而是打造一个小镇,只是这个小镇有很多旅游度假设施,小镇本身也具有非常高的旅游价值。在城市综合体营建理论中的统一规划、统一建设、统一管理、分散经营原则,在田园综合体中同样适用,比如馆陶县打造的黄瓜小镇、粮画小镇等。

新田园主义有十大主张:(1)新田园主义强调用可复制、可推广的商业模式来实现理想,用旅游产业引导中国乡村现代化、城乡一体化、新型城镇化。(2)新田园主义鼓励与"三农"产生关联,实现"农业强、农村美、农民富"的发展目标,包括各种可行的合作方式。(3)新田园主义鼓励城市人来乡村消费、创业、旅居、定居,倡导城乡互动。(4)新田园主义项目须包含教育和文化设施,须容纳、对接并开展社会公益事业。即使是商业项目,也要带有社会企业目的,每个项目必须有一部分业务作为社会企业目标。(5)新田园主义的项目模式载体是田园综合体,必须给原住民、新移民、旅居人群带来他们需要的价值,着眼于他们的未来生活,真正为了他们创造美好;田园综合体提供的产品和服务必须是他们想要、需要的,而能够比其他模式更好地满足他们。(6)新田园主义的田园综合体产品,是人文性质的,因此它是一种鲜明的、无处不在的人文主义品牌下的产品体现,不做只有经济收益而不符合、不呈现品牌文化和价值主张的事情。(7)新田园主义主张开放共创,主张以自己为平台,主张兼容并包、培养别人、联合发展。（8）新田园主义主张可持续可循环，强调自然生态理念，这既体现在风格和技术方面，又体现在运营和管理文化方面。（9）新田园主义强调一切发自自身。除了前面描述的对外呈现方式，还要从企业内部文化、员工关系开始，不断倾听和检视自己的初衷。只有发自内心的，才是有力的，才能"复兴田园，寻回初心"。（10）新田园主义应该多做传播，形成一种文化风潮，吸引越来越多的人参与到这个领域中，聚集形成各种优秀的主张，并开展实践行动。

新田园主义在田园综合体商业模式之外，还对城乡关系、乡村规划、农业、教育、建筑、社区文化提出主张，而所有的主张，都基于关心人自身、关心人与人的关系、关心人和环境的关系、鼓励人们勇于实践可持续的经济社会发展。田园综合体是通过一种商业模式、一种产品模型来实现一个有意义的目标。

2017年中央一号文件首次提出"田园综合体"理念，这是实施乡村振兴战略的国家命题，是一个打造诗意栖居理想地的时代课题，是一个构建城乡命运共同体的现实问题。这份文件提出，在保持政策的连续性、稳定性的基础上，特别注重抓手、平台和载体建设，即"三区、三园和一体"。"三区、三园和一体"建设将优化农村产业结构，促进三产深度融合，并集聚农村资金、科技、人才、项目等要素，加快推动现代农业的发展。其中"一体"即田园综合体，文件提出要"支持有条件的乡村建设以农民合作社为主要载体、让农民充分参与和受益，集循环农业、创意农业、农事体验于一体的田园综合体"。2021年5月，财政部办公厅发布《关于进一步做好国家级田园综合体建设试点工作的通知》，进一步明确了建设田园综合体的目标、功能定位和重点任务等。田园综合体正面临政策大力鼓励和乡村市场迅猛发展两大历史性机遇，而在科技推动人文主义复兴的今天，多元价值观兴起，也为田园综合体在政策理念、商业理念、消费者理念方面带来极大的促进，加快了这个模式的成功实现。田园综合体具备可持续经济的属性，将是农业农村走向现代化，实现社会经济全面发展的一种最好的模式选择。

田园综合体发展模式的提出有其必然的原因和背景。一是经济新常态下，农业发展承担更多的功能。当前我国经济发展进入新常态，地方经济增长面临新的问题和困难，尤其是生态环境保护工作的逐步开展，对第一、二产业发展方式提出更高的质的要求，农业在此大环境下既承担生态保护的功能，又承担农民增收的功能。二是传统农业园区发展模式固化，转型升级面临较大压力。农业发展进入新阶段，农村产业发展的内外部环境发生了深刻变化，传统农业园区的示范引领作用、科技带动能力及发展模式与区域发展过程中的需求矛盾日益突出，使得农业园区新业态、新模式的转变面临较多的困难，瓶颈明显。三是农业供给侧结构性改革，社会资本高度关注农业，综合发展的期望较高。党的十八大以来，经过"新时代九个中央一号文件"及各级政策的引导发展，我国现代农业发展迅速，基础设施得到改善、产业布局逐步优化、市场个性化需求分化、市场空间得到拓展，生产供给端各环节的改革需求也日趋紧迫，社会工商资本也开始关注并进入到农业农村领域，对农业农村的发展起到积极的促进作用。同时，工商资本进入该领域，也期望能够发挥自身优势，从事农业生产之外的二产加工业、三产服务业等与农业相关的产业，形成一二三产融合发展的模式。四是在土地政策影响下，土地管理的力度越来越大，必须寻求综合方式解决发展问题。随着经济新常态，国家实施新型城镇化、全面推进乡村振兴、生态文明建设、供给侧结构性改革等一系列战略举措，实行建设用地总量和强度的"双控"，严格管理用地。先后制定的《中华人民共和国基本农田保护条例》《中华人民共和国农村土地承包法》《中华人民共和国乡村振兴促进法》等,对土地开发的用途有非常明确的规定。特别是 2014 年 9 月,国土资源部、农业部发布《关于进一步支持设施农业健康发展的通知》,更是进一步明确了要求,使得发展休闲农业在新增用地指标上面临着较多的条规限制。新形势下的特色扶贫产业转型升级、统筹开发,亟须用创新的方式来解决农业增效、农村增美、农民增收的问题,田园综合体就是比较好的创新模式之一。

第二节 特色产业扶贫模式的概念、内涵及作用机理

一、特色产业扶贫模式的发展阶段

(一)特色产业扶贫的兴起与发展。1982 年,我国启动"三西"农业建设专项计划,这标志着我国大规模扶贫开发工作的开始。1994 年国务院出台《国家八七扶贫攻坚计划》之前,产业扶贫概念尚未明确,扶贫开发工作更多的是享受农村改革红利,贫困地区的产业发展更多体现为农村经济发展带动。直到 1993 年,中国扶贫开发协会(2022 年更名中国乡村发展协会)在民政部登记成立,作为国务院扶贫开发领导小组办公室(2021 年更名国家乡村振兴局)主管的扶贫领域全国性社团组织,其组织章程中业务范围专门列了产业扶贫,即动员和引导会员企业和社会各界力量,在贫困地区开展产业扶贫开发。中国扶贫开发协会支持欠发达地区开展产业扶贫的道路上,中国扶贫基金会(2022 年更名中国乡村发展基金会)第一任会长、首席顾问项

南同志功不可没。1994年颁布的《国家八七扶贫攻坚计划》采取扶持与开发并举的策略,其中列举了扶贫开发的五条基本途径,其中第一条、第二条属于产业扶贫的途径。第一条途径为"重点发展投资少、见效快、覆盖广、效益高、有助于直接解决群众温饱问题的种植业、养殖业和相关的加工业、运销业"。第二条途径为"积极发展能够充分发挥贫困地区资源优势、又能大量安排贫困户劳动力就业的资源开发型和劳动密集型的乡镇企业"。

《国家八七扶贫攻坚计划》指出了扶贫开发的七个主要形式,其中前三个属于产业扶贫范畴。文件规定,扶贫开发要"依托资源优势,按照市场需求,开发有竞争力的名特稀优产品。实行统一规划,组织千家万户连片发展,专业化生产,逐步形成一定规模的商品生产基地或区域性的支柱产业"。从《国家八七扶贫攻坚计划》指出的扶贫开发基本途径和主要形式中可以看出,国家开始有意识培育扶贫开发中的市场主体,主张通过产业发展,利用市场力量解决贫困问题,从此,产业扶贫走上正式化、规模化发展道路。

1997年7月,国务院办公厅发布《国家扶贫资金管理办法》,其中第十条明确规定:"实施扶贫项目应当以贫困户为对象,以解决温饱为目标,以有助于直接提高贫困户收入的产业为主要内容。"这从资金管理上明确和加强了产业扶贫在扶贫开发中的地位,也是国家层面对产业扶贫的进一步规范化。

(二)特色产业扶贫的正式提出与推进阶段。2001年,国务院印发《中国农村扶贫开发纲要(2001—2010年)》文件,该文件被认定为正式提出了特色产业扶贫概念。《中国农村扶贫开发纲要(2001—2010年)》的第十四条明确指出要"积极推进农业产业化经营。对具有资源优势和市场需求的农产品生产,要按照产业化发展方向,连片规划建设,形成有特色的区域性主导产业"。文件对特色产业扶贫的具体思路和措施进行了明确规定，为特色产业扶贫指明了方向和路径。特色产业扶贫以此为契机，借着农业产业化的东风，获得了长足的发展和进步，特色产业扶贫在整个扶贫开发体系中的地位不断提升。2011年，中共中央、国务院印发《中国农村扶贫开发纲要（2011—2020年）》，文件进一步明确特色产业扶贫的概念以及特色产业扶贫的方向和路径，文件的第十五条明确指出，要"充分发挥贫困地区生态环境和自然资源优势，推广先进实用技术，培植壮大特色支柱产业，大力推进旅游扶贫"。2013年国务院扶贫办、农业部、国家林业局、国家旅游局四家单位联合下发了《关于集中连片特殊困难地区产业扶贫规划编制工作的指导意见》，该指导意见明确要求各有关省区在编制集中连片特殊困难地区的时候必须编制产业扶贫规划，明确提出每个片区县用于产业发展的扶贫资金要占财政专项扶贫资金的70%以上。特色产业扶贫获得前所未有的重视，在扶贫开发工作中逐步推进。

（三）特色产业精准扶贫阶段。精准扶贫精准脱贫是扶贫开发进入全面建成小康社会新阶段关于扶贫脱贫的基本方略，更是新时期的崭新实践。从精准扶贫精准脱贫基本方略的提出、完善到创新实践，经历了一个不断丰富和深化的过程。特色产业扶贫正是在这个不断丰富和深化的过程中不断完善、不断成熟，成为全面建成小康社会新时期扶贫开发的重要支柱。2013年11月，习近平总书记在湖南湘西考察时强调扶贫要实事求是，因地制宜。要精准扶贫，切忌喊口号，也不要定好高骛远的目标。2013年12月，中共中央办公厅、国务院办公厅发布《关于创新机制扎实推进农村扶贫开发工作的意见》（以下简称《意见》），把扶贫开发的工作机制创新摆到了更加重要、更为突出的位置。《意见》将"特色产业增收工作"列入十项重点工作之中，提出要"积极培育贫困地区农民合作组织，提高贫困户在产业发展中的组织程度。鼓励企业从事农业产业化经营，发挥龙头企业带动作用，探索企业与贫困农户建立利益联结机制，促进贫困农户稳步增收"。《意见》中分阶段明确了特色产业扶贫的目标，指出"到2020年，初步构建特色支柱产业体系"。

（四）特色产业扶贫模式的形成。综上所述，在脱贫攻坚中，特色产业扶贫是指依托当地资源禀赋优势，以市场为导向，以经济效益为中心，以产业发展为杠杆的扶贫开发过程，是促进贫困地区发展、增加贫困户收入的有效途径，是扶贫开发的战略重点和主要任务。特色产业扶贫是一种内生发展机制，目的在于促进贫困个体（贫困户）与贫困区域协同发展，根植发展基因，激活发展动力，阻断贫困发生的动因。其发展内容为，在县域范围，培育主导产业，发展县域经济，增加资本积累能力；在村镇范围，增加公共投资，改善基础设施，培育特色产业环境；在贫困户层面，提供就业岗位，提升人力资本，积极参与产业价值链的各个环节。所以，从这一角度看，特色产业扶贫可看成是对落后区域发展的一种政策倾斜。2016年11月23日，国务院发布《关于"十三五"脱贫攻坚规划的通知》。通知第二章明确指出，农林产业扶贫、旅游扶贫、电商扶贫、资产收益扶贫、科技扶贫是产业发展脱贫的重要内容。该章节还同时提出农林种养产业扶贫工程、农村一二三产业融合发展试点示范工程、贫困地区培训工程、旅游基础设施提升工程、乡村旅游产品建设工程、休闲农业和乡村旅游提升工程、森林旅游扶贫工程、乡村旅游后备箱工程、乡村旅游扶贫培训宣传工程、光伏扶贫工程、水库移民脱贫工程、农村小水电扶贫工程等，作为"十三五"期间重点实施的特色产业扶贫工程。在实施特色产业扶贫中，我们将形成的操作性强、可复制、可推广、可持续的理念、做法、成效和体制机制等，称为特色产业扶贫模式。在河北省特色产业扶贫中，笔者先后总结了100个典型案例，再

第五章 特色产业扶贫模式的理论基础

从中精选了36个典型案例,按照经营带动主体的不同类型,将典型案例归类为创业致富带头人主导型、家庭农场主导型、农民合作社主导型、村集体经济组织主导型、农业龙头企业主导型、农业产业化联合体主导型、农业社会化服务组织主导型、工商资本主导型、新业态主导型、地方政府平台主导型、股份合作制主导型和农业扶贫园区综合体主导型12类不同的特色产业扶贫模式,并将其作为研究的重点。

二、特色产业扶贫模式的内涵分析

12类不同的特色产业扶贫模式,回答了"扶持谁、谁来扶、怎么扶"的问题,以特色产业、三产融合、新型经营主体和联农带贫机制为基本要素,以依托当地资源禀赋建成的特色农业产业为基础,以三产融合为核心,以新型经营主体为关键,以联农带贫机制为根本,构建了一个以党政权力为核心的多元一体的乡村经济治理体系,并通过责任制、考核制、奖惩制等多重动员机制的创新,强化了责任落实体系、政策执行体系、工作推进体系和投入保障体系等。为了补足建档立卡贫困户收入短板,加快贫困地区的经济社会发展,新型经营主体、科技、金融、电商和贫困户等都参与到特色产业扶贫发展过程中来,诸多主体的相互配合与协作,充分发挥出了引领多元一体乡村经济治理的优势,所形成的市场体制是一种"有效市场",即地方政府深度参与其中,根据产业发展需要主动改变体制机制,积极扩大职能和服务范畴,与其他行动者形成了紧密合作的关系。引领多元一体乡村经济治理中的地方政府是"有为政府",具备发展型政府的典型特征,具有可持续发展的意愿和凝聚力极强的经济行政机构,有良好的政商合作关系和政府主导的特色产业政策。引领多元一体乡村经济治理模式,在"有为政府"和"有效市场"的共同作用下,既凸显治理权力的集中，又强调多元治理主体构成的新型治理结构的主导型和重要性。从这个意义上讲，引领多元一体乡村经济治理是一种创新的治理机制。

引领多元一体乡村经济治理模式，在制度条件上创设了以政权的组织权力为中心的多元治理主体参与路径，共同解决重大发展问题，开创经济新秩序。在脱贫攻坚的贫困治理实践中，各级党组织和政府为代表的组织权力，围绕治理目标和治理对象起到整合机制的作用，通过组织动员的权力运作，促使多元主体超越各自原有的职能或属性，达成功能上的再组合；通过制度化策略保障其独特的乡村经济治理模式，在运作中，以治理目标为考核导向，整合资源资产资金，实施资本化运作，推进资源变资产、资产变资金、资金变资本、农民变股东"四变"改革，采取闭环式目标管理，运用系统论、信息论、控制论，打破条块结构向功能性整合转变；在组织机制上，则通过制度政策和具体策略整合了市场的对称交换逻辑和社会的互惠合作机制，从而为乡村治理效能的提升奠定了制度基础。例如，政府通过扶贫小额信贷政策，将金融和扶贫整合在一起。为了一个共同目标，政府、银行、贫困户同舟共济，银行由"锦上添花"变成"雪中送炭"，开拓出了金融扶贫的新路子。

特色产业扶贫模式的形成过程，是持续推动一二三产业融合发展的过程。在我国经济步入新常态、农业农村发展进入新阶段的背景下，我国工农关系和城乡关系继续发生重大变化，特别是现代科技和市场形态加快对传统种养业经营方式的改造，单纯重视初级产品生产的农业发展方式越来越难以为继。如今，农业产前、产中、产后衔接更加紧密，产加销、农工贸环环相扣，生产专业化、产品商品化、服务社会化迅速发展，这就要求我们在重视农业生产的同时，必须高度重视与农业生产密切相关的各产业的发展，高度重视生产、加工、销售有机结合和相互促进，大力推进农业产业化经营。因此，2014 年，

第五章 特色产业扶贫模式的理论基础

中央农村工作会议提出：要把产业链、价值链等现代产业组织的方式引入扶贫产业，增加贫困人口的收入，促进一二三产业的融合互动等推进农业现代化的重大部署。在特色产业扶贫模式中，特色产业三产融合与农业现代化都要求以第一产业——农业为基本依托，用二、三产业的方式和手段发展第一产业，但农业现代化侧重于发展现代化农业，特色产业三产融合旨在将第二、三产业与第一产业相互结合共同发展。这一新概念的提出，不仅增加了贫困人口的收入，更为我国未来农业的发展指明了方向，加速了我国农业农村现代化的进程。要实现三产融合，首先要对三产融合的概念进行清晰的界定，这样既可以有的放矢地为后续的研究提供目标保障，同时也能为后续三产融合的实践操作指明方向。传统意义上的三产融合通常以市场融合为导向，具体过程包括产业协作、产业集聚、产业集群和产业融合四个阶段，这四个阶段相互渗透、相互关联，具有发展阶段上的传递性。产业融合又分为产业渗透、产业交叉延伸和产业重组。产业渗透是产业融合的初级阶段，发展到一定阶段后出现产业间的交叉延伸，最后发展为产业重组，最终完成产业融合的全过程。但农村三产融合更多的是社会和经济的概念，根据经济发展的普遍规律，发生在第一产业的增加值所占份额很小，绝大部分的增加值发生在二、三产业。因此，在发展农业的同时兼顾农产品加工业与其他服务业，使得各产业协同发展，延伸农业产业链，拓展供应链，提升价值链，扩大农村的产业范围，最终实现城乡融合发展，提高农户的收益水平。

三产融合指的是以第一产业农业为基本依托，通过产业联动、产业集聚、技术渗透、体制创新等方式，将资本、技术及资源要素进行跨界集约化配置，综合发展农产品加工业等第二产业，同时使农业生产、农产品加工业与销售、餐饮、休闲农业和其他服务业有机地整合在一起，实现农村各产业有机融合、协同发展，最终实现农业产业链的延伸、产业范围的扩展，让农户共享增值收益。概括起来，目前我国农业与二、三产业融合发展有以下四种形式：一是第一产业内部产业整合型融合，比如种植与养殖相结合；二是农业产业链延伸型融合，即以第一产业的农业为中心向前后链条延伸，将种子、农药、肥料供应与农业生产连接起来，或将农产品加工、销售与农产品生产连接起来，或者组建农业产加销一条龙；三是农业与其他产业交叉型融合，比如农业与加工业融合形成品牌农业，农业与文化、旅游业融合而来的休闲农业等；四是先进要素技术对农业的渗透型融合，信息技术的快速推广应用，既模糊了农业与二、三产业间的边界，也大大缩短了供求双方之间的距离，使得网络营销、在线租赁托管等成为三产融合发展的新趋势。

三产融合是市场经济发展的自然产物，通过产业联动、产业集聚和技术渗透等方式，打破一二三产业之间原有的明显的界限，以第一产业为依托，综合发展二、三产业。我国将二、三产业引入农业的契机是 20 世纪 90 年代农业产业化概念的提出。2002 年，党的十六大报告指出："积极推进农业产业化经营，提高农民进入市场的组织化程度和农业综合效益。"经过 10 年发展，农业产业化得到了极大的发展。2014 年，中央农村工作会议上提出三产融合的发展目标。2015 年，中央一号文件要求"大力发展农业产业化，促进一二三产业融合互动""增加农民收入，必须延长农业产业链、提高农业附加值"。这就对农业与二、三产业的融合提出了更高的要求。特色产业三产融合有别于传统的农业产业化的概念，我们应该对特色产业三产融合与农业产业化的深层内涵进行区分。

三产融合是传统农业产业化的延伸。我国早期三产融合的雏形源于我国农业产业化的发展。农业产业化又被称为农业一体化或农业综合经营，指的是按照现代化大生产的要求，纵向上实行产加销一体

第五章 特色产业扶贫模式的理论基础

化,在发展方向上实行资金、技术、人才等要素的集约经营,形成生产专业化、产品商品化、管理企业化、服务社会化的经营格局。农业产业化概念最早产生于20世纪50年代的美国,然后迅速传入西欧、日本、加拿大等地,在农业较发达国家进行了广泛的实践和应用。

从宏观角度看,特色产业扶贫模式引领多元一体化经济的出现,说明一个国家农业与其关联产业部门相互结合、彼此依存的关系日益密切,农业生产力和农业生产社会化已达到相当高的发展水平。

从微观水平上讲,即从贫困户和农业企业的范围来讲,农业产业化经营指的是现代农业中的农业生产主体与其关联部门(工业、商业、金融、服务业),在专业化和协作的基础上紧密地联系在一起,互相协调发展,在经济上和组织上联结为引领多元一体的经营形式,形成完整的产业链条。在发达的市场经济条件下,这种经营形式的出现,意味着工业资本或其他非农资本已经大量渗入农业和农村其他产业。农业产业化经营的主要特征有:生产专业化、产品商品化、布局区域化、经营一体化、服务社会化、管理企业化、利益分配合理化。特色产业三产融合和农业产业化都是农业由传统型向现代型产业转换的过程,即按照市场要求,改造、重构农业结构、产业布局、产业规模的过程,是农业生产经营体制和机制改革创新的过程,是农业资源、人财物和科技重组结合的过程,也是弱质农业向商品化、专业化、现代化农业发展的过程。

特色产业三产融合与农业产业化都是农业生产力发展到一定阶段的产物。特色产业三产融合和农业产业化发展都需要通过市场经济调节生产要素。分布在城乡之间、工农之间以及各种所有制实体中的生产要素,在利益驱动下,借助市场这个载体流动和重新组合,再造市场的微观基础,形成新的经济增长点,在经济增量的增值作用下,推动农村经济以及国民经济的加速发展。特色产业三产融合和农业产业化都要通过市场体系衔接产销关系,通过打破产业壁垒和行业壁垒,以市场为纽带,把初级产品的生产、加工和销售等诸环节联系起来,并且通过市场机制来调节各方面的既得利益,从根本上扭转第一产业经济效益过低的格局。特色产业三产融合和农业产业化都要求以市场为导向进行集约化经营和社会化生产,根据市场的需要调整农业的产业结构及其产量。所谓的集约化经营,是相对于粗放农业而言的,要求有更多的资金、技术和科技的投入,通过结构优化、技术进步和实施科学管理,提高农业经济效益。社会化生产就是依据社会化概念的内涵,即分散的、互不联系的个别生产过程转变为互相联系的社会生产过程,要求逐步扩大农业的生产经营规模,实行农业生产的专业化分工,加强农业生产、加工和流通等再生产环节的内在有机联系。

特色产业三产融合与农业产业化的不同点。特色产业三产融合与农业产业化的发展时代不同。农业产业化是社会主义市场经济发展的必然产物,当农业生产向更广更深的程度发展,必然要求优化农业资源配置,提高农业生产要素的利用率,这就需要工商资本的介入来发展农业相关的二、三产业,完成农业的现代化过程。在这个过程中,一二三产业都得到了协同发展,但一二三产业之间并无交叉融合,而是单纯的农业产业链的延伸。特色产业三产融合是中国特色社会主义市场经济发展到更高程度的产物,信息化的发展带来了体制创新和技术方式的转变,产业联动和技术渗透的新方式逐渐发展起来,资本、技术以及资源要素能够进行跨界的集约化配置,使得产业合并。特色产业三产融合,不仅包括传统农业产业化,即一二三产业协同发展,还包括一二三产业之间的边界模糊化,如农产品的工厂化生产和农业服务业的发展。

特色产业三产融合与农业产业化发展的演进规律不同。纵观农业产业化的发展过程,可以总结出它的演进规律,农业产业化的发展路线是农业生产专业化—规模化—产业化。专业化把多种经营条件下各个生产单位分散的小批量生产转换成专门企业的大批量生产，从而增加产品产量，降低成本，发挥农业规模经营的经济效益。伴随农业生产专业化程度的提高和农业经营的规模化生产，客观上要求发展工业、商业、运输业和各种服务业，并实行农工商综合经营或农业一体化，专业化使农业与其关联产业的联系更紧密，这是一种纵向关系。特色产业三产融合通常要求在产业化发展的基础上，通过动员一切力量，将先进的现代科技融入农业发展过程，将一二三产业的技术、产品、业务、市场等进行融合，改变原有农业部门间的竞争合作关系，重划产业界限。所以，特色产业三产融合的一般演进路径是技术融合→产品与业务融合→市场融合，这个过程中要有信息化的发展作为依托及保障。

特色产业三产融合与农业产业化发展的目的不同。农业产业化经营通过从事集约高效的种养业，着重发展农产品加工业和运销业，可以吸纳相当多的劳动力就业创造价值扩大增值。同时，城市里的农产品加工业及其他劳动密集型产业应当向农村转移，为农村发展二、三产业提供更多机会，乡镇企业要以着重发展农产品加工业和运销业为战略方向，适当集中，并与小城镇建设结合起来，从而形成众多的强有力的经济增长点，转移更多的农业劳动力。特色产业三产融合更多地要求"以人民为中心"，强调乡村振兴中农民的主体地位，要让农民分享产业融合的成果，必须建立紧密的联农带贫机制，强调产业融合为农产品创造更多的增值收益，要让农户共享产业融合发展的成果，实现贫困人口增收脱贫。在特色扶贫产业发展的基础上，因地制宜，对产业边界进行突破，以第一产业为基础，将更多的先进技术和现代化生产方式运用到第一产业中，将第二产业标准化的生产理念和第三产业"以人为本"的理念应用到第一产业的发展上，改变第一产业的生产面貌，将第一产业发展为第二产业和第三产业的重要形式之一。特色产业三产融合发展涉及面广、复杂性强，跨界融合的引领性和主导特征显著,新技术、新业态、新商业模式贯穿其中。

综上所述,农业产业化更多地代表着一种纵向产业发展方式,通过第一产业的集约化、专业化,从而实现规模效益,进而带动整个产业链的发展,带动农村发展和农民富裕。特色产业三产融合是一种交叉发展的概念,在农业产业化发展的基础上,将一二三产业进行交互,将第二产业标准化的生产理念和第三产业"以人为本"的服务理念引入第一产业的发展,不仅仅是一种纵向发展,也能够使农业得到横向发展。它是"人民对美好生活的向往,就是我们的奋斗目标"的执政理念,是"全面建成小康社会,一个不能少;共同富裕路上,一个不能掉队"的庄严承诺,是新时代中国共产党"以人民为中心"的实践产物,是中国共产党人的初心和坚守。"以人民为中心"让农民群众进一步提高了获得感、幸福感、安全感。从国际角度来看,特色产业三产融合更接近日韩的第六产业的概念、农业多功能理论和我国的新田园主义理论。

三、特色产业扶贫模式中各产业之间的关系及作用机理

在既往产业化发展的阶段中,如产业协作、产业集聚集群,产业间的关系及作用机理主要体现在分工协作与相互促进上,而特色产业三产融合中各产业间的关系是融合,即边界不再清晰,作用机理是共生机理,一荣俱荣。特色产业三产融合中,既存在着产业渗透与产业交叉延伸的初级阶段,这时产业间的关系是互利互惠的协作关系与相互促进的协同发展关系,也存在着产业重组的高级阶段,此时产业间的关系是共生关系,不可分离。而特色产业三产融合的作用机理主要来自技术创新的带动效应、内部化与规模化的带动效应,以及高附加值环节对低附加值环节的带动效应,持续带动贫困人口增收脱贫,全

面建成小康社会,逐步实现共同富裕。

(一)各产业间的关系。事实上,产业化发展的阶段,从理论上解释了各产业间的相互关系。在不同的产业化阶段中,不同产业之间的关系具有一定的层次递进。基于产业经济学与产业组织理论,从实践来看,产业化的发展可以粗略地分为四个阶段:产业协作—产业集聚—产业集群—产业融合。这四个阶段相互紧密渗透、相互关联,具有一定发展阶段上的递进性,但又不能完全向前覆盖。如果从产业链的角度来说,产业协作延伸了产业链的长度,产业集聚拓展了产业链的宽度,产业集群增强了产业链的厚度,产业融合将长度、宽度与厚度都紧紧地拧在了一起,所以它事实上与过去的产业化阶段并不相同,可以说进入了一个产业发展的新阶段。

根据产业融合的类型角度,产业融合可分为产业渗透、产业交叉延伸和产业重组三类。产业渗透是产业融合的初级阶段,在这一阶段中,同一主体在不同的时间或空间从事至少两种且具有关联性的产业工作,此时产业间的关系是互利互惠的协作关系。产业交叉延伸是产业融合的中级阶段,在这一阶段,同一主体可能在同一时间与空间从事不同产业的工作,但是具体工作任务的产业性质相对清晰,此时产业间的关系是相互促进的协同关系。产业重组是产业融合的高级阶段,在这一阶段,同一主体在同一时间与空间从事不同产业的工作,并且具体工作任务的产业性质不再清晰,或者说具体工作任务同时具有多产业性质,此时产业间的关系是共生关系。

产业渗透是发生于高科技产业和传统产业边界的产业融合,某种意义上具有兼业的性质,如20世纪90年代后期信息和生物技术对传统工业的渗透融合,产生了诸如机械电子、航空电子、生物电子等类型的新型产业。又如电子网络技术向传统商业、运输业渗透而产生的电子商务与冷链物流业等新型产业,高新技术向汽车制造业渗透产生光机电一体化的新产业等。产业渗透是产业融合的初级阶段，在这一阶段，尽管同一主体开始从事至少跨越两种产业的业务，但是在不同的时间进行，因而只是产业融合的初级阶段。例如，农民利用一定的时间种小麦，一定的时间去小麦加工厂生产面粉，一定的时间蒸馒头。在这一阶段，三种产业间的关系是互利互惠的协作关系，农民作为兼业主体同时从事一二三产业环节，有助于减少交易成本与平均边际成本，通过内部化和规模化为三个产业环节都创造出更多的附加值。

产业交叉延伸是指通过产业间功能的互补和延伸实现产业融合，往往表现为服务业向第一产业和第二产业的延伸和渗透，如现代农业生产服务体系、农业旅游、农家乐采摘、庄园型观光等等。产业交叉延伸是产业融合的中级阶段，在这一阶段，同一主体可能在同一时间从事不同产业的工作，但是工作的产业性质相对清晰，比如采摘园区的农民在顾客采摘的同时进行自己的修剪工作与采摘收费，在同一时间进行着第一产业与第三产业的工作，但是这两种工作仍然是可以清晰地区分开来的，即他所做的工作哪些属于第一产业、哪些属于第三产业是很明确的。在这个阶段，产业间的关系是相互促进的协同关系。采摘园的农民可以不通过采摘而仅通过种植获利，但收益会远远少于与第三产业结合产生的收益，而脱离了第一产业的种植，第三产业的观光休闲农业也就脱离了根基，缺少核心竞争力与载体。因此，两种产业间的关系是相互促进的协同关系。

产业重组是指原本各自独立的产品或服务通过重组完全结为一体的整合过程，主要发生于具有紧密联系的产业之间，这些产业往往是某一大类产业内部的子产业。通过重组型融合而产生的产品或服务往往是不同于原有产品或服务的新型产品。例如，第一产业内部的种植业、养殖业、畜牧业等子产业之间，融合生物技术，通过生物链重新整合，形成生态农业等新型产业形态。在信息技术高度发展的今天,重组融合更多地表现为以信息技术为纽带、产业链上下游产业的重组融合,融合后生产的新产品体现出数字化、智能化和网络化的发展趋势,如食用菌智能工厂。又如在农业领域,国内外许多室内有机农业通过传感等技术手段对无土种养模式进行升级,适时按照作物需求给予阳光、温度、空气湿度、水、养料等作物生长必备要素,进行规模化的作物生产。那么这里的工作人员,或者说开展此商业活动的企业主体,在同一时间、同一空间从事着第一产业与第二产业两种工作。农作物种植属于第一产业,但是由于它将农作物生产各环节标准化为一种工业化的步骤,因此它又具有鲜明的第二产业特性。它是通过技术手段将第一产业、第二产业进行重组,完全打破了两个产业的界限,同一主体从事的具体工作任务也不能清晰地区分到底属于哪个产业,这就是产业重组作为产业融合高级阶段的典型案例。在这个阶段,产业间的关系是一种共生关系,脱离了第一产业则不存在第二产业,脱离了第二产业则第一产业也不复存在。

(二)各产业间的作用机理。要理解特色扶贫产业三产融合的作用机理,首先必须理解三产融合发展的动因。农村产业化发展步入产业融合的高级阶段,是由各级党委政府引领,在市场化进程中自然而然发生的。从市场化的角度来看,对效益最大化的追求是产业融合发展的内在动力。产业融合发展一方面取决于分工中各自产业的专业化程度,另一方面取决于产业关联的发展成熟度。从当今世界产业融合的实践看,推动产业融合的因素主要是技术创新、规模效应、创业投资、放松管制等四个方面。根据我国特色产业扶贫三产融合发展的情况,目前只有前两者的驱动力较为显著,若要实现有效市场和有为政府更好地结合,仍需继续发力。

第一,技术创新是特色产业融合的内在驱动力,也是我国农村三产融合中的第一个作用机理。技术创新开发出了替代性或关联性的技术、工艺和产品,然后通过渗透扩散融合到其他产业之中,改变了原有产业的产品或服务的技术路线,从而改变了原有产业的生产成本,为产业融合提供了动力。同时,技术创新改变了市场的需求特征,给原有产业的产品带来了新的市场需求,为产业融合提供了市场空间。重大技术创新在不同产业之间的扩散导致技术融合,技术融合使不同产业奠定了共同的技术基础,并使不同产业的边界趋于模糊,最终促使产业融合现象的产生。例如,20世纪70年代开始的信息技术革命改变了人们获得文字、图像、声音三种基本信息的时间、空间及成本。随着信息技术在各产业的融合以及企业局域网和宽域网的发展,各产业在顾客管理、生产管理、财务管理、仓储管理、运输管理等方面大力普及在线信息处理系统,使顾客可以在即时即地获得自己所需要的信息、产品、服务,使产业间的界限趋于模糊。产业融合自20世纪90年代以来成为全球产业发展的浪潮,其主要原因就是各个领域发生的技术创新,以及将各种创新技术进行整合的催化剂和黏合剂——通信与信息技术的日益成熟和完善。作为新兴主导产业的信息产业,近几年来发展迅速,信息技术革命引发的技术融合已渗透到各个产业,导致了产业的大融合。技术创新和技术融合是当今产业融合发展的催化剂,在技术创新和技术融合基础上产生的产业融合是对传统产业体系的根本性改变,是新产业革命的历史性标志,成为产业发展及经济增长的新动力。对我国特色产业三产融合来说,技术的发展对特色产业融合也具有极其重要的意义。农产品深加工、精加工技术的不断成熟,信息化自动化达到一定水平,都是在农村发生产业重组不可或缺的前提和动因。

第二,竞争合作的压力和对范围经济目标的追求是特色产业融合的企业动力,内部化与规模化的带动效应是特色产业三产融合的第二个作用机理。企业在不断变化的竞争环境中不断谋求发展扩张,不断

第五章 特色产业扶贫模式的理论基础

进行技术创新，不断探索如何更好地满足消费者需求以实现利润最大化并保持长期的竞争优势。当技术发展到能够提供多样化的满足需求的手段后，企业为了在竞争中长期保持竞争优势便会寻求合作，通过在合作中产生某些创新来实现某种程度的融合。利润最大化、成本最低化是企业不懈追求的目标。产业融合发展可以突破产业间的条块分割，加强产业间的竞争合作关系，减少产业间的壁垒，降低交易成本，提高企业生产率和竞争力，最终创造长期的竞争优势。企业间日益密切的竞争合作关系和企业对利润及持续竞争优势的不懈追求是产业融合浪潮兴起的重要原因。

范围经济是指扩大企业所提供的产品或服务的种类会引起经济效益增加的现象，反映了产品或服务的种类数量同经济效益之间的关系，其最根本的内容是以较低的成本提供更多的产品或服务种类。范围经济意味着对多种产品进行共同生产相对于单独生产所表现出来的经济，一般是指由于生产多种产品而对有关要素共同使用所产生的成本节约。假定分别生产两种产品 A、B 的成本为 $C(A)$ 与 $C(B)$，当联合生产两种产品时，其总成本为 $C(A、B)$，联合生产带来的范围经济可表示为 $C(A、B) < C(A) + C(B)$。

不同产业中的企业为追求范围经济而进行多元化经营、多产品经营，通过技术融合创新改变了成本结构，降低了生产成本，通过业务融合形成差异化产品和服务，通过引导顾客消费习惯和消费内容实现市场融合，最终促使产业融合。对我国农村发展来说，尤其是我国具有小农经济的国情，农民从传统农业生产和农产品加工中获取规模经济效益比较困难。产业间的横向关联，尤其是朝着产业融合方式前进的，可以为我国农民带来极其显著的规模经济效益和内部化效益。比如一、三产业融合的农家乐，一、二、三产业融合的香菇种植与食品精加工，都是以获取规模经济效益与内部化效益为基础的。通过产业融合的方式，农民可以减少产业链各环节附加值的损失，从而充分地获取这种内部化效益。而产业融合的方式也进一步促进了农业产业化的规模化发展成熟度，比如种植香菇，正是由于引入了自动化信息化的技术，才使得工厂化农业的模式朝着规模化种植的趋势发展，如果还是采取传统的大棚人工种植方式，就不可能获得这种规模经济效益。

第三，在党委政府的引领下，追求高附加值的联农带贫机制推动了我国特色产业三产融合的发展，从附加值的带动效应上看，往往是具有高附加值的产业带动低附加值产业，这是产业间第三个作用机理。比如贫困地区开办农家乐，如果不是随着城市规模的扩张，都市圈生态农业、休闲农业市场的发展，为农村第三产业提供了较大的增长空间，农家乐根本不会发展成为一种新型产业，一、三产业的融合也就无从谈起。因此，在农家乐的产业形态中，具有高附加值的第三产业是带动产业融合的主导因素。在农产品加工业向第一产业与第三产业的延伸中，第三产业的发展比如市场开拓的成熟度，对第二产业的发展具有极其显著的带动作用，而第二产业比如小麦深加工精加工业在某地区的发展，对第一产业的小麦规模化种植业具有显著带动效应。从这个角度说，特色产业三产融合中各项产业间相互促进，且按照附加值层级带动。而作为其中关键的衔接环节，农产品加工业对特色产业三产融合发展的重要性不言而喻。

第三节　特色产业扶贫模式发展的一般规律

在特色产业扶贫 12 类实践模式中，特色产业三产融合通过多种方式打破了一二三产业之间原有的界限，这是农业生产力水平发展到高级阶段的产物,特色产业三产融合具有深刻的内涵:新兴技术革命是其产生的前提和基础,正是由于新兴技术不断向传统农业渗透,才导致特色产业三产融合的产生和发展。家庭农场、农民专业合作社、农业龙头企业、农业产业化联合体、农业社会化服务组织、新业态、地方政府平台、股份合作制经济组织、扶贫产业园综合体等新型经营主体是其最为重要的发展主体,同时,农村的贫困人口、留守妇女、高龄老人等也可以通过多种形式参与到特色产业三产融合发展过程中来。特色产业三产融合在发展过程中,呈现出多种特色产业扶贫发展模式,它可以有效地解决目前我国各地农村不同的生产力水平所导致的脱贫人口增收困难、农村生态环境恶化、农村社会发展凋零等多方面的问题,促进我国脱贫地区实现后发赶超、跨越崛起、可持续发展,在特色产业扶贫模式中,推进特色产业三产深度融合意义重大。

一、新兴技术革命催生了特色产业扶贫模式

当前,以数据为关键要素的数字经济正成为推动全球经济发展的新动能,世界各国尤其是发达国家纷纷将数字经济作为抢抓新一轮科技革命和产业变革新机遇、构建国家竞争新优势的战略重点。2020年中国数字经济规模达到39.2万亿元,保持9.7%的同比增长速度,成为稳定经济增长的重要动力。党的十八大以来,党中央、国务院高度重视数字经济发展,习近平总书记强调,要不断做强做优做大我国数字经济。"十四五"规划和2035年远景目标纲要将"加快数字化发展,建设数字中国"单列成篇,将"打造数字经济新优势"单列一章,要求"充分发挥海量数据和丰富应用场景优势,促进数字技术与实体经济深度融合,赋能传统产业转型升级,催生新产业新业态新模式,壮大经济发展新引擎",为我国农业农村数字经济发展指明了方向。

"十四五"期间及未来一段时期,数字经济新优势将从消费领域向生产领域扩展,从模式优势向技术优势扩展,从产业优势向标准优势扩展,从国内优势向国际优势扩展。数字经济在需求端具有很强的网络外部性和规模效应,用户越多,产生的数据量越大,数据的潜在价值就越高。我国已建成全球最大的光纤和4G网络,截至2022年7月底,建成开通5G基站196.8万座,5G移动电话用户达到4.75亿,成功将超大规模市场和人口红利转化为数据红利。截至2021年12月,我国互联网用户规模达到10.3亿,互联网普及率达到73.0%,行政村通4G和光纤比例达100%,海量用户数据促进了零售业创新,我国已连续多年保持全球规模最大、最具活力的网络零售市场,在许多领域成为全球消费趋势和创新的发源地。发展数字经济也是推动绿色低碳发展、实现双碳目标的重要途径,数字技术与新能源技术融合形成的数字能源技术,将有效构建数字经济时代绿色低碳的生产生活方式。

正如产业融合以信息技术革命为前提和基础,随着数字、通信等先进技术的飞速发展,计算机、电信和媒体产业之间的边界日趋模糊,由此促进了三网融合,一大批农村带货销售网红应运而生。随着现代信息、生物等高新技术向传统农业领域有机渗透,逐步应用于农业的生产流通及销售等过程,高新技术产业与传统农业之间的边界也日趋模糊,二者逐步融合,形成了信息农业和生物农业等新型业态。可以说,正是由于新兴技术不断向传统农业渗透,特色产业三产融合才得以实现,新兴技术革命是引领和提升传统农业在其产业内部及与二、三产业融合的关键性因素,是农村三产融合的前提和基础。目前,现代信息技术革命、生物技术革命以及交通运输革命正以前所未有的广度和深度改造着传统农业的生产、流通、销售及管理方式,新兴技术革命积极推动着特色产业三产融合和发展。

二、新型经营主体是特色产业扶贫模式的主力军

特色产业三产融合与以往以工商资本为主体，由二、三产业向农业渗透，通过整合农村资源来实现产业链条纵向扩张做法不同的是，在特色产业扶贫模式中，农村三产融合是以农民及其相关生产经营组织为主体的，具体包括家庭农场、农民专业合作社、农业龙头企业、股份合作制经济组织、农业产业化联合体、农业社会化服务组织等新型生产经营主体。

家庭农场是指以家庭成员为主要劳动力，从事农业集约化、规模化、组织化、社会化生产经营，并以农业收入为家庭主要收入来源的新型农业生产经营主体。家庭农场以生产或养殖农畜产品为主业，通过土地流转等途径，形成了一定的种养规模。其自筹资金能力、生产经营能力、市场需求导向意识等多方面能力都要强于普通农户，更易采用先进的生产技术和方式来从事农业生产经营活动。家庭农场可以在第一产业内部将种、养融合在一起，也可以将农业生产与农产品加工、销售等环节融合发展，或通过发展农家乐、休闲农业等多种形式来促进三产融合。发展家庭农场，既可以有效地降低农产品生产经营成本，提高农产品质量，促进农民收入水平的提高，又可以快速地提升我国农业的资本和技术装备水平，同时还可以有力矫正工商资本下乡潮。近年来，一些工商资本大肆涌入农村，大面积圈地、侵占农业耕地，局部地区甚至出现了擅自更改土地用途，造成农地"非粮化""非农化"等不良现象，这不但没有起到促进农民增收的作用，反而对农民就业和收入水平的提高产生了不良影响。因此，在我国大力发展家庭农场，可以有效地确保农民生产经营的主体地位，通过培养职业农民来促进农民增收，解决我国未来经营主体的稳定性和持续性难题。同时，家庭农场可以通过多种途径来发展三产融合，是我国

特色产业三产融合重要主体之一。

农民专业合作社是在农村家庭承包经营基础上，同类农产品的生产经营者或同类农业生产经营服务的提供者、利用者，自愿联合、民主管理的互助性经济组织。在特色产业三产融合过程中，农民专业合作社一方面可以成为农民开展日常经营活动的指导者，帮助和指导农户制定、开展合理的生产经营计划；另一方面可以在农户与市场的对接过程中起到"统"的作用，把千千万万的分散农户与市场联系起来，覆盖农业生产、流通、分配和销售的全过程，担负起为广大的农户发展特色产业三产融合"保驾护航"的作用。随着我国农民专业合作社的不断发展壮大、逐步改造升级，它必将成为我国特色产业三产融合发展过程中的重要主体之一。

农业龙头企业是指以农产品加工或流通为主，通过利益联结机制，将农产品生产、加工、销售有机结合、相互促进，带动农户进入市场，在规模和经营业绩上达到相关规定标准且经政府有关部门认定的企业。以农业龙头企业为主体来发展特色产业三产融合，是快速推进三产融合的重要途径，而农业龙头企业也在推进农村三产融合的过程中，促使企业自身快速发展。

股份合作制以合作组织为中介，将分散的农民农户与工商企业予以对接，以股份量化为机制将农户分散、差异的资产经营权和使用权变为无差别的股权，与工商资本进行"耦合"，通过建立联农带贫利益联结机制，为城乡之间要素的充分流动、三产融合发展，搭建了平台，打开了通道，拓展了空间，有力地推进了城乡融合发展一体化的进程。

农业产业化联合体及农业社会化服务组织多分布在粮食种植业、林业、畜牧业、渔业和农产品加工业，它们一般具有较为丰富的产业融合经验和成熟的发展模式，在技术、生产、管理及市场等多方面均具有比较优势,是我国特色产业三产融合发展过程中实力最为强大的主体。

需要强调的是,特色扶贫产业三产融合,通过发展乡村旅游、农产品加工、电商销售业等多种方式,可以为农村脱贫人口、留守妇女、高龄老人等农村弱势群体提供就业岗位,将农村弱势人群吸纳进来,提高他们的收入,改善他们的福利状况。这是特色产业三产融合与其他工商资本进入农业做法的差异性。

三、特色产业扶贫模式是迈向绿色低碳循环经济发展的重要步骤

我国推进生态文明建设的重要任务之一是建立健全绿色低碳循环发展的生态经济体系,而生态经济体系遵循的基本原则和实现途径是循环经济,简称动物(包括人)、植物、微生物三者循环。从国际上看,循环经济已从早期狭义的资源回收利用拓展到全生态系统和全产业链的经济模式,是实现绿色低碳发展的助推器。特色产业扶贫模式,坚持"绿水青山就是金山银山"的理念,倡导爱山如父、爱水如母、爱林如子的生态捍卫自律意识,加快生态产业提质增效。以生态产业化和产业生态化,着力推进生态农业、生态工业、生态服务业协调发展,提升生态产品附加值。借助生物技术、生态技术和信息网络技术等现代科学技术,推进网络型、进化型、复合型的生态产业建设,推进"碳达峰"和"碳中和",进行资源最优化配置。党的十八大报告指出:发展循环经济,促进生产、流通、消费过程的减量化、再利用、资源化。近年来,我国的循环经济理论和实践研究发展很快,各地的生态工业产业建设也发展得如火如荼,比如利用新能源发展光伏扶贫,引起社会各界的广泛关注。特色产业扶贫模式中,新型生态产业是循环经济发展的一个重要形态,是生态农业、生态工业、

生态服务业发展的最佳组合模式。可以说，发展绿色低碳循环经济，是 21 世纪经济发展与环境保护相结合的必然战略选择。

四、特色产业扶贫模式是我国农业产业发展到一定阶段的必然产物

在特色产业扶贫模式中，特色产业三产融合是党和政府在新的历史阶段针对我国"三农"问题所提出的新的发展方向，是在新一轮农业技术革新蓄势待发、农业组织形式不断创新、消费需求持续升级等一系列背景下我国农业产业发展到一定阶段的必然产物。

第一，新一轮科技革命和产业革命蓬勃兴起。随着现代信息技术在农业领域的广泛应用，数字农业的兴起将成为我国特色产业三产融合发展的引擎。数字农业以遥感技术、地理信息系统、计算机技术、网络技术等高新技术为基础，将农业的信息化管理贯穿于农业的生产、流通、销售等过程，达到合理利用农业资源，降低生产成本，提供健康的农产品及改善生态环境等多重目的，实现产业结构升级、产业组织优化和产业创新方式变革，提高农业产业整体素质、农业效益和竞争力，提升资源利用率、劳动生产率和经营管理效率。随着我国数字农业的持续发展，终将促进特色产业三产融合的深度发展。

第二，各类新型生产经营主体不断兴起。特色产业三产融合发展涉及整个产业链条，产业融合主体是推进特色产业三产融合发展的关键。近年来，全国各地培育发展了一大批基础作用大、引领示范好、服务能力强、利益联结紧的家庭农场、农民专业合作社、农业龙头企业、股份合作制经济组织、农业产业化联合体、农业社会化服务组织等融合主体，为特色产业三产融合发展提供了支持。

第三，消费需求持续升级。健康产业已经成为新常态下服务产业发展的重要引擎，未来 20 年，必将迎来一个发展的黄金期，大健康

时代已全面来临。促进老年消费是推动形成以国内大循环为主体,国内国际双循环相互促进的新发展格局的重要力量。预计到2030年,中国养老产业市场规模将超过20万亿元,将成为国民经济的支柱产业。我国已经进入消费需求持续增长、消费结构加快升级、消费拉动经济作用明显增强的阶段。其中,随着服务消费需求的不断壮大,必然会促进乡村旅游、乡村养老等农村农业资源与服务业的深度融合;信息消费需求的发展会催生互联网与农业、旅游、光伏等产业间的跨界融合;绿色消费需求会驱动生态农业等新型业态的快速发展;时尚消费和品质消费的发展会促使特色产业内部各子产业间及子产业与二、三产业的深度融合,推出高端、品牌化的农产品和服务;随着农村消费需求的扩大,城市的消费观念和消费方式将会输入农村欠发达地区,不断催生集文化娱乐、绿色环保、农业废弃物资源化综合利用等为一体的三产融合产品与服务。随着新的市场需求不断扩展,必然会驱动特色产业三产融合向纵深发展。

第四,我国政府顺应市场和农业产业发展规律,积极推动特色产业三产融合发展。近年来,在脱贫攻坚战中,我国政府出台了一系列政策、财政补贴、税收优惠、金融支持、法律条例等,这是我国政府顺应产业和市场发展规律所作出的重大战略决策。在特色产业扶贫模式中,以第一产业农业为基本依托,通过产业联动、产业集聚、技术渗透、体制机制创新等方式,将资本、技术及资源要素进行跨界集约化配置,综合发展农产品加工业等第二产业,同时使农业生产、农产品加工业与销售、餐饮、休闲农业和其他服务业有机地整合在一起,实现农村欠发达地区各产业有机融合、协同发展,最终实现农业产业链的延伸、产业范围的扩展,让贫困户共享增值收益。

积极推动特色产业三产融合的发展,在农业产业化发展的基础上,让一二三产业进行交互,将第二产业标准化的生产理念和第三产业"以人为本"的服务理念引入第一产业,不仅仅是一种纵向发展,也能够使农业得到横向发展,乃至多维度的发展。完成由点(农业)到线(产业链)到面(产业融合)到立体(引领多元一体)的发展。产业融合过程中各个产业之间形成了相互影响、相互依存的共生关系,各产业共同发展、互相带动、有效衔接,共同促进特色产业三产融合发展。

第六章

创业致富带头人特色产业扶贫实践模式

第一节　创业致富带头人特色产业扶贫实践模式

为深入推进精准扶贫精准脱贫基本方略，进一步激发贫困村创新活力，不断加快扶贫对象增收脱贫步伐，国务院扶贫办将贫困村致富带头人创业培训工作列入精准扶贫十大工程，于2015年印发了《关于组织实施扶贫创业致富带头人培训工程的通知》，并会同财政部、科学技术部等8部委印发了《关于培育贫困村创业致富带头人的指导意见》。贫困村创业致富带头人培育工程，是对贫困村从事创业活动和有创业意愿的人员进行创业意识、创业能力、扶贫带动能力等方面的培训，通过他们吸纳和带动建档立卡贫困户增收脱贫的专项扶贫工作。河北省各地普遍建立"党支部联系致富带头人，致富带头人联系贫困群众"两联特色产业扶贫模式。各党支部与致富带头人建立指导联系机制，定期了解致富带头人带富情况。同时各村按照贫困户的类别特点建立带富小组，通过传、帮、带、教，解决贫困群众发展产业的技术、资金、销路等问题，帮助和引导群众脱贫致富。本章以村党支部书记张国桥、驻村扶贫干部张巍婷和科技扶贫工作者孙建设同志作为创业致富带头人典型代表，对创业致富带头人主导特色产业扶贫实践模式的基本情况、主要做法及取得成效等进行分析。

第二节 案例分析

案例1 村党支部书记张国桥 | 脱贫攻坚党旗红，发展林果惠民众

一、基本情况

张国桥，男，汉族，1972年1月出生，中共党员，现任台鱼乡桃产业协会会长，南台鱼村党支部副书记。2010年获"顺平县十佳创业青年"；2011年获"保定市劳动模范"；2014年获"保定市首批优秀农村实用人才"称号，同年被评为"河北省劳动模范"、第八届"河北省农村青年致富带头人"；2015年获中国气象局"百名优秀气象信息员"奖，同年5月被中共中央、国务院授予"全国劳动模范"荣誉称号，8月被授予"中国乡村旅游致富带头人"；2016年6月被评为河北省优秀共产党员，11月当选河北省党代表；2018年荣获河北省山区创业个人突出贡献奖；2019年荣获河北省脱贫攻坚奉献奖。作为一名农村基层党员干部，张国桥同志带着如何发展农村经济、带领村民致富的问题参加学习，他孜孜以求，以优异的成绩完成了大专、本科的学习，参加了系列职业农民培训、中组部农村党员骨干脱贫攻坚专题培训班，并学以致用，带领村民走上致富的道路。

二、主要做法

（一）共产党员的责任担当是发展产业的不竭动力。"自己富不算

富，只有大家都富了，才是真正的富。"张国桥时刻牢记自己是一名党员，既要这样说，也一定要这样做。2000年，顺平县第一届桃花节开幕，台鱼乡凭借1.2万亩艳丽的桃花吸引了大批游客前来观光，张国桥自筹资金，在一个小山包上建起了"望蕊山庄"和"观花台"，为游客提供吃农家饭、野外烧烤、鲜果采摘等项目。通过几年不断地投入，望蕊山庄成了顺平县桃花节一张响当当的名片。在举办桃花节期间，张国桥采取不同形式鼓励当地百姓摆摊设点，经营农副产品，山庄经营所用的干菜、柴鸡蛋、红薯等全部来自当地百姓，不断扩大桃花节的接待能力，使当地百姓参与到桃花节旅游服务中来，增加收入。近几年，张国桥积极推进产业融合，发展采摘、观光体验服务，创建了全国劳模与岗位专家联合创新服务基地、太行山农业创新驿站，围绕技术创新，增加果农收入。此外，张国桥还依托顺平县国家电子商务进农村综合示范项目，推动区域公共品牌"尧乡优鲜"建设，出席第22届中国农产品洽谈会乡村产业发展论坛，带领顺平农业企业去南昌参加中国国际农产品交易会。张国桥推动入驻建行善融商务及832扶贫商品平台，采购、推介贫困户农产品，带动贫困户直接增收。

（二）不断提升质量效益是扶贫产业持续发展的基础保障。鲜桃种植是顺平县的传统优势特色产业，但贫困群众参与产业发展的方式还很有限，获得的收入还远远不够。为使鲜桃产业科学健康发展，群众能获得持续稳定收益，张国桥把目光放在鲜桃产业园区建设上。经过几年的不断探索和攻坚克难，目前，鲜桃产业园已形成一定规模——辐射5个村，桃林面积15 000亩、示范区3 500亩，并获得"绿色食品"认证，注册了"台鱼""望蕊山庄"商标。2018年，园区被评为"市级精品园区"和"保定市现代农业科技园区"。随着产业园区规模的扩大，他还牵头组建了台鱼乡桃产业协会和望蕊鲜桃农民专业合作社，主要从事鲜桃种植、销售、果品采摘、农事体验、科普展示、农家餐饮、乡村旅游等。实施公司＋协会＋合作社＋果农模式，建成餐饮住宿设施、400平方米职业农民培训教室、2 000平方米果品交易市场、800平方米冷藏保鲜库和农资配送中心以及小气候观测站、病虫害测报站，使园区走上了依靠科技支撑、提升品质、打造品牌的路子。2018年，张国桥创建了全国劳模与专家联合创新工作室，涉及顺平县及周边县乡近万人，辐射林果面积达3万亩，形成了以鲜桃种植为主导、生产服务为基础、桃园休闲为补充的产业链条。桃产业协会被评为"全国科普惠农兴村先进单位"，合作社被评为"国家级示范社"。

（三）建立密切利益联结是实现共同致富的有效方式。近年来，张国桥积极参与产业扶贫，进一步密切了与贫困户的利益联结机制，吸纳引导贫困户参与桃产业链的发展，让贫困户在产业发展中获得持续收益，带动贫困户稳定脱贫。园区组建了电商销售平台，为果农和贫困户提供网上销售服务；建设分级分拣打包车间，日打包能力达1万单；组织果农，从微商做起，组建团队，认真学习电商知识，积极与电商平台对接，如今电商销售初见成果；免费提供预冷服务，延长供货期，园区有形和无形资产贫困户可以无偿使用共享。张国桥每年聘请农业科学院、河北农大专家以培训班、现场会等形式，培训果农。他每年举办一次桃品质交流会，开展"冬剪大赛"，以赛代训，推广果品生产新技术。同时，张国桥还大力推广物理生物防治病虫害及"省力化"栽培模式，扩大有机肥替代化肥种植面积，推进品牌建设，提高生产水平和果品质量，实现优质优价，带动周边农民增加收入。

三、取得成效

张国桥带领当地农民群众,实施望蕊山庄农业示范项目,在桃树种植基础上,通过品质提升、电商销售、发展乡村旅游,实现园区经济多元化发展,促进当地产业结构优化升级,培训建档立卡贫困户550余人。他通过劳动用工、土地流转、果园代管、保底分红等方式带动贫困户增收致富,带动台鱼乡17个行政村,712户建档立卡贫困户稳定脱贫,以实际行动践行着一名共产党员的不悔誓言。

四、案例点评

先进典型从来都是与时代相呼应,与国家发展同频共振、与人民需求紧密相连。在那桃花盛开的地方,张国桥时刻牢记自己是一名党员,用他的实际行动证明了共产党员的责任担当是发展产业的不竭动力。不断提升质量效益是扶贫产业持续发展的基础保障,建立密切利益联结是实现共同致富的有效方式。共同富裕是社会主义的本质要求,是中国式现代化的重要特征,是中国共产党人为之奋斗的初心和使命。要坚持以人民为中心的发展思想,在高质量发展中促进共同富裕。共同富裕是一个相对的概念,是全体人民的富裕,是人民群众物质生活和精神生活都富裕,不是少数人的富裕,也不是整齐划一的平均主义,要分阶段促进共同富裕。在高质量发展中促进共同富裕,要正确处理效率和公平的关系,构建初次分配、再分配、三次分配协调配套的基础性制度安排。在帮扶机制上,不断完善先富带后富、帮后富机制。要不断完善东西部协作、对口支援、社会帮扶等制度,推动区域协调发展、协同发展、共同发展,加强区域合作,增强区域发展的平衡性,优化产业布局,强化行业发展的协调性。对于先富帮后富的个人、企业要给予充分的政策激励，鼓励先富带后富、帮后富。在激励机制上，要鼓励劳动致富、创新致富。要贯彻尊重劳动、尊重知识、尊重人才、尊重创造方针，鼓励勤劳致富、创新致富，保障劳动者待遇和权益，保护辛勤劳动、合法经营、敢于创业的致富带头人的利益，健全创新激励和保障机制，构建能够充分体现知识、技术等创新要素价值的收益分配机制。张国桥"先富帮后富"，通过劳动用工、土地流转、果园代管、保底分红等方式，发展冷藏加工、乡村旅游，实现三产融合发展，带动贫困户增收致富，充分证明了在习近平新时代中国特色社会主义思想指引下，社会主义不会辜负中国，也不会丢下任何一个人！

案例2　扶贫干部张巍婷｜产业帮扶解民困，盐碱滩变成黄金滩

一、基本情况

张巍婷博士是国家信访局督查室三级调研员，2018年初挂职河北省沧州市海兴县苏基镇张常丰村第一书记。张常丰村人口共1 508人，有大片盐碱地，土地贫瘠，在历史上就是有名的靠天吃饭的佃户村，建档立卡贫困户共125户，是全县贫困发生率最高的村。张常丰村没有规模型产业，村集体经济收入微薄，小麦亩产只有300斤，平均每亩年收入只有350元左右。张巍婷进村工作后，在县、镇有关部门的指导下，坚持带好班子，培养创业致富带头人，选准扶贫好路子。

二、主要做法

（一）把软弱涣散村建成党建示范村。张常丰村的穷有自然原

第六章　创业致富带头人特色产业扶贫实践模式

因：庄稼不能浇水、产量低，然而入村之后张巍婷发现，比土地贫瘠问题更需要率先解决的是理念落后、人心涣散的问题。为此，她努力抓实基层党建，加强村党支部战斗堡垒作用，制定"两委工作法"，要求"村民看村民代表，村民代表看党员，党员看支部，支部看书记"，一级做给一级看，一级带着一级干。她还组织村内26名党员到西柏坡和正定县塔元庄村进行考察，学习党务村务管理制度和现代农业产业，实地了解和感受习近平总书记在正定县工作期间的治理理念和政策实践，激发党员干部带领群众脱贫致富的内生动力。她将扶贫与扶智、扶志相结合，在村里创办了"新时代农民讲习所"，讲习形式丰富、内容生动。为了调动干部群众参与治理的积极性，张巍婷还建立了"驻村扶贫干部"微信公众平台、"村发展建议微信群"和"村党员先锋群"，开门听建议。张常丰村从曾经的软弱涣散村，转变成了县委组织部授予的"基层党建示范村"，张巍婷也得到了村支部班子和村民们的信任，2019年10月，她当选村党支部书记和村主任。

（二）把盐碱滩变成黄金滩。因地制宜发展产业是脱贫的关键。张常丰村一直没有固定规模的产业。通过深入调研考察，张巍婷发现突破口就在特色农产品深加工上。张常丰村的"大红王"旱地小麦口感筋道，过去村民们只是用比普通小麦贵几分钱的价格把它卖给小商贩。张巍婷邀请专家化验，发现"大红王"旱地小麦钾、植物蛋白含量比普通小麦高出很多，这坚定了她发展低温低速石磨加工"大红王"旱地小麦面粉的信心。经过反复尝试，张巍婷带领乡亲们成功开发了一条产业链：引导农户加入鑫鹏合作社，规范麦田管理；用石磨加工，推出面粉深加工产品，开发面条、面花等特色产品，打造特色三"面"和牛肉酱、辣椒酱、黑豆酱、芝麻酱四"缸"酱以及100亩秋雪蜜桃瓜果等为主的一系列农产品。3个多月时间，张常丰村完成了初级农产品到商品的转化,初步形成了包含近 20 种产品的电商产品矩阵,并用村名申请注册了"张常丰"商标,请北京印刷学院和北京科技大学创业团队设计农产品包装,响亮地提出"中国好面在海兴,海兴好面出常丰""盐碱旱地的贫困村,只产天然野生的张常丰"的口号。经过辛勤工作,过去一穷二白的张常丰村集体经济开始有项目,扶贫产业开始有收益了。目前,"张常丰"特色农产品品牌效益初显。2018 年,张常丰村特色农产品销售额已达一百多万元,40 余户贫困户实现了亩均收入比往年翻番。

(三)将村风扶正,把文明种在百姓心上。乡村振兴战略既有老百姓的丰衣足食,又有老百姓的文明进步。在张巍婷的主持下,村里确立了以文化润村的方向。培育新型农民、推进移风易俗等工作开展得有声有色。现在,村里大力提倡红事不收彩礼,对不收彩礼的新人,村里会请书法家挥毫泼墨,为新人留下最美回忆;白事则倡导"一条烟、一箱酒、一个菜、不用喇叭"的新规新俗,村里党员干部带头执行。她带领村民建立了全县第一个村史馆,收集了村内 80 多件石磨等老农具,举办民俗文化展,展示了张常丰的特色文化。她还组织村里申报省级扶持壮大集体经济示范村,坚持资金跟着项目走,项目跟着规划走,获批资金 50 万元。此外,她组织编制了《村产业发展规划》,并以"留住乡愁"为理念,在面粉厂旁边建设面食文化体验广场,广场设有展现人类有史以来的面食文化以及张常丰历史悠久的面花、大饼、烧饼等雕塑的面食简介文化长廊和开放式厨房,成为张常丰村面食文化地标式建筑和靓丽的美丽乡村新名片。她还为村里芝麻盐、千层底布鞋、枣木杠烧饼申报非物质文化遗产,努力地带领村民依托特色资源,吃上"旅游饭",挣上"旅游钱"。村民的腰包渐渐鼓了起来,文化活动丰富了,村民脸上的笑容也多了起来。

三、取得成效

在张巍婷的倡导下,"美丽庭院""文明家庭""身边好人""好婆婆、好儿媳"评选和"立家训、晒家训、晒厅堂"活动成了大家的新谈资。村民们说,张常丰村变干净了,变美丽了,变和谐了,现在就是城里给个楼,也不愿意去住哩!2018年张常丰村被评为"基层党建示范村""脱贫攻坚先进村"和"海兴县美丽庭院示范村"。2019年底,村电商中心获评"全国巾帼文明岗",张常丰村被授予"河北省革命老区振兴发展示范村"。2021年,张巍婷同志被中共中央、国务院授予"全国先进工作者"荣誉称号,2019年被全国妇联授予"全国三八红旗手"荣誉称号,被河北省评为"河北省脱贫攻坚贡献奖""河北省优秀驻村扶贫脱贫第一书记""2019年度沧州十大新闻人物"。这不仅仅是对她从国家机关赶赴基层一线,干一行、爱一行、专一行的褒奖,也是对她一直以来工作态度、工作成绩的肯定。

四、案例点评

张巍婷博士作为一名国家机关干部,从2018年初挂职河北省沧州市海兴县苏基镇张常丰村第一书记,她是脱贫攻坚战百万扶贫干部中的优秀代表,她下高楼出大院,脱下皮鞋穿胶鞋,捧着一颗心来,不带半根草走,连续四年扎根农村,把软弱涣散村建成党建示范村,把盐碱滩变成黄金滩,将村风扶正,把文明种在百姓心上,令张常丰村发生了翻天覆地的变化。村民们说,张常丰村变干净了,变美丽了,变和谐了,现在就是城里给个楼,也不愿意去住哩!这奖那奖不如百姓的褒奖,金杯银杯不如群众的口碑。党的事业,人民的事业,是靠千千万万党员的忠诚奉献不断铸就的。人无精神则不立,国无精神则不强。精神是一个民族赖以长久生存的灵魂，唯有精神上达到一定的高度，这个民族才能在历史的洪流中屹立不倒、奋勇向前。中国共产党在百年奋斗历程中，形成了一系列伟大精神，在新时代铸就了"上下同心、尽锐出战、精准务实、开拓创新、攻坚克难、不负人民"的脱贫攻坚精神，丰富了中国共产党人的精神谱系。这些伟大精神凝聚着共产党人的初心和信仰，为我们立党兴党强党提供了丰厚滋养。在实现中华民族伟大复兴的新征程上，交出更加优异的答卷，需要广大党员干部不忘初心、牢记使命，大力弘扬脱贫攻坚精神，矢志不渝地为党和人民的事业不懈奋斗。

案例3　河北农业大学孙建设 | 矢志不渝建驿站，做产业致富奠基人

一、基本情况

孙建设，河北农业大学教授、博士生导师，国家现代苹果产业技术体系岗位专家、农业农村部水果专家工作组指导（苹果）专家。1982年毕业于河北农业大学果树专业。他作为"太行山道路"首发战队骨干成员，38年如一日，全力投身扶贫开发实践，首创并大力推动"太行山农业创新驿站""科技＋产业"扶贫模式，把苹果产业打造成保定市乃至河北省的扶贫主导产业。他于2019年荣获"全国脱贫攻坚奖——创新奖"。

二、主要做法

（一）作为一名科技人员，他把技术传到千家万户。孙教授从自荐担任顺平县苏家疃村"编外村长"开始，就产生了浓厚的"三农"

情怀。针对农民文化水平低、对科技认识程度差的情况,他由浅入深地向农民传授果树栽培和管理知识,不仅手把手地教、面对面地讲,还把果树管理的要求和方法,按日期分阶段印成材料,发到各家各户,使家家有"明白纸",户户有明白人。在他的指导下,当年村支书家24棵树收入9 800元,全村一年产果2万多公斤,收入10多万元。第二年全村苹果产量突破50万公斤,全村果品销售收入200万元,人均达1 800元。孙教授被村民们奉为"活财神"。坚守14年,他把苹果新品种、新技术和新观念带进了贫困山村和千家万户。孙教授作为"太行山道路"模范教师群体的骨干成员,在北京及全国多个省市巡回报告河北农业大学太行山开发先进事迹,受到党和国家领导人的接见。

(二)带领一个团队,他用科技提升苹果产业发展质量。投身科研工作30余年,孙教授针对产业诉求,对苹果生产的无病毒大苗培育、高标准建园、幼树快速成型等关键环节进行了系统研究,在国内率先提出适合中国国情、适度规模经营的苹果省力化矮砧密植高效栽培新模式。孙教授被聘为"十一五""十二五"国家苹果现代产业技术体系岗位专家,组建了由河北农业大学跨5个学院,40多名不同学科专家加入的联合攻关团队,研发了起苗机、断根机、弥雾机、割草机、开角器、整形机、远程信息采集与服务平台等适应现代栽培模式的新型果园装备,为我国果园机械化发展提供了重要技术支撑。孙教授带领团队围绕资源节约、环境友好的创新目标,研发出优质脱毒矮化中间砧苹果苗培育、三年快速成型、果树生长节律调控的水分管理、果树精准健康管理施肥系统、肥药安全高效利用等关键技术,集成创新了矮砧密植高效栽培技术体系。他们创建了一批高标准规模化的示范果园,在全国7省市建立苹果现代栽培模式示范园。

(三)引领一批驿站,倡导科技向更广泛的扶贫产业延伸。2013

年，在孙建设的推动下，河北农业大学与顺平县创建了"河北农业大学太行山道路第一驿站"。2017年，脱贫攻坚进入关键时期，保定市委、市政府与河北农业大学受其启发，全面推广"太行山农业创新驿站""科技＋产业"扶贫模式，全市按照"六个一"模式，每县至少打造一个"太行山农业创新驿站"。目前，保定市已经建成了63个驿站，覆盖蔬菜、果品、粮食、食用菌、畜禽、中药材、花卉苗木、盆景、食品加工、文创农旅等10大类35个特色扶贫产业。2019年底，保定创新驿站已引进新品种、新技术717项，申请专利55个，"三品一标"农产品达到77个、注册商标86个。形成了"创新驿站在前沿，龙头企业做两端，贫困群众干中间，村级组织联多边"产业扶贫新生态，并且延伸出"政府＋驿站＋龙头企业＋基地＋村级组织＋贫困户""驿站＋金融机构＋基地＋村级组织＋贫困户"等15个产业扶贫带贫模式，贫困户更深入地融入产业链、价值链，增强了利益联结的稳定性、实效性、可持续性。

三、取得成效

农业科技创新驿站模式在河北省已经全面推广，2019年，该模式被国务院扶贫办作为14个精准扶贫典型案例之一在全国推广，并在贵州威宁、甘肃庆阳等地得到应用，为当地探索出了一条产业扶贫的新路径。"老骥伏枥，志在千里。烈士暮年，壮心不已。"孙教授和他的团队还在进行产业培育机制创新研究，目标是通过技术创新和机制创新，让"驿站"模式在惠及项目区贫困户、实现打造一个主导特色产业的基础上，培育出一簇相关产业集群，缔造一批全新就业机会，进而实现贫困群众梯度就业和选择性就业，让群众更有参与感、获得感、幸福感。

四、案例点评

河北农业大学教授、博士生导师孙建设同志和李保国同志作为"太行山道路"首发战队骨干成员,他们是脱贫攻坚战场上的战友。作为一名科技人员,孙建设把技术传到千家万户;带领一个团队,用科技提升苹果产业发展质量;引领一批驿站,倡导科技向更广泛的扶贫产业延伸;他是大力弘扬李保国精神的优秀代表。李保国精神同雷锋精神、焦裕禄精神等一样,都是在时代浪潮中形成的推动党和人民事业不断前行的强大力量。李保国心系群众、扎实苦干、奋发作为、无私奉献的高尚精神,彰显了信念的力量、创新的力量、奋进的力量、人格的力量,具有鲜明的时代价值和深刻的思想内涵。一百年来,燕赵大地上涌现出了一大批视死如归的革命烈士、一大批顽强奋斗的英雄人物、一大批忘我奉献的先进模范,李保国就是其中的杰出代表。他 35 年如一日,将毕生精力奉献给了太行山区,奉献给了国家的扶贫事业。习近平总书记赞扬他是"新时期共产党人的楷模,知识分子的优秀代表,太行山上的新愚公",号召大家学习他心系群众、扎实苦干、奋发作为、无私奉献的高尚精神。李保国精神闪烁着耀眼的时代光芒。启航新征程、奋进新时代,我们要大力弘扬李保国精神,努力创造无愧于党、无愧于人民、无愧于时代的业绩。

第七章

家庭农场特色产业扶贫实践模式

第一节　家庭农场特色产业扶贫实践模式

家庭农场主导型的特色产业扶贫模式，是以家庭农场为主体，通过从事农业规模化、集约化、商品化生产经营活动，通过发展农产品种植业、加工业、流通业、乡村旅游业等产业，将产业链条由生产环节逐渐延伸到加工、流通、服务环节，从而形成一二三产业融合发展的态势。家庭农场主导型农村三产融合发展模式的本质是将家庭农场作为载体，建立农产品生产、加工、运输、销售和服务等模块集成的综合性产业服务主体，借助该主体可以实现第一产业的产业链延伸，提升农产品附加值，通过利益联结机制让农民享受更多合作社收益。本章将以康保县北方伊甸园家庭农场、巨鹿县陈灵涛山核桃上刻出脱贫路和望都县"女强人"黄俊茹发展种植办产业为例，对家庭农场主导特色产业扶贫实践模式的基本情况、主要做法及取得成效等进行分析。

第二节 案例分析

案例1　康保县北方伊甸园家庭农场 | 三产融合发展之路

一、基本情况

高文,男,1979年出生于康保县屯垦镇史家营村,1999年到北京创业,凭借朴实、和善、诚信的人格品质,加上勤奋的努力,事业迅速发展,积累了可观的资金,但农村出生的他始终牵挂着养育他的那片热土,心中念念不忘家乡的发展,他从2007年开始思考返乡,经过与家人反复商讨,决定2010年返乡创业,成为第一批返乡青年。回到家乡,高文创办了康保县北方伊甸园家庭农场,以有机农业为基础,以贫困户为受益主体,通过发展创意农业、文化旅游来搞活农场资源,发展农村三产融合产业。始终坚持"始于农场而非止于农场,源于农业却又超越农业"的发展思路,打造中国·康保"回归伊甸"农业品牌,成功带动2 481人脱贫。

二、主要做法

（一）坚持发展有机农业,建立食材安全通道。2010年,在高文的带领下,康保县北方伊甸园家庭农场（以下简称"农场"）承包了康保镇赵家营村东的200亩耕地以及12座半地下冬暖式大棚,开始土地恢复、大棚修复翻新,坚持发展有机农业。在生产过程中,采用自然农法，做到"六不用"（不用化肥、不用农药、不用转基因、不用激素、不用除草剂、不用抗生素），农产品通过欧盟SGS认证；运用CSA城乡互助销售模式，在城市和乡村之间搭起一条安全食材的绿色通道，让更多人吃上安全食材，让更多人过上幸福生活。

（二）建立贫困户创业园区，带动贫困户脱贫。经过8年探索，农场积累了丰富的经验，农场冬暖式温室大棚培育出了紫菜头、葡萄、苹果、树莓等10多个新品种，通过CSA城乡互助销售模式，将产品销售至北京、上海、广州等城市，现有会员500多个。2016年，农场被河北省评为省级示范家庭农场及市级示范家庭农场，同年吸纳扶贫资金建成伊甸园接待养生中心，直接示范带动屯垦镇10个村、建档立卡贫困户1 348户2 481人脱贫。2017年，农场流转土地800亩种植有机杂粮，为农民做示范榜样，为康保旱地找到了出路。2018年，农场吸纳20名贫困户入股创业，建立贫困户创业园区，同时带动当地30多位农民就业（每月工资2 500—3 000元），带动康保农旅发展，带动屯垦镇南井村30多户农民800亩土地实现有机土地转换。康保县北方伊甸园家庭农场作为新型生态农业的示范农场和贫困户创业园区，为其他农业企业发展提供借鉴，为康保县农业发展贡献力量，形成生态可持续的发展模式。

（三）实施乡村振兴战略，带动乡村旅游发展。在各级政府引导下，建卡立档贫困户参与，农场主导运用CSA城乡互助销售模式，于2018年全面打造中国·康保伊甸园"爱的驿站"主题贫困户创业园区，形成了集生产、生态、生活、休闲、观光、旅游、培训、养生、享老为一体的贫困户创业园区。康保县北方伊甸园家庭农场注重"有机农业＋互联网＋旅游＋养生＋享老"形态的销售网络平台建设，通过互联网建立农场的销售渠道和客户关系管理（CRM）系统，创建自己的网络销售平台、微信公众号、微店销售、微信会员群和微信小程序开展销售宣传和满足会员需求。贫困户创业园区目前已投资1 300万元，园区已经全部建成，由中央接待中心大厅、高新科技农业展示大厅、有机餐厅、调理中心、农家乐住宿、产品展示区、技术输出展示区、实验室、活动中心、鱼菜共生区域、立体栽培区域等组成。康保县北方伊甸园家庭农场具备了300人/天左右的接待能力，为前期预定的国内会员和外国友人会员以及特殊会员提供服务。同时，农场还与北京HIS国际学校合作，成立国际学校学生社会实习基地。农场还成了北方鱼菜共生实训基地，吸引全国各地鱼菜共生爱好者来这里学习、观摩、考察和消费。农场与北京载道科技发展有限公司、恩泉、内蒙古香柏树文化传媒有限公司搭建夏令营和冬令营通道，规划打造河北—北京—伊甸，内蒙古—大同—伊甸旅游线路，借着夏令营、冬令营拓展业务，让孩子家长转变成伊甸会员。2018年4月10日，来自中国国礼书画研究院、北京市朝阳区书画社、北京神州书画院的多位书画艺术家齐聚康保县北方伊甸园家庭农场，成立北京神州书画院伊甸园分院，一批国内知名的书画家走进康保县北方伊甸园家庭农场。凭借天蓝、水清、地绿的独特优势，康保县北方伊甸园家庭农场成为文人画家的写生基地和采风度假养生基地，带动文化旅游和候鸟式养老、田园养生，提供康养一体化优质服务。

三、取得成效

经过多年的不懈努力，康保县北方伊甸园家庭农场把"始于农场而非止于农场，源于农业却又超越农业"的理念变成了现实。下一步，农场计划筹办伊甸文化节，打造康养移民、田园教育，并和当地的旅游景点结合，带动当地的乡村旅游，让更多的人了解康保，入住康保，投资康保，探索康保县旅游扶贫发展模式，为康保的发展增绿添彩。

四、案例点评

懂农业、会管理、能掌握先进农业生产技术的职业农民是先进农业生产力最稀缺的资源。家庭农场主高文带领康保县北方伊甸园家庭农场走上了集生产、生态、生活、休闲、观光、旅游、培训、养生、享老为一体的农村三产深度融合发展之路。该模式要求家庭农场主有知识，有资金，懂经营，有浓厚的家乡情结，高瞻远瞩，一步一步带领家乡群众脱贫致富，促进家乡产业发展。

案例2　陈灵涛 | 身残志坚"巧手哥"，山核桃上刻出脱贫路

一、基本情况

陈灵涛，男，汉族，1989年9月出生，河北省邢台市巨鹿县官亭镇陈者营村人，当地村民都亲切地称他"核桃哥"。陈灵涛患小儿麻痹症双下肢重度障碍，2016年被认定为建档立卡贫困户。然而，陈灵涛不仅自己脱了贫，还带动当地8个村200多户贫困户增加了收入。2017年到2019年之间，他先后荣获8个奖项，其中包括2018年河北省扶贫开发和脱贫工作领导小组颁发的"脱贫攻坚奖·奋进奖"、邢台市"五四青年奖"、2019年共青团河北省团省委颁发的"新时代燕赵最美青年提名奖"等。

二、主要做法

陈灵涛出生在巨鹿县官亭镇陈者营村一个普普通通的农民家庭，因先天性脊柱发育不完全造成双下肢重度障碍。幼时陈灵涛最大的

愿望是和小伙伴一起结伴背着书包跑着笑着去上学，但出于身体原因，他只能艰难地用手爬着去，手磨出了茧，衣服磨出了洞，浑身都是土。就这样，他坚持读完了一年级，然而上了二年级，同学们"小拐子""小瘫子"的嘲讽、父母的心疼、受伤的自尊心导致他辍学了。度过玩泥巴、打弹弓的童年，逐渐懂事的陈灵涛不愿做家庭的拖累，开始了他的第一次创业，开起了小卖部。父母下地，他守着小卖部，那年他17岁。当时，村里还没有600口人，却有两个小商店，因此他的经营非常惨淡。2012年，县残联的培训通知电话，让他抱着去试试看的心理参加了山核桃工艺品制作培训班。培训两个月后，陈灵涛回到家，信心满满地一边经营小卖部一边做工艺品，他曾拖着不健康的身躯骑电动三轮车远赴邢台市区销售。但是由于技术不成熟，顾客对产品质量不认可，他心灰意冷，两年后小卖部也关了，于是他开启了第三次创业——卖臭豆腐、豆腐乳。他还学过修电动车，但因为文化底子差，干了一段时间又放弃了。期间步入婚龄期的他谈了三次对象，但均因没有正经营生和拿不出"高昂"的彩礼而分手。随后他开始不愿见人，吃着低保金，把自己关在家里，足不出户。2016年春，巨鹿县委组织部统一部署动员驻村帮扶工作，县残联驻村工作队被派到陈者营村开展驻村扶贫工作。工作初期，群众不理解，认为"工作队都是走形式，待一段就走了""雷声大雨点小"。随着加大基础设施建设，发展笨鸡养殖，推进服装加工业，发展日光蔬菜大棚，为群众办实事，和谐干群关系以及精准落地各项扶贫政策，贫困户不断摆脱贫穷，群众越来越认可吃住在村的工作队。然而随着精准扶贫精准脱贫工作的不断深入，难度越来越大，老弱病残成了工作重点。他们对政府依赖性强，身体状况差，内生动力严重不足，为此工作队多次探讨，确定了"扶弱带弱，典型带动"的思路，力求扶贫工作深入推进。

工作队在走访中了解到陈灵涛参加过培训，有制作山核桃工艺品的基础，便多次给他做思想工作，拿同行发展情况引导他。2016年底的一次家访中，驻村工作队长刘迎晓"不创业致富，拿不出彩礼，对象谈再多也是个白！"的气话，让他经过一夜辗转反侧后，主动找到工作队驻地。陈灵涛的第一句话就是"啥也不说了，听你们的，我一过年就开干！"

2017年2月8日，在县残联工作队的帮助下，陈灵涛完成了设备、材料引进。他使用县残联的扶持电脑，通过免费参加电子商务学习，实现了网络销售。晨之晖电子商务交易平台还多次帮助推广，使得产品知名度大大提高，慕名要货的客户不断增加。

为实现量产量销，陈灵涛和工作队多次赴天河山、少林寺、五台山等景区联系产品销售，与天河山景区的聂建玲女士达成了长期供货合作。自2017年2月8日开始到6月底，他在网络销售160单，向景区发货30多批。因为工艺品附加值高，他通过生产、销售山核桃工艺品取得了实实在在的经济效益。

为了让他更好地发挥引领作用，官亭镇党委、政府帮助他注册了巨鹿县钟灵毓秀工艺品有限公司，创造了"公司+贫困户+残疾人运行"手工产业扶贫模式，协调官亭集贸市场两间门市做展厅。县残联扶持雕刻机一台；县旅游局帮助安装路牌、展厅牌子，还帮忙印制宣传彩页；县扶贫办为他协调扶贫小额贷款3万元。他的公司发展逐渐规范，进入快车道。

三、取得成效

陈灵涛和家人、邻居生产、发货的忙碌身影，引起了村民的关注，村民不断到他家中参观、询问，其中不乏贫困户。山核桃工艺品制作门槛低、劳动强度小、生产环节多，陈灵涛用自身行动为残疾群众树立了榜样，同村贫困户申志芹、张大芬、陈锋温兄弟等参与到剔仁、粘接环节，村民刘红杰、申瑞青加入切片行列。在为陈灵涛工作一段时间后，董营村残疾家庭董孟立家、小潘庄村曹国飞家自己开始了加工生产。在带动群众发展期间，陈灵涛得到了县领导和镇领导的关怀和多次帮助，这使他进一步敞开了胸怀，坚定了服务更多残疾人贫困户的信念。付出终有回报，2017年10月成立的巨鹿县钟灵毓秀工艺品有限公司到2019年营业额达到80万元。陈灵涛成功了，不止自己富起来，也带动乡亲们一起奔向了小康路。

四、案例点评

只要有信心，黄土可变金。陈灵涛身残志坚，在政府的帮扶下，学习山核桃工艺品制作工艺，利用扶贫小额信贷，解决了缺乏脱贫技术、资金和电商销路的难题，创造了"公司+贫困户+残疾人运行"手工产业扶贫模式，不仅自己脱了贫，还带动身边群众共同走上致富路，成为新时代燕赵最美青年。该模式要求有手工技术，有当地资源，有电商销路，更要有信心。"巧手哥"陈灵涛的脱贫带贫经验，对农村残疾贫困人口脱贫有借鉴意义。

案例3　黄俊茹｜发展种植办产业，做自主脱贫"女强人"

一、基本情况

黄俊茹，望都县高岭乡天寺台村人，早年与丈夫离异，独自抚养两个女儿。当时大女儿上高二，小女儿读四年级，里里外外都由黄俊茹一人操持，生活的重担全部落在她身上。由于缺少劳动力，她们一家生活困难。2014年,黄俊茹被认定为建档立卡贫困户。美好的生活是奋斗出来的,48岁的黄俊茹用实际行动证明了这一点。面对生活的困境、独自养育孩子的艰辛,她没有一蹶不振,而是通过坚强的毅力和不懈的奋斗,撑起了一个家,率先实现了自主脱贫,而且带领周边群众发家致富,成为远近闻名充满正能量的"女强人"。

二、主要做法

（一）不认输不抱怨,咬紧牙关往前奔。黄俊茹和其他建档立卡贫困户一样,享受到了很多帮扶政策,生活有了最低保障,孩子上学也享受"三免一助",再也不用为学费发愁了。县慈善协会从精神上和经济上给予她很多帮助,再加上扶贫产业的股金分红,黄俊茹实现了"两不愁三保障",身上的压力减轻很多。"女人要自强,不能被眼前的困难吓倒,我一定要混出个样来,不能让人瞧不起,"黄俊茹说。即使享受了诸多扶贫政策,黄俊茹也没有甘于现状,为了早日脱贫出列,也为了提高自己家的生活水平,她憋着一股劲儿往前冲,用勤劳的双手闯出了一片天地。

（二）不等不靠,敢拼敢闯脱贫出列。刚开始,黄俊茹依靠养殖、销售鸡苗维持三口人的生活,起早贪黑,辛苦不说,市场行情变化还比较快,折腾一年也赚不到什么钱。后来小女儿上初中时不慎摔伤,为了照顾孩子,黄俊茹开始陪读,在这期间,她学会了使用微信直播带货,并偶然得知身边好多人都去清苑打工摘草莓,黄俊茹从中看到了商机。几番思考之后,2015年,黄俊茹决定承包土地种植经济作物。第一年租地,由于缺少启动资金,她四处寻求帮助,最后成功说通老乡们允许她第一年的租金待第二年再一并交付,成功租到了50亩土地。有了土地之后,黄俊茹又找到侯陀村的农业合作社,采用赊账的方式,将第一年种地用的化肥等拉回家里,她又大费周折托老乡做担保赊来草莓秧苗。之后不管风吹日晒,黄俊茹都泡在地里除草、疏蕾疏花、施肥。一边是孩子,一边是承包地,黄俊茹从来没喊过累,硬是一个人把 50 亩承包地打理得像模像样,当年就获得了不错的经济收入。

(三)饮水思源,自己富了不忘乡邻。"我困难的时候那么多人帮助过我,现在我也要尽我所能帮助身边的老乡们,大家伙儿一块儿努力,一起致富。"黄俊茹的草莓大棚发展起来后,有几家街坊邻居也有了种植草莓的打算,他们跑过来向黄俊茹打听种植草莓的事。黄俊茹毫无保留地介绍自己多年的种植经验,并非常热情地向他们无偿提供帮助,什么时候该施肥了,什么时候该疏果了,黄俊茹都耐心地指导。不仅如此,黄俊茹种植经济作物还吸纳了周边村民来摘草莓、摘药材打工,忙的时候打工村民达到 40 多人,这样就提高了村民的家庭收入,改善了他们的生活,为他们脱贫出列提供了很大帮助。"我们在黄俊茹这干了两年多了,在家门口就把钱挣了,还不耽误照顾家里,"村里一个贫困户高兴地说。

三、取得成效

经过近四年的经营,黄俊茹承包的土地达到了 120 余亩,通过种植黏玉米、辣椒、药材、草莓、大蒜等经济作物,成了村里的种植大户,前段时间又申请下来 4 万元的扶贫小额贷款,用于扩大产业。黄俊茹靠着自己勤劳的双手率先实现了脱贫出列。回首这几年的奋斗历程,黄俊茹满是感慨,她动情地说:"感谢党和政府给了我那么好的帮扶政策和指导,咱们不能光等着国家的帮助,要通过自己的双手去努力,好日子是奋斗出来的!"

四、案例点评

幸福都是奋斗出来的！黄俊茹不认输，不抱怨，咬紧牙关，不甘于贫困，靠勤劳的双手和社会的帮扶之手，不仅自己实现了脱贫，还带动乡亲们增收。黄俊茹创造了"流转土地＋种植技术＋小额信贷＋微信直播＋贫困户"特色产业扶贫模式，该模式需要农场主懂技术，有资金，有销路，有内生动力，有情义，同时发扬榜样的力量，带领农村贫困留守妇女一起脱贫。

第八章

农民合作社特色产业扶贫实践模式

第一节　农民合作社特色产业扶贫实践模式

农民合作社主导型的特色产业扶贫模式,是以农民合作社为主体,通过发展农产品加工业、农产品流通业和乡村旅游业等产业,将产业链条由生产环节逐渐延伸到加工、流通、服务环节,从而形成一二三产业融合发展的态势。农民合作社主导型农村三产融合发展模式的本质是将合作社作为载体,建立农产品生产、加工、运输、销售和服务等模块集成的综合性产业服务主体,借助该主体实现第一产业的产业链延伸,提升农产品附加值,通过利益联结机制让农民分享更多合作社收益。本章将以河北省玉田县中康农机农民专业合作社、博野县翠伟柴胡知母专业合作社和金沙河合作社为例,对农民合作社主导特色产业扶贫实践模式的成功做法、取得成效、存在局限、发展前景及适应条件等内容进行分析。

第二节 案例分析

案例1 河北省玉田县中康农机农民专业合作社

一、基本情况

河北省玉田县中康农机农民专业合作社(以下简称"合作社")成立于2011年,位于河北省唐山市玉田县陈家铺镇,地处粮食集中产区,拥有大型农机装备116台套,建有示范基地、粮食烘干设施和存储库,是具备专业技术的农民合作社。针对当地农民日趋老龄化、兼业化,农民想种地又力不从心,以及水资源不足、化肥农药减量增效压力大等问题,合作社探索形成"绿色+智能+示范+保险+农户"模式。通过这一模式,合作社开展小麦、玉米从种到销全产业链服务,涵盖5个乡镇,涉及农户1.5万户、耕地10.5万亩,得到了农民的信任,受到了农民的欢迎。在减少劳动力和农资投入的情况下,通过应用该模式,粮食产量提高,农民收入增加,农业环境更加友好。

二、主要做法

(一)开展学习培训,促进农机与绿色种植制度紧密结合。一是在农技专家的帮助下,合作社制定了既符合本地自然条件和生产水平,又能得到支持农机设备的小麦、玉米绿色种植技术操作规程。二是合作社每年对机手和飞手进行两次技能培训,年培训150人,使机手、飞手在掌握智能农机操作技术的同时,又掌握小麦、玉米绿色种植技术,特别是学会因地制宜为智能机械设定各项技术指标,使农机作业更适应作物生长发育特点,从而既发挥出农机节省人力的优势,又发挥出绿色种植农艺技术对控水控肥控药和提高产量、改善品质的作用。三是针对托管服务、绿色种植制度,合作社在农闲季节组织村干部、种植户、新型经营主体开展培训,使更多的农民愿意接受社会化服务。

(二)使用智能化设备,田间作业更精准高效。合作社搭建物联网农机精准作业平台,将田间作业机械与互联网和卫星导航系统相连接,合作社通过该平台,掌控农机作业位置、状态、作业量等信息,及时指挥调度。通过对原有设备加装智能装置和引进先进智能设备,使农机智能化作业水平进一步提高,如为拖拉机配备自动驾驶装置,为玉米播种机配备精准电子排肥系统和施肥量及轨迹记录装置。合作社引进可移动智能化灌溉设备和水肥一体智能施肥机,通过物联网将水分、肥料及时均匀洒到作物根区,解决农民浇水难、追肥难的问题。合作社引进飞控导航植保无人机,在智能控制下进行低空喷药,与配有变量精准施药智能控制装置的高地隙自走式喷雾机地上喷药相配合,对病虫草害实施立体防控。合作社为农民提供的种子、化肥、农药,价格比市场价低 10% 以上,提供的机耕、机播、机械灌溉追肥、机收,每项服务费都低于市场价。

(三)示范展示,让农民看得见、摸得着、信得过。合作社拥有示范基地 1 800 亩,已通过绿色小麦食品认证。合作社在示范基地展示了绿色种植制度下的智能化农机田间作业场景,让农民能够直观了解合作社的社会化服务。合作社每年组织不少于 4 次农民现场集中观摩活动,若平时农民有需要,也可随时去基地参观。合作社以示范展示为抓手,做出样板给农民看,搞好服务替农民干,在农民认可的前提下,与村、联户、大户等签订服务合同。

(四)搭建农药追溯管理云平台,农药使用可追溯,产品质量有保障。为推进农业绿色种植,2017年,合作社与北京神州数码信息技术服务有限公司合作,搭建物联网农药追溯管理云平台。该平台又与唐山市农产品质量安全监管追溯平台对接并网,做到了农药流通使用链条全程记录,产品全产业链用药可追溯。可追溯平台的建立,实现了从源头上把控农药投入,推动了高效、低毒、低残留农药在小麦、玉米生产中的应用。在合作社植保服务过程中,农药用量明显减少,达到既防治病虫草害,产品农药残留又不超标的效果,实现了绿色防控。

(五)携手保险公司,让托管服务更扎实。合作社与中国人民财产保险股份有限公司玉田支公司开展合作,组成下乡工作队,结合粮食生产全程托管服务,进村入户宣传国家农业保险政策,提高农民的保险意识,激发农民参与投保的热情。2021年1—4月,陈家铺、鸦鸿桥等四个乡镇参保面积达到12万亩,参与小麦、玉米保险的农户数量不断增加,合作社服务规模不断扩大,实现了国家、农户和服务组织三赢。

三、取得成效

合作社依托自身技术设备优势,与农户签订从产到销的服务协议,促进了农村产业链延伸。合作社凭借开展绿色种植优势,与当地粮食深加工企业唐山麦乐面粉有限公司建立合作关系,按照订单种植,组织农户为企业提供高品质小麦、玉米籽粒,企业再将这些农产品深加工成各类面粉、挂面以及玉米粉、玉米渣等向市场销售,实现粮食的就近转化增值。贫困户通过"龙头企业+合作社+农户"的利益联结机制,分享粮食产业链发展红利,促进了农民增收。合作社在农技专家的帮助下,因地制宜使用智能机械进行农业操作,使农机作业更适应作物生长发育特点,既发挥出农机节省人力的优势,又发挥出绿色种植农艺技术在控水、控肥、控药和提高产量、改善品质方面的作用。合作社搭建物联网农机精准作业平台,将田间作业机械与互联网和卫星导航系统相连接,合作社通过该平台,掌控农机作业位置、状态、作业量等信息,及时指挥调度。合作社为农民提供的种子、化肥、农药,价格比市场价低10%以上,提供的机耕、机播、机械灌溉追肥、机收,每项服务费都低于市场价。合作社通过自身技术设备优势,与农户签订从产到销的协议,延伸产业链条。2020年,与农民自种地相比,农民接受社会化服务土地资源利用率提高3.5%,土地产出率提高13.2%,农民每亩增收节支535元。为了促进生态发展,合作社坚持引导农民在粮食生产中采用绿色种植制度,通过控制灌溉用水,减少化肥、农药投入,实现减量增效、环境友好,生产高品质的粮食产品。合作社通过实施水肥一体化和化肥农药减量增效技术,减少灌溉用水35%,减少化肥用量20%,减少农药用量30%,特别是采用植保无人机低空喷药,用药量可减少50%,作业效率提高50倍以上,人员接触农药的时间大幅缩短,保障了人身安全。

四、案例点评

玉田县中康农机农民专业合作社经过几年的努力,已初步探索出一套适应现代农业发展的托管服务新途径,从最初的一家一户单独经营,发展到整村整镇按作物从农资供应到耕、种、管、收、烘干和销售的全程托管,进一步解决农民力不从心、水资源不足、化肥农药减量增效压力大等问题,形成"绿色+智能+示范+保险+农户"模式,综合服务能力显著提升,化肥农药使用量实现负增长,推动了资源节约型、环境友好型农业建设,带动了农民增收。其他地区可以借鉴该模式,探索现代农业发展的托管新模式。

案例2 博野县翠伟柴胡知母专业合作社 | 推进中药材种植,建产业联贫样板

一、基本情况

博野县翠伟柴胡知母专业合作社成立于2009年,位于博野镇杜各庄村与安国市闫村交界处。杜各庄村拥有沙壤土、地下水资源充足、无厂矿企业污染等优势,南北距离定河路、博望路各3千米,是发展中药材种植的优质区域。合作社发动310名有药材种植技术的农户入社,注册资本400万元,利用农民多年种植中药材的经验优势,通过土地流转建成中药材标准园示范建设基地1 100亩,主要推广柴胡、知母标准化种植。

二、主要做法

(一)订单生产,壮大规模,增加销售收入。博野县翠伟柴胡知母专业合作社(以下简称"合作社")为牵头经营主体,长期与深圳津村药业有限公司、盛实百草药业有限公司合作,以订单农业发展中药材种植基地,建立稳固的"公司+合作社+贫困户"的生产销售模式。自2014年以来,订单逐年增加,2020年签订订单关联种植面积达15 500亩,辐射带动程委镇、博野镇、南小王乡、北杨镇、小店镇的25个村,6 750多户农户种植柴胡。2013—2019年合作社共种植销售柴胡知母900吨,销售收入达9 000万元。合作社与成员之间

依靠合作协议,形成统分结合、互利共赢的合作关系。合作社负责为社员提供种子,每年利用农闲季节,免费为社员提供技术指导,最后对产品进行回收,实现了产前、产中、产后"一条龙"服务,保证产品质量,并使合作社成员最大限度地降低生产成本,规避市场和技术风险,实现稳定增收。

(二)规范种植,统分结合,保证产品质量。合作社先后购置了无人机植保设备、大型翻耕设备、柴胡起垄大型播种机、柴胡烘干机、修剪机、药材清洗机、知母脱毛机等设备,实现中药材机械化生产,提高生产效率。全面实施有机肥替代化肥,严格按照农药使用零增长标准,减少化肥、农药使用量,提高土壤有机质含量,有效提升中药材品质。种植柴胡产生的秸秆由园区统一收集,送到生物质压块厂处理,作为兽药厂家的原材料,秸秆利用率达95%以上。园区内生产资料统购统供100%、良种覆盖100%、病虫害统防统治100%、测土配方施肥100%、无公害技术普及100%、产后初加工100%,达到"安全、稳定、有效、可控"的生产目标。合作社与河北省农林科学院、河北农业大学等科研院校建立长期稳定的技术合作关系,聘请有关专家、教授做技术顾问,定期组织合作社成员及种植户进行现场观摩,专家实地技术指导,解决技术难题,建立专业化技术服务体系。

(三)打造品牌,精深加工,树立行业标杆。为了发展壮大中药材产业,打造中药材品牌,提高柴胡产品附加值,2015年合作社注册河北创然农业科技开发有限公司,注册资金2 000万元,公司业务涉及种苗繁育、试验推广、新品种引进、新技术药材深加工、包装销售,与厂商对接,做大做强中药材产业。注册"翠伟"商标,打造博野中药材品牌,提升市场知名度,提高品牌效益。博野县翠伟柴胡知母专业合作社,被评为"2014年省级农民合作社示范社",2016年被农业部评为"国家级示范合作社",2019年在第四届京津冀中药材产业发展大会上获得大健康产品优秀奖,同年被评为省级精品示范社。

(四)绿色发展,扩大规模,树立产业样板。合作社始终把发展现代绿色生态农业作为整体方向,重点打造生态种植、加工物流、实验示范三大基地。绿色生态基地严格执行国家无公害农产品标准,通过药用植物种植和采集质量管理规范认证(简称GACP认证),认证面积达2万亩,认证品种有3个:柴胡、知母、紫苏。合作社试验基地建有智能化气象站,及时监测土壤湿度、温度变化,为中药材生产管理提供科学数据。合作社建造了900平方米的智能恒温储藏库,为中药材错季销售提升产品议价能力。同时,合作社推动仓储物流初加工基地建设,实现中药材质量全程可追溯。合作社投资300万元建设500平方米电烘干房,用于烘干紫苏、柴胡、知母等中药材,扩大了核心药材加工规模。合作社创建示范基地,充分利用现有优势条件,与科研院所合作提升科技研发能力。合作社建有500亩试验示范基地,用于新品种、新技术试验示范,为新品种推广打下坚实的基础。

三、取得成效

博野县翠伟柴胡知母专业合作社积极履行社会责任,利用企业优势,开展资产收益扶贫项目,助力脱贫攻坚。资产收益带贫,2018年带动贫困户199户,户均增收1 200元;2019年带动贫困户592户,户均增收500元;2020年带动贫困户1 000余户,户均增收500元。土地流转增收,合作社通过流转20户贫困户土地,增加贫困户年收入1 000元,并为贫困户种植柴胡免费提供种子,免费为贫困户整地播种,间接增加贫困户收入200元。合作社吸纳就业脱贫,为13个有劳动力的贫困户提供就业机会,使其年人均增收5 000元。

四、案例点评

博野县翠伟柴胡知母专业合作社利用资源优势，通过订单农业发展中药材种植基地，扩大生产规模，增强辐射带动能力，建立稳固的"公司+合作社+贫困户"的生产销售模式，完善利益联结机制，成了博野县带动贫困农户脱贫致富的有力支撑。合作社通过与科研院所合作提升科技研发能力，打造中药材品牌，不断延伸产业链，从种苗繁育、试验推广、新品种引进到药材加工、包装销售，实现了一二三产业融合发展。

案例3　金沙河合作社 | 创新分配制度，贫困户变身职业农民

一、基本情况

2019年邢台市南和区金沙河农作物种植专业合作社（以下简称"金沙河合作社"）被评为"国家级农民合作社示范社"，被农业农村部列为"24个全国农民合作社典型案例"之一，并在邢台市召开的全国合作社工作会议上作为会议代表考察点。时任中央政治局常委、政协主席汪洋同志和中央政治局委员、国务院副总理胡春华同志先后对该合作社的创新发展模式作出批示，汪洋同志明确指出："该企业实现了一二三产业融合发展，有效提高了农产品附加值，是个方向！"南和县金沙河扶贫产业园基地位于南和区闫里乡，依托农业产业化国家重点龙头企业河北金沙河面业集团有限责任公司，按照党支部、企业、合作社、新型职业农民、贫困户五个方面协调发展的思路，大胆创新了"党支部+企业+合作社+新型职业农民+贫困户"产业扶贫模式，成为精准扶贫、精准脱贫的新引擎。

二、主要做法

（一）创新合作社分配制度。邢台市南和县金沙河扶贫产业园（以下简称"产业园"）创新保障地租农户、股权农户、职业农民和合作社所有经营主体权益的分配机制。一是地租农户。合作社将地租农户每亩地租固定收益定为"500 斤小麦 +500 斤玉米"的区政府指导的最高价格水平，并在每季种植前支付，确保地租农户的地租收入。二是股权农户。合作社对股权农户实行"灾年使用保险金保股权农户地租收入，丰年提取保险金后再二次分红"的制度。确保股权农户不承担市场、自然和经营风险还能在丰年获得一定的股权分红。三是职业农民。合作社创新实行"摊股入亩按比例分配"制度。以每个职业农民种植地块为核算单元，职业农民、合作社和股权农户各分享该核算单元利润的 50%、30% 和 20%（股权农户另有地租收入）。如果把地租纳入分配总额计算，地租农户和股权农户共获得该核算单元分配总额的 70%，职业农民和合作社分别获得 20% 和 10%。四是保险金制度。合作社除购买商业保险外还从利润中提取保险金。2018 年自然灾害严重，合作社用保险金支付了股权农户的固定地租收入后又补偿职业农民 315 万元亏损。

（二）探索一二三产融合发展之路。产业园坚持将金沙河面业集团的二、三产优势与合作社一产优势融合发展。通过二产加工企业的主导作用，增强合作社抵御风险的能力。合作社自成立以来，经历了若干次自然灾害、玉米价格下跌和经营失误，但是仍然实现增产增收并使各经营主体收入都保持增长。同时，一产为二产加工提供了优质小麦、玉米等高质量原料，提高了二产的产品质量和三产的销售价格，增加了二、三产利润。产业园通过一二三产业融合发展的模式，提高了综合竞争力，推进了扶贫工作。

（三）创新跨行政区划合作社的党建工作新模式。2019年，经中共邢台市南和区委批准，金沙河合作社建立党支部，实现了基层党组织对合作社的领导。同时，为了解决金沙河合作社在经营中发生的与土地流转农户之间的矛盾纠纷，产业园充分发挥基层党支部在农村的组织协调能力，为金沙河合作社提供土地流转中所需的若干项服务，金沙河合作社按照50元/亩的标准支付给各村作为服务费，直接增加了村集体的整体收入。2018年以来，金沙河合作社已经向30个村（其中包含6个贫困村）支付服务费200多万元。

三、取得成效

2015年，金沙河合作社成立一年制"小麦、玉米"两季全日制新型职业农民学校。几年来，共有120余名职业农民入学，70余名毕业。通过测土配方、因地施肥、机械种植、改良土壤，金沙河合作社逐步将3万亩耕地改造成粮食高产田，亩均增产200—300斤、增收500—600元，实现了主粮种植高产增收。2016年，金沙河合作社同国家小麦产业技术体系、中国农业科学院等几十家科研团队合作，建立了3 000多亩小麦、玉米良种试验基地。这种前端科研试验与后端规模化种植无缝衔接的农业高效发展模式，辐射带动周边数十万亩粮食品种结构优化。2018年，金沙河合作社开发手机应用软件"农事云APP"，不断推进合作社信息化建设，实现物资采购、销售收入、成本核算等财务信息公开透明，职业农民和股权农户均可时时共享、事事监督。

四、案例点评

邢台市南和区金沙河农作物种植专业合作社为解决在经营中发生

的与土地流转农户之间的矛盾纠纷,创新保障地租农户、股权农户、职业农民和合作社所有经营主体权益的分配机制,解决了如何"分好蛋糕"的问题。南和县金沙河扶贫产业园将河北金沙河面业集团有限责任公司的二、三产优势与合作社一产融合发展,引入农业保险,不仅提高了一产抵御自然灾害和农产品市场价格波动的风险,也提高了农民收入,解决了如何"做大蛋糕"的问题。

第九章

村集体经济组织特色产业扶贫实践模式

第一节　村集体经济组织特色产业扶贫实践模式

农村集体经济组织在实现农村经济发展与农民增收方面具有重要的组织保障作用，农村集体经济组织发挥"统"的优势，通过专业合作、资源统筹、股份合作制等方式，带领村民因地制宜发展农村一二三产业，壮大村集体经济。村集体经济组织主导型特色产业扶贫模式，是指村集体经济组织通过整合土地、劳动力等生产要素，以及自然环境、人文景观等资源优势，利用财政下拨的扶贫资金（衔接资金），采用土地入股、存量折股、增量配股等多种方式，推动村集体土地股权化、资产股份化，根据实际发展情况探索社会化服务、电子商务、乡村旅游等农村一二三产业融合发展的新业态。根据不同的资源禀赋，村集体经济组织主导的三产融合有不同的发展模式。村集体经济组织主导型农村三产融合发展的模式本质上是整合农村资源资产资金，挖掘农村发展潜力，突破单一农业发展限制，通过特色产业融合，拓宽村集体经济组织经营收入来源，增强村集体经济实力，带动农民增收，打造农业可持续发展模式。村集体所拥有的资源可分为三类：一是集体所有的土地、林地、草地、荒地等资源性资产；二是经营所用的房屋等建筑物、机器设备、农业基础设施，集体投资企业及其名下的资产份额、无形资产等经营性资产；三是文化、教育、体育、卫生等用于公共服务的非经营性资产。这些是村集体发展的重要经济基础。村集体经济组织主导型特色产业扶贫实践模式，目前最大的困难是集体资产受到多种限制，无法转化为资本，成为无法利用或使用成本很高的低质资产。发展该种模式最需要的是有远见、有实力、有抱负的村集体组织领军人物，同时实施村集体产权制度改革，明晰所有权，放活经营权，落实监管权，确保收益权，也就是解决好人才问题和制度问题。本章将分别以阜平县骆驼湾村、张北县德胜村和新河县刘秋口村推进村集体经济组织主导特色产业扶贫模式的先进做法、适应条件、发展前景及存在局限等进行详细说明。

第二节 案例分析

案例1 阜平县骆驼湾村 | 牢记总书记嘱托，打造强村富民产业

一、基本情况

骆驼湾村位于阜平县龙泉关镇南部约4千米处，距阜平县城38千米，全村共277户576人。2012年12月底，习近平总书记到骆驼湾村看望慰问困难群众，决战决胜脱贫攻坚的号角在这里吹响。在各级党委政府的领导下，骆驼湾村民鼓足干劲，谨记总书记"因地制宜、科学规划、分类指导、因势利导"的扶贫开发思路，蹚出一条以乡村生态旅游为主线，食用菌、林果、休闲渔业等富民产业共同发展的脱贫

之路,于 2017 年底实现整村脱贫。几年来,骆驼湾村民牢记习近平总书记嘱托,在脱贫致富路上苦干实干,全村发生了天翻地覆的变化,全村人均可支配收入由 2012 年的 950 元增长到 2019 年的 11 239 元。驻村工作队第一书记刘华格说:"骆驼湾最大的变化,就是依靠集体经济,发展起多种产业,让全村人靠着绿水青山走上了致富路。"

二、主要做法

(一)生态旅游扶贫。骆驼湾村,地处暖温带半湿润地区,属于北温带大陆性季风气候,四季分明,平均海拔 1 000 米以上,森林覆盖率达 64.7%,夏日有冰瀑可观,年均气温为 9.6 摄氏度,夏秋季节平均气温远低于周边都市,堪称避暑胜地。骆驼湾村依托美丽乡村和生态环境基础,围绕绿色旅游和红色旅游两大主题,成立了阜平县顾家台骆驼湾旅游发展有限责任公司(2012 年更名为阜平县顾家台骆驼湾文化发展有限责任公司),租赁农户房屋,价格为 100 元/平方米/年,共计 70 户,总面积 6 274 平方米,统一装修并交由北京寒舍旅游投资管理集团有限公司运营。在打造高端民宿的同时,配套建设接待中心、美食街、茶室、年画馆、豆腐坊、面食坊、土特产商店等。通过发展乡村旅游,骆驼湾村激发村民脱贫的内生动力,增加村集体收入,带动相关产业发展,村民获得房屋租金、旅游业打工工资、土地流转金等多项收入。从业人员中包括建档立卡贫困户 49 人,每人每年增加就业收入 2 万元。骆驼湾村充分利用村内优质水源,发展冷水鱼养殖。在驻村工作队的努力下,由河北省农业农村厅扶持的休闲渔业项目在村内落地。骆驼湾村与河北省淡水鱼创新团队对接,协调价值 2 万元的虹鳟、金鳟鱼供游客观赏。目前,骆驼湾村已组织过两届垂钓比赛,垂钓散客日渐增多。骆驼湾村将进一步宣传渔业文化，逐步丰富休闲垂钓、亲子体验等活动。目前，骆驼湾乡村旅游融入了避暑度假、休闲采摘、农耕文化体验、生态休闲、党课教育、脱贫攻坚成果展示等功能，针对家庭出行、公司团建、党政机关和社会团体参观考察提供不同的线路和产品，让人们在与大自然互动、与家人交流、与朋友小聚时，感受乡村安宁美好的生活。骆驼湾周边景区众多，如五台山、天生桥国家地质公园天生桥瀑布群、城南庄晋察冀边区革命纪念馆、花山村毛主席旧居等，利用区位优势，串点连线，打造连接附近景区的旅游路线。

（二）食用菌产业扶贫。骆驼湾村在荒滩上建成香菇大棚75座，带动本村及周边群众147人包棚、务工，平均每棚年利润3万元左右，务工每人每年增收1万元。骆驼湾村邀请河北省现代农业产业技术体系食用菌创新团队专家定期指导，通过提纯复壮菌棒，使其更加适应当地气候，提高产量，每棒平均比往年多出2两菇、多收入1元左右，产业效益进一步提高。骆驼湾将建设高端温室大棚，增加参观和采摘项目，让游客有更好的游玩体验。

（三）高效林果扶贫。骆驼湾村开发苹果、樱桃等高效林果350亩，带动该村18人常年务工，每人每年增收1万元；带动80余人季节性务工，每人每天收入100元。经过近几年的发展，目前高山苹果已进入高产期，达到80%挂果，产出的苹果品相好、口味甘甜，供不应求。骆驼湾将围绕游客"后备箱"工程，对苹果等产品进行包装升级，使其成为游客能带走的馈赠佳品。

三、取得成效

作为保定市乡村振兴示范区，骆驼湾村民始终不忘总书记嘱托，继续发扬老区人民勤劳肯干的精神，凝心聚力，砥砺前行。通过不懈努力，乡村旅游强势开局，食用菌、高效林果、休闲渔业等产业蓬勃发展，骆驼湾村全面完成脱贫攻坚任务，成功实现小康社会，乡村振兴的道路越走越宽广。骆驼湾村党支部书记顾瑞利说："现在党的政策越来越好，我们要继续增加集体和农民收入，推进美丽乡村建设，实现乡村振兴，更好的日子还在后头呢。"

四、案例点评

骆驼湾村的特色扶贫产业是从发展一产食用菌、林果、休闲渔业等富民产业做起，然后围绕绿色旅游和红色旅游两大主题，成立了阜平县顾家台骆驼湾旅游发展有限责任公司，租赁农户房屋进行改造，并交由第三方北京寒舍旅游投资管理集团有限公司运营。在打造高端民宿的同时，骆驼湾村配套建设接待中心、美食街、茶室、年画馆、豆腐坊、面食坊、土特产商店等。骆驼湾村创造了"农业＋乡村旅游＋运营公司＋农户"模式，激发了村民脱贫的内生动力，增加了村集体收入，带动了相关产业发展，村民获得房屋租金、旅游业打工工资、土地流转金等多项收入。该模式整合了当地资源资产资金，明晰了所有权，解决了缺乏相关人才的问题，通过乡村旅游带动了一、二产业的发展，确保村集体和农户的收入。该模式的推广和复制，资源、资产、资金、人才是关键。

案例2　张北县德胜村 | 改输血为造血，产业助力村蜕变

一、基本情况

位于河北省坝上地区的张北县小二台镇德胜村曾是一个贫困村，

2013年，全村共有建档立卡贫困户212户445人，贫困发生率为37.8%。2017年1月24日，习近平总书记来到德胜村看望慰问基层干部群众。近年来，德胜村牢记习近平总书记的亲切关怀，将特色扶贫产业发展作为治本之策，因地制宜探索精准脱贫的有效途径，形成了以马铃薯种植、光伏、民宿旅游为主导的特色产业发展模式，确保"家家有脱贫门路、户户有脱贫产业"。

二、主要做法

（一）龙头企业带动马铃薯种薯产业扶贫。2017年，在政府扶持下，德胜村建成了规模达300亩的马铃薯微型薯育种园区，项目总投资约1 524万元，新建育种大棚280个（每个大棚占地0.6亩），并完成园区内砂石路、配套灌溉设施、水电设施、停车场等的建设。大棚及相关配套设施属村集体所有，村委会委托合作社统一管理，村民承包自主经营，所得租金用于租赁土地、补偿无能力经营大棚的贫困户。大农种业有限公司承包了德胜村马铃薯微型薯育种园区的80个育种大棚，引进培育了10多个马铃薯品种，并将收益好的品种推荐给村民，引导村民种植品质优良的马铃薯，向村民提供无偿技术服务和培训，让群众生产出优质马铃薯，帮助农民销售马铃薯，解决了老百姓种植的后顾之忧。在大农种业公司的帮扶下，村民们走上了可持续发展的产业路，三年来，每个大棚年均收入2万元左右。

（二）农光互补发展生态旅游扶贫。此项目推行"农业+光伏+旅游+贫困户"的扶贫模式，总投资450万元，争取到河北省工业和信息化厅资金20万元，整合扶贫资金70万元建设村委会院内100千瓦光伏电站。张家口亿源新能源开发有限公司投资360万元建设400千瓦光伏电站，捐赠给德胜村。年发电量75万度，2017年光伏收入62万元，

2018年收入72万元。光伏收益用于对未脱贫户兜底和边缘户巩固及孝善基金的设立。其中未脱贫户每户每年增收3 000元，边缘户每户每年增收1 000元。农光互补生态建设项目占地2 600亩，总投资4.35亿元，由张家口亿源新能源开发有限公司投资建设，以50兆瓦集中式光伏扶贫电站与光伏板下种草、种中药材为特色的农光互补项目。该项目根据坝上气候特点，采用小型农机具耕作的方式，种植黄芪、黄芩、防风、柴胡等耐旱中药材620亩，种植苜蓿1 800亩，实现了光伏发电与生态种植的有机结合。

（三）改善人居环境，建设美丽乡村。按照习近平总书记"一手抓产业培育、一手抓基础设施条件改善"的指示，德胜村拆除了徐家村、马鞍架两个旧自然村，民居改造采取企业代建、政府补贴土地出让金的办法进行集中建设，并在徐家村前统一规划建设风格独特、舒适宜居的德胜新村。目前德胜村共建成民居96套并分配到户，同时还建成了村史馆、文化广场、村委会、幸福互助院和幼儿园。德胜村结合新建民宿，打造集休闲度假、生态观光为一体的民俗旅游示范村。行走在德胜村的小巷，"油果子店""豆腐坊""麻花铺""手工粉条""德胜红烧肉"等招牌非常醒目。其中，"老王微民宿"的招牌格外引人注目，老王媳妇孙桂英，去年7月份搬进了德胜村的新居，她瞄准北京游客休闲度假的需求，在村里破天荒地干起了民宿，并在美团上推出系列活动，三个多月的时间就赚了两万多块钱。老王微民宿成了全村可复制、可推广的样本，从无到有，从有到多，去年全村开了多样化的民宿20多家，成为北京自驾游的坝上首选地，这只是德胜村蜕变的一个小小缩影。

三、取得成效

德胜村实现了经济、生态、社会效益三丰收。一是经济效益。村民通过流转土地，每年每亩稳定收益500元；村民通过清扫光伏板、种植药材等就近打工，人均年收入增加2 000元；光伏电站收益可惠及建档立卡贫困户2 000户，每户每年收益3 000元。二是生态效益。在光伏板下种植中药材和经济作物，不仅提高了土地利用效率，有利于植物茂盛生长，同时避免了水分过分蒸发，对涵养水源起到了积极作用。三是社会效益。该项目已成为德胜村的一大特色旅游景点，将与采摘农业、休闲度假一起，助力德胜新村成为融"田园、乐园、家园"为一体的新型田园综合体。如今，德胜村党员群众脱贫致富干劲十足，村里推广马铃薯种植，兴办民宿旅游，建设光伏发电项目，2019年人均纯收入达1.37万元，比2016年翻了一番。通过实施精准扶贫，共有211户442人脱贫。贫困发生率从2013年的37.8%降至2019年的0.17%。同时，整合搬迁附近两个自然村，统一规划建设德胜新村，高水平配套建设基础设施。

四、案例点评

德胜村按照习近平总书记"一手抓产业培育、一手抓基础设施条件改善"的指示，在政府扶持下多方筹资，建成了规模达300亩的马铃薯微型薯育种园区，张家口亿源新能源开发有限公司帮助其建起了400千瓦的村级光伏电站，民居改造采取企业代建、政府补贴土地出让金的办法进行集中建设，并在徐家村前统一规划建设风格独特、舒适宜居的德胜新村，开创了"农业+光伏+旅游+贫困户"的特色产业扶贫模式。该模式利用当地资源招商引企，解决了缺产业、缺技术、缺资金和缺销路的问题，一产设施农业生产马铃薯，二产农光互补生产中药材，三产利用冷凉的气候发展民宿旅游，实现了一二三产融合发展，壮大了村集体经济，增加了农户收入。

案例3 新河县刘秋口村 | 党建引领促发展，集体经济稳增收

一、基本情况

刘秋口村现有392户936人，是河北省邢台市新河县一个普通村庄。常年以种植小麦玉米为主，因为缺技术、缺产业、缺资金，一直难以摆脱贫穷。2013年，刘秋口村贫困发生率高达21.8%。近年来，刘秋口村通过党建引领脱贫攻坚，充分发挥党组织和党员的引领和示范带动作用，把党组织建在产业链上，把党员聚在产业链上，让群众富在产业链上，推行"党支部＋企业＋合作社＋党员＋农户"的立体化组织模式，党员亮身份、做承诺、树形象，规模化发展香菇、土鸡、非洲雁等特色产业，既持续壮大村级集体经济，又带动当地贫困户实现了稳定脱贫。

二、主要做法

（一）发展特色产业，提高土地产出效益。刘秋口村是传统农业村，常年种植小麦玉米作物，但小麦玉米效益偏低，群众增收缓慢，为加快群众致富，刘秋口村党支部积极寻求特色致富产业。2015年，在精准扶贫政策指导下，刘秋口村依托产业扶贫资金和该村300余亩的环村林网，与香河县百运达食用菌种植园达成种植协议，建成简易香菇大棚90个，配备110平方米冷库1座、烘干设备2套。2017年

底，刘秋口村利用新华社帮扶资金建成高标准温室大棚8个，2019年建造新华社援建二期项目——鱼菜共生大棚，注册了"嘉丰绿元"商标，年产香菇20余万斤，养殖3万尾武昌鱼，村集体年收入20万元，为村民（贫困户）提供就业岗位20个，有效增加了贫困户家庭收入。

（二）示范带动发展，促进贫困户增收。刘秋口村紧紧围绕党支部这个"战斗堡垒"，在新华社扶贫工作队及县委办驻村工作队的帮扶下，健全完善了村党支部、村委会、村代会、村监会、村经济合作组织"五位一体"治理架构，规范了"三会一课"、"双述双评"、党员"亮身份"等制度，充分发挥本村原有种植专业合作社作用，实施"党支部＋合作社"模式，发展本村致富产业。刘秋口村通过开展"党员带富""双培双带"等活动，充分发挥党员、致富带头人在脱贫攻坚中的示范引领作用。刘秋口村村委会外的"致富墙""带富榜"十分引人注目，在干净道路、整洁民居的映衬下，成为一道独特的风景。党员刘同民的事迹就在榜上。几年前，他抓住修建青银高速公路的机遇，承包了该高速公路新河段绿化管护业务，并将其发展为带动村民脱贫致富的好项目。他牵头组建了20余人的绿化服务队，为本村10多名老弱村民提供了稳定的就业岗位，仅此一项，每人每年可增收万余元。在党员带动下，刘秋口村成立了新河县运鸿种植专业合作社，组织全部村民入社，通过做好小麦玉米收割，发展致富产业，带动村民增收。2016年，为了提高农民种植小麦的附加值，延伸产业链条，增加村集体收入，合作社发展石磨面粉加工产业，主要生产全麦面粉，年产面粉10余万斤，农户每亩可增收300元。2019年，合作社引进了笨鸡、非洲雁养殖项目，林下饲养笨鸡、非洲雁，养殖笨鸡3 000只、非洲雁1 000只，年产鸡蛋20万枚、雁蛋10万枚，年收入10万元。

（三）整村农户覆盖，全面政策扶持。刘秋口村通过合作社组建了专业服务队,形成了统一供种、统一供肥、统一耕种、统一管理、统一浇水、统一收割、统一回收的"七统一"农业生产模式,农户一方面节约了劳动力,腾出时间打工;另一方面节省了农田投入,每亩可节约投入成本150元。2016年,刘秋口村得到河北农业大学的帮扶,建设1 600亩优质小麦育种基地,培育冀麦新麦等良种,每亩地可以增收小麦200多斤。刘秋口村与河北绿丰种业有限公司签订协议,将每年收获的小麦全部销售给该公司,该公司以高于市场价0.2元的价格收购,每亩地多收益300余元。2018年,刘秋口村利用扶贫资金建设了一座村级光伏电站,光伏收益大多用于贫困户,对有劳动力的贫困户进行聘用,如保洁员、护路员,发放工资;对无劳动力的直接补贴到户,帮助贫困户增收。2019年,刘秋口村继续发动群众,完成土地流转1 800亩,每年每亩分红800元,把劳动力从土地劳作中解放出来,劳动力可以通过外出打工增加家庭收入。

三、取得成效

在扶贫资金扶持,党支部、合作社和县委办公室驻村工作队、党员致富带头人的带动下,刘秋口村贫困群众通过流转土地收租金、入社打工挣薪金、入股经营分股金,实现在家门口稳步脱贫增收。2018年,刘秋口村完成贫困村摘帽,2014—2019年累计脱贫93户201人。

四、案例点评

刘秋口村把党组织建在产业链上,把党员聚在产业链上,让群众富在产业链上,推行"党支部+企业+合作社+党员+农户"的立体化组织模式,依托产业扶贫资金和当地资源,发展特色扶贫产业,实现农村三产融合发展，充分发挥村集体"统"的作用，形成统一供种、统一供肥、统一耕种、统一管理、统一浇水、统一收割、统一回收的"七统一"农业生产模式，解放了农村劳动力，贫困群众有了租金、薪金，股金"三金"收入，刘秋口村发挥了党支部的战斗堡垒作用，壮大了村集体经济，发挥了党员的先锋模范带头作用，让农民在家门口增加收入，实现稳步脱贫。

第十章

农业龙头企业特色产业扶贫实践模式

第一节　农业龙头企业特色产业扶贫实践模式

农业龙头企业是推进特色产业扶贫模式发展的重要力量，农业龙头企业通常是以盈利为目的的，从事农产品生产、收购、加工和销售一体化经营，其规模和各项营业指标在农业类企业中均处于领先地位。农业龙头企业主导型农村三产融合发展，是指以农产品加工环节或流通环节的龙头企业为主体，向产业链下游延伸，与农户或农民合作社合作建立生产基地，形成覆盖农产品生产、加工和销售全过程的一二三产业融合发展态势。一般来说，龙头企业具有资金、技术等多方面优势，可通过其发达的营销网络将小农户与大市场连接起来，促进产供销一体化发展，实现多方共赢。龙头企业主导型三产融合主要包括"龙头企业+农户""龙头企业+基地+农户""龙头企业+合作社+农户"等几种模式。龙头企业主导型的产业融合，本质上是通过龙头企业将先进的生产技术与管理方式引入农村传统的生产模式中，引领农村产业发展，带动农民增加收入。这种类型的特色产业三产融合模式成功的概率较大，具有可复制性，当然也需要几个发展的先决条件。一是企业要具有较强的经济实力、管理能力和抵抗产业融合失败的风险能力；二是企业要具有市场核心竞争力，有一定的品牌影响力和完善的销售网络；三是企业要与合作社、农户共同商议，确立好运行机制和利益分配机制，充分发挥合作社或村集体的纽带作用，促进双方建立良好的信任关系，降低农户与企业的交易成本。本章以临城县、威县和阳原县的农业龙头企业为典型案例，对农业龙头企业主导推进特色产业扶贫实践模式的具体做法、适应条件、发展前景及约束条件等展开分析。

第二节 案例分析

案例1 临城县 | 核桃产业"四位一体"带动贫困户就业创业

一、基本情况

临城县致力于"小核桃撑起大梦想"，把发展核桃产业作为脱贫攻坚的主导特色产业，培育出一批以河北绿岭果业有限公司为代表的龙头企业，创新推行科技支撑、示范带动、产业延伸、市场引领"四位一体"核桃产业扶贫模式，带动贫困户就业创业，为全县脱贫出列做出重要贡献。2019年10月，河北绿岭果业有限公司（以下简称"绿岭公司"）被全国工商联、国务院扶贫办授予全国"万企帮万村"精准扶贫行动先进民营企业荣誉称号。

二、主要做法

（一）坚持科技支撑，积极研发新品种，推动核桃产业发展。一是探索"政产学研"科技机制创新。推行以政府主导、本地企业为投

第十章 农业龙头企业特色产业扶贫实践模式

资主体、科研院所研发成果共享的"政产学研"合作机制,形成以企业为主体、创新需求为导向、科技政策激励为支撑的科技成果转化新格局。选育出拥有自主知识产权的"绿岭""绿早"薄皮核桃新品种,建成河北省核桃工程技术研究中心、河北省(邢台)核桃产业技术研究院两个省级研发机构。二是构建省力化栽培管理技术体系。在河北农业大学李保国教授团队指导下,选育"绿岭"薄皮核桃,每年繁育优质薄皮核桃苗木600多万株,有力促进了优质薄皮核桃产业发展。绿岭公司承担国家级科技攻关项目10项、省部级项目15项,制定《绿色食品·薄皮核桃》《绿色食品·核桃生产技术规程》两个地方标准,集成开发出以"省力化栽植、省力化病虫害防治、省力化树形管理、省力化土肥水管理、省力化加工"为核心的核桃省力化栽培管理技术。三是打造"科技服务队"技术推广模式。组建李保国科技扶贫服务队开展志愿服务活动,免费为核桃种植户传授种植管理知识。深入全县乡村组织培训56场8 000余人次,先后到江苏、河南、新疆等10余省(自治区、直辖市)370个县,讲技术、解难题、搞培训,现场答疑解惑,为当地培训技术骨干。

(二)坚持示范带动,探索合作新模式,引领农户脱贫致富。推广"树—草—牧—沼"生态种养模式。河北绿岭果业有限公司先后引进推广节水灌溉、黑光灯防虫、省力化管理等10余项农业技术,采取"树—草—牧—沼"立体循环农业模式,为农业可持续发展创出了一片新天地。企业依托万亩薄皮核桃林种植基地,吸引县内外广大种植户现场学习核桃树管理技术。一是创新"政府+龙头企业+扶贫投融资平台+贫困户"融资模式,成立县扶贫投融资平台,和贫困户签订股份合作协议,每户以入股扶贫资金1万元投入扶贫投融资平台,扶贫投融资平台入股绿岭公司,按照保底收益+按股分红方式,每年保底收益为贫困户入股资金的10%(即1 000元)。二是推行"公司+

合作社+基地+农户"经营模式,建立统一提供优质苗木、统一核桃树管理技术、统一核桃树种养模式、统一生产物料供给、统一核桃品牌、高于市场价回收核桃的"五统回收"利益联结机制。

(三)坚持产业延伸,提高产品附加值,促进农户就业增收。一是打造"核桃+车间"模式。全县建有初级加工点36家,核桃深加工企业4家,建成核桃乳等8条深加工生产线,年加工核桃原果5万吨,农副产品加工率达85%以上。绿岭公司向贫困群体提供就业岗位,每年雇佣周边临时用工10万余人次,提供就业岗位300余个,年发放工资1 800多万元。绿岭公司设立30多个核桃仁加工扶贫车间,以每人每天工作6小时测算,每月可增收1 800元。二是打造"核桃+园区"模式。推进薄皮核桃产业发展园区建设,种植薄皮核桃5.1万亩,年产薄皮核桃原果1.2万吨,园区入驻绿岭、绿蕾、丰盈等12家企业、67家合作社,合作社覆盖率达93%。园区农作物耕、种、防、收综合机械化率达80%以上,良种覆盖率达到100%,产业化经营率达93%。三是打造"核桃+文旅"品牌。建成集餐饮、休闲、娱乐、体验于一体的"中国核桃小镇"、长度达42千米的"绿色骑行"专用道,以及李保国科技馆、核桃博物馆。"凤凰岭和美文化的传说"入选邢台市第六批非物质文化遗产名录。临城县被评为河北省整体推进农村一二三产融合发展试点县。

(四)坚持市场引领,拓展营销新平台,带动农户电商创业。一是工业设计让食品加工"点石成金"。作为全省唯一的核桃全产业链企业,绿岭公司与河北朗盟工业设计有限公司、新农创(北京)科技集团有限公司签订战略合作协议,通过"品牌+产品+营销"的设计理念,对其产品、包装进行升级,"卡卡""多味核桃"等新产品或换新包装产品一经上市便广受青睐。二是电子商务让群众踏上"致富快车"。建立电商平台分销体系,免费开展电商知识培训,实现手机端开设个人网店、上架产品、推广销售一条龙。三是品牌营销让核桃企业"群芳吐绿"。依托绿岭、绿蕾、蓝天、丰盈四大生产种植区，打造核桃小镇、富硒农场、绿廊绿道等特色农业旅游示范点。发挥全国休闲农业与乡村旅游示范县、河北省整体推进农村一二三产融合发展试点县等优势，拓展核桃产业旅游功能，连续9年举办绿岭·中国核桃文化节，实现核桃与文化、旅游的联动发展。

三、取得成效

河北绿岭果业有限公司依靠科技力量和政府、企业、电商、农户合作，让荒山变绿岭，延伸产业链，推进农村一二三产业融合发展。截至2019年底，带动全县种植薄皮核桃26万亩，涉及贫困村74个、从业贫困户6 000多户、从业人口近2万人。全县开设分销商铺3 000余个，农产品网络零售额达1 234万元，连续3年"双十"单日销售额突破100万元。

四、案例点评

临城县致力于"小核桃撑起大梦想"，主要通过龙头企业带动、政企通力合作，实现三产融合发展带动乡村振兴。农业龙头企业依托当地资源禀赋，开发出具有核心竞争力的主导产品，发展具有区域特色的核心产业，这是产业融合发展的关键。临城县重视产业链和价值链的拓展，探索产业多元发展的可能性，在李保国团队的引领下，各地因地制宜，也探索出各具特色的产业融合路径。该模式并不严格依靠单一产业基础，而是需要政府的大力支持，需要有实力雄厚、技术领先的龙头企业带动，企业解决资金和技术问题，政企配合缺一不可，政府是企业最坚实依靠，企业是最为活跃的市场主体。该模式在发展过程中推进经济效益、社会效益和生态效益协调统一，注重标准化发展及文旅融合发展，总体产业分布较为均衡，发展前景较好。如果将该模式推广到其他地域，需要注意：强有力的政府支持和资金、技术领先的龙头企业缺一不可，缺乏主体带动的地区不适合该模式。

案例2　威县 | "共享共建"立龙头，产业发展兴三农

一、基本情况

威县引进君乐宝乳业集团有限公司（以下简称"君乐宝公司"），投资5亿元建成君乐宝威县第一牧场，同时引进行业龙头企业黑龙江艾禾生态科技股份有限公司（以下简称"艾禾公司"），为牧场提供优质饲草。2017年，威县创新资产利益联结机制，力促脱贫攻坚与项目建设结合，建设投资6.5亿元的君乐宝威县第三牧场（以下简称"第三牧场"）和投资5亿元的年产16万吨乳品深加工项目，辐射带动赵村镇及周边5个乡镇175个村（其中包含65个贫困村）。

二、主要做法

（一）运作"四资"，破解产业发展要素制约。整合资源、资产、资金，实施资本化运作，解决君乐宝项目建设的土地和资金难题。威县大力推进农村土地"三权分置"改革，创新土地流转方式，即村委会与村民签订农村土地承包经营协议，将土地经营权转化为集体形式，再由村委会与企业签订《土地流转合同》，落实村集体所有权，稳定农户承包权，按照每亩每年800斤小麦市场价标准给予农户土地

第十章 农业龙头企业特色产业扶贫实践模式

流转费,将4万亩流转土地经营权统一移交艾禾公司。

(二)明确"四权",构建现代农业产权制度。明确政府主导权、企业经营权、投资平台管理权、农户收益权,让贫困户优先参与进来,分享收益。一是政府主导权。县政府成立河北威州现代农业投资有限公司(以下简称"威州农投"),整合涉农资金,形成村集体股份。二是企业经营权。项目建成后,由君乐宝公司承包经营。每年按照威州农投固定资产总投资的10%支付租金,承租期满后可继续承租,或按照威州农投投资额度折股参股获取收益,也可一次性回购所有资产,用于参股贫困村户分红。三是投资平台管理权。县政府整合财政扶贫资金交由威州农投管理,让扶贫资金变股金,签订收益保护协议。四是农户收益权。第三牧场、君乐宝公司缴纳租金用于威州农投还本付息后,剩余资金由威州农投和合作社按照每人每年10%的收益进行分配。

(三)融合"四化",打造新型农业经营体系。以集约化生产为目标、专业化管理为手段、组织化经营为路径、社会化服务为保障。一是集约化生产。引进投资2亿元的艾禾公司饲草种植项目,将流转的4万亩土地交由艾禾公司统一经营。二是专业化管理。艾禾公司从提供草种、种植技术等各个方面实行专业化管理,饲草种植实现从种到收全过程机械化操作。三是组织化经营。君乐宝产业化项目把分散的6 000余户2.1万人的小农户生产组织起来,统一实施规模化种植和养殖。四是社会化服务。君乐宝项目实施以来,形成种植技术、运输、包装等新型社会化服务网络。

(四)推动"三合",加快农业扶贫园区发展。以资源整合、企业聚合、产业融合,推动乳业园区建设。一是推进土地流转。创新村委会集体收储方式,不到2个月的时间就完成土地流转1.2万亩,创造了君乐宝乃至全国业界"百日进牛"的新纪录。二是延伸产业链条。成功引进艾禾公司饲草种植项目，带动全县种植饲草13万亩，每年为君乐宝牧场提供青贮饲料近30万吨。三是推动三产融合。以现代化牧场建设带动乳业深加工、旅游休闲、商贸物流等二、三产业发展。

（五）统筹"三区"，建设"三生合一"特色小镇。统筹产业园区、新农村社区、旅游景区建设。一是规划产业园区。打造华北地区设施齐备的乳业园区，规划建设5个万头奶牛养殖基地、15万亩标准化饲草种植基地。二是建设新农村社区。以打造全国知名"乳业小镇"为目标，到2025年建成新型镇区1个、中心村5个。三是打造旅游景区。推动农业园区变景区，大力发展旅游观光业，建设4A级工业旅游景区。

三、取得成效

首先，农民生活摆脱了"土、累、贫"，走上了共同富裕之路。君乐宝公司、艾禾公司落户，培育了一批新型职业农民，有利于形成乡风文明、治理有效的社会环境和治理体系。农业生产实现从农民"单打独斗"向"抱团发展"，提高了劳动生产率和农业经营收益。农户成为现代农业产业链上的一个环节，实现了入企打工挣薪金，流转土地赚租金，参与入股分红金。

其次，农业产业摆脱了"弱、单、散"，走上了质量兴农之路。引进君乐宝乳业、艾禾农业等新型经营主体，撬动企业资本加大农田基本建设，大大改善农业生产条件，打破了过去"一棉独大"的产业结构，以财政扶贫到户资金入股合作社，合作社参股龙头企业，形成"龙头企业＋合作社＋贫困户"股份合作制经济组织，实现了由分散经营向适度规模经营转变。

再次，农村面貌摆脱了"脏、乱、差"，走上了绿色发展之路。威县大力推进政府推动力、龙头企业拉动力、合作社组织力、贫困户内生动力等"多方合力拔穷根"行动，引导君乐宝公司在建设牧场的同时配套建设13万立方米的沼气发酵池，初步形成了"奶牛饲养—沼气发电—沼液还田—饲草种植"生态循环链，实现了农业清洁生产和绿色发展。

最后，村集体经济摆脱了"无、弱、穷"，走上了集体振兴之路。威县实行"政府+龙头企业+合作社+农户+金融机构+科研机构"的"六位一体"产业扶贫模式。133个贫困村每年增加的4万元集体经济收入，主要用于村级环卫、安保、公益活动服务和养老护工等"特惠岗位"的支出，以及村公益设施建设维护、脱贫后相对贫困群众的救助等。这样，贫困村有了集体股权收入，壮大了农村集体经济。

四、案例点评

威县通过整合资源、资产、资金，实施资本化运作，解决了君乐宝项目建设的土地和资金难题。通过明确政府主导权、企业经营权、投资平台管理权、农户收益权，让贫困户优先参与进来，分享收益，构建了现代农业产权制度。以集约化生产为目标、专业化管理为手段、组织化经营为路径、社会化服务为保障，打造了新型农业经营体系。以资源整合、企业聚合、产业融合，推动乳业园区建设，加快了农业扶贫产业园区发展。统筹产业园区、新农村社区、旅游景区建设，以现代化牧场建设带动乳业深加工、旅游休闲、商贸物流等，以产业链的延伸，实现了一二三产业融合发展。如果将该模式推广到其他地域，需要注意：强有力的政府支持和资金、技术领先的龙头企业缺一不可，缺乏主体带动的地区不适合该模式。

案例3　阳原县 | "阳原驴"实业兴农，带动扶贫驴产业增收

一、基本情况

阳原县地处燕太山区，土地瘠薄、干旱少雨，农业生产条件差，是张家口坝下唯一的深度贫困县。全县总人口27万，农业人口19.5万，其中建档立卡贫困人口55 739人，贫困村183个。2020年2月，阳原县摘掉了贫困帽子。阳原县有悠久的养驴历史和产业基础，早在20世纪60年代，阳原县被国家确定为军骡繁殖基地。张家口桑阳牧业有限公司（以下简称"公司"）成立于2017年7月，注册资金3 000万元，以种驴繁育、养殖技术研发和技术推广、驴奶等产品全产业开发为主营业务。依托阳原县委、县政府发展特色养驴产业政策，公司通过招商引资方式入驻阳原，通过养驴产业带动贫困户脱贫增收，成效明显。

二、主要做法

（一）政策支持。养驴产业是阳原县委、县政府贯彻落实国家有关产业政策，根据全县产业扶贫工作需要确定的特色扶贫产业，也是张家口市委、市政府2019年确定的全县长效扶贫特色产业。具体措施如下：一是强化组织保障。成立由县委书记任组长、县政协主席任常务副组长的驴产业推进工作领导小组，在农业农村局设立推进办，各乡镇书记主抓，相关部门密切配合，形成全县"一盘棋"工作推进机制。二是制定驴产业发展政策。站位全局做好顶层设计，强化科技支撑，防范养殖风险，推动驴产业健康发展，出台《阳原县养驴产业推进方案》《阳原县关于养驴产业发展的扶持办法》《阳原县养驴产业

发展实施细则》等政策文件,全力支持全县养驴产业发展。三是引入金融保险支持。阳原县政府印发《2018—2019年度养殖产业保险保费补贴办法》,专门请保险公司定制了特种养殖保险,三河市帮助阳原县在驴保险服务上开创先例,提高了驴产业抵御风险能力,为小毛驴托起大产业起到保驾护航作用。

(二)企业带动。为加快阳原养驴产业发展和群众增收脱贫,公司与阳原县人民政府和山东东阿黑毛驴牧业科技有限公司进行战略合作,进行张家口市阳原县驴园育繁基地建设和全产业开发,张家口市将其列入重点项目。该项目一期工程为良种繁育中心,位于阳原县化稍营镇,总占地271.82亩,总投资20 130万元,其中圈舍及配套设施投资3 839.59万元,总建筑面积50 188.91平方米,设置采精大厅、技术工作室、配种站、分娩圈舍、亲子圈舍等繁育设施。基地总容量为10 000头,年出栏优质种驴4 000—5 000头,目前,已引进能繁母驴2 000头,种公驴28头。公司与阳原县人民政府合作建成阳原县良种驴繁育中心,配套繁育设备42台(套)。同时基地引进全国24个优良的驴种质资源,进行选育和优良品种推广工作,培育适宜本地养殖的优质乳用型、肉用型、乳肉兼用型驴品种,为本地提供优质改良驴(桑阳驴),改善本地驴品种结构,对阳原驴产业的发展起到引领促进作用,尤其是培育乳肉兼用新品种,奶驴每年每头平均效益达万元,育肥驴头均效益2 000元左右,同时可带动全县农作物秸秆和粮食转化,促进驴奶驴肉产业快速发展。

(三)联农带贫。一是公司积极发挥企业人才、技术、资源优势,参与联农带贫。公司接受扶贫入股资金1 407万元,带动贫困户3 297户,覆盖化稍营镇22个村、贫困人口5 157人。建档立卡户集体自愿与村委会签订入股分红协议,由村委会统一将入户资金委托扶农公司管理,扶农公司将资金整合起来,与公司签订资金运营协议,将扶贫资金注入公司，约定以1.5倍固定资产抵押担保，确保资金安全，使用期为5年，到期归还，公司按照规定期限每年按比例支付固定收益为贫困户分红。二是创新家庭经营辅导模式，发展家庭养殖场。开展家庭经营辅导，着重发展家庭养殖场，通过"政府＋龙头企业＋专业合作社＋家庭养殖场"模式，形成企业、专业合作社和家庭养殖场一体化运作的联合经营体制，通过统一购进和调配基础母驴，统一进行采精配种，统一开展技术服务和防疫灭病，统一组织养殖保险和活体抵押贷款，统一收购养殖产品和对接市场等政策措施，促进全县扶贫驴产业发展。

（四）全产业链开发。为解决好农产品加工转化和对接市场问题，作为配套产业，公司在2019—2020年度，新上挤奶和驴奶加工生产线，年加工驴乳2 000吨，投资288万元建设挤奶大厅，已经完成奶加工厂选址和前期设计工作，投资160万元饲料加工厂项目已投入试运行。公司将深入挖掘打造驴文化，形成系列化的标准养殖、观光体验、科普宣传、保健养生、特色饮食、乡村风情等综合文化产品，完善全产业开发链条，形成富有文化内涵的健康产业，打造驴业小镇和美丽乡村。

三、取得成效

该基地每年可出栏优质种驴4 000—5 000头，成为阳原县乃至我国北方地区优质种驴繁育和养殖技术推广中心。2019年已向贫困户分红100万元，涉及化稍营镇22个村，联结贫困户1 903户，覆盖贫困人口5 157人。通过"政府＋龙头企业＋专业合作社＋家庭养殖场"模式，打造40个500头规模的家庭养殖场、200个小规模普通家庭养殖场。全县驴存栏量3年内增加到5万头以上，带动贫困户3 000户，覆盖贫困人口6 000人。

四、案例点评

阳原县利用"阳原驴"品牌优势,制定扶贫驴产业政策,招商引资引企引技,通过扶农投资公司,整合资金、折股量化、参股投放、统一建设、合规经营、利益共享,建立"政府+龙头企业+专业合作社+家庭养殖场"模式,打造防范养驴风险机制,推动一二三产业融合发展,让太阳照在桑干河畔。如果将该模式推广到其他地域,需要注意:强有力的政府支持和资金、技术、品牌领先的龙头企业缺一不可。

第十一章

农业产业化联合体特色产业扶贫实践模式

第一节 农业产业化联合体特色产业扶贫实践模式

农业产业化联合体(以下简称"联合体")主导的特色产业扶贫实践模式,是由一家龙头企业牵头、多个农民合作社和家庭农场参与、用服务和收益联成一体的产业新形态。联合体是农业产业化发展到新阶段的必然产物。当今市场的竞争已不是单个主体的竞争,而是整个产业链的竞争。在农业产业化快速发展过程中,龙头企业从最初发展订单农业、指导农户种养,到自己建设基地、保障原料供应,但是由于农业生产监督成本较高,难以快速扩大规模。发展农业产业化联合体,能够让家庭农场从事生产,农民合作社提供社会化服务,龙头企业专注于农产品加工流通,从而形成完整的产业链条。众多农业主体应如何联合?联合体以龙头企业为主导、家庭农场为基础、农民合作社为纽带,各成员具有明确的功能定位。与家庭农场相比,龙头企业管理层级多,生产监督成本较高,不宜直接从事农业生产,但是龙头企业在技术、信息、资金等方面优势明显,适宜负责研发、加工和市场开拓。与龙头企业相比,合作社作为农民的互助性服务组织,在组织农民生产方面具有天然优势,而且生产服务环节可以形成规模优势,合作社主要负责农业社会化服务。家庭农场拥有土地、劳动力，主要负责农业种植养殖生产。农业产业化联合体的优势在哪里？长期稳定的合作关系和要素的相互融通，是联合体与传统订单农业的重要区别。联合体各方不仅通过契约实现产品交易的联结，更通过资金、技术、品牌、信息等融合渗透，实现"一盘棋"配置资源要素。尽管联合体不是独立法人，但建立了共同章程，成员相对固定，实质上建立了长期稳定的联盟。这让各成员获得更高的身份认同，有助于降低违约风险和交易成本。当前农业产业化联合体正处于发展的初级阶段，不少联合体面临各种困难。从外部来看，农业融资难，制约瓶颈多；土地获批难，设施用地紧。尤其是信贷政策瓶颈难以突破，农业经营主体的土地不能抵押，资金短缺仍是多数联合体发展的制约。从内部来看，一些联合体的企业和农户之间利益联结稳定性有待增强，有效抵御自然和市场风险的能力较弱。本章以河北"政银企户保"金融扶贫模式、尚义县构建燕麦产业联合体联农带贫产业模式和平山县"七位一体"产业联合体孵化扶贫模式为典型案例，对农业产业化联合体主导推进特色产业扶贫的具体做法、适应条件、发展前景及约束条件等展开分析。

第二节 案例分析

案例1 河北"政银企户保"金融扶贫模式

一、基本情况

"要做好金融扶贫这篇文章"是习近平总书记对金融扶贫的重要

指示。近年来,河北省认真贯彻落实国务院扶贫办金融扶贫工作部署,坚持把金融扶贫作为打赢脱贫攻坚战的战略性举措来抓,充分发挥银行业、证券业、保险业"三驾马车"的合力攻坚作用,在隆化县试点示范的基础上,积极探索可复制、可推广的新模式,在全省开展了"政银企户保"金融扶贫,初步探索出一条以政府增信为依托、以信贷风险分担机制为核心、以多方联动为基础的特惠金融扶贫新路子,2016年在全国金融扶贫会议上做了汇报,"政银企户保"入选2018年扶贫日产业扶贫论坛发布的由农业农村部联合农业日报社选出的"全国产业扶贫十大机制创新典型"和中国保险行业协会首届"全国保险业助推脱贫攻坚十大典型"。

二、主要做法

(一)做好顶层设计,着眼发展"五位一体"特惠金融。没有好的金融服务和产品,就没有特惠金融扶贫目标的实现。2016年,河北省以落实扶贫小额信贷政策要点为突破口,按照定向、精准、特惠、创新的原则,统筹考虑政府、银行、企业、贫困户、保险公司等各方面利益,制定了《河北省"政银企户保"金融扶贫实施意见》,设定金融产品,细化服务措施,做好顶层设计。

"政",就是政府搭台增信。由政府主导,建设县乡村金融服务网络,发挥行政资源和社会资源优势,配合金融机构做好金融扶贫组织工作。发挥财政资金"四两拨千斤"的撬动作用,整合财政涉农资金,打捆设立担保基金、保险基金、风险补偿金"资金池",存入合作银行,为特惠金融扶贫提供增信支持。目前,全省62个贫困县(市、区)全部建立了"政银企户保"金融扶贫服务机制。

"银",就是银行降槛降息。一方面,通过竞争方式选择合作银行，激励银行降低扶贫贷款利率，为建档立卡贫困户、家庭农场、农民合作社、扶贫龙头企业和股份合作制经济组织等联农带贫企业发放脱贫产业贷款。另一方面，使用好人民银行扶贫再贷款，优先支持建档立卡贫困户和带动贫困户就业发展的龙头企业、农民合作社、家庭农场，积极推动贫困地区发展特色产业和贫困人口创业就业。2019 年前 10 个月，中国人民银行石家庄中心支行向贫困县县域法人金融机构发放扶贫再贷款 33.3 亿元。

"企"，就是企业带贫益贫。脱贫产业贷款承贷企业采取多种模式带动贫困户发展。根据企业和合作社带动贫困户的数量，由各县政府制定政策，筹措资金，以 3% 为贴息率上限，实行差别化贴息，带动越多，贴息越多。带动贫困户数达到 60% 以上的贴息 100%，带动贫困户数 30%—60% 的贴息 50%，带动贫困户数不足 30% 的不予贴息。同时，大力发展股份合作制经济组织，吸纳贫困人口以到户财政扶贫资金、土地等入股当股东，通过产业链建立企业与贫困户的利益联结机制，使贫困群众变成流转土地拿租金、入股联结分红金、入企打工挣薪金的"三金"农民。

"户"，就是贫困户承贷用款。全面落实扶贫小额信贷"5 万元以下、3 年期以内、免担保免抵押、基准利率放贷、财政贴息、县建风险补偿金"的政策要点，坚持贫困户参与和自愿的原则，拓宽用款渠道，提高贫困户发展能力。一是对符合贷款条件，有自主发展能力和产业项目的贫困户，通过户贷自用扶贫小额信贷"自我发展"扶贫产业。二是对符合贷款条件，没有适宜产业的贫困户，通过户贷社管发展模式，采取与家庭农场、企业、股份合作制经济组织合作，以合营方式发展扶贫产业。三是对加入股份合作制组织的贫困户，通过企贷户用发展模式，带动贫困户发展扶贫产业。

"保"，就是保险风险兜底。通过竞争方式选择合作保险公司，开办扶贫小额贷款保证保险,参与贷款风险分担,减轻扶贫企业和贫困户经营风险,当贫困户5万元以上的脱贫产业贷款和带贫企业脱贫产业贷款发生损失时,由担保基金、银行机构和保险公司,按照1∶1∶8的比例共同代偿贷款本息。

(二)加强统筹协调,着手建立"五力合一"扶持体系。充分发挥政府的推动力、银行的撬动力、企业的带动力、贫困户的内生动力、保险的风控力,提高贫困群众进入市场的组织化程度,多途径增加收入。一是切实发挥三级金融服务网络作用。组建县乡村三级金融服务网络,县设金融服务中心、乡设金融服务部、村设金融服务站,为贫困户和企业贷款提供便捷化服务,特别是乡、村两级,利用熟悉贫困人群情况、熟悉当地产业实际的便利条件,协助金融机构共同做好贫困户授信、贷款回收、贴息识别、公开公示与保险业务。三级金融服务网络解决了金融部门与贫困群众信息不对称问题,在降低金融机构运营成本的同时,实现了金融机构与贫困户、服务与需求、资金与产业的有效对接,提高了扶贫精准度,为金融服务扶贫脱贫工作提供了有力的组织保障。二是充分调动贷款相关各方积极性。面对建档立卡贫困户,银行为了规避风险,存在不敢贷不愿贷的思想顾虑,通过政府搭台增信和贷款风险分担机制,有效地解除了贷款风险,消除了银行担忧。县级政府通过政策性保险业务的合作服务,调动了保险公司开办扶贫小额贷款保证保险的积极性。贫困户获得免担保免抵押、基准利率、财政贴息、县建风险补偿的扶贫小额信贷,激发了脱贫的内生动力。推行"政银企户保"以来,县级合作银行进一步放宽建档立卡贫困户贷款年龄,普遍下调贷款利率,扶贫小额信贷统一执行基准利率放贷。三是全面增强扶贫龙头企业带动能力。河北省把特色产业列为精准扶贫精准脱贫八大专项行动之首,把扶持扶贫龙头企业发展摆到重要位置。按照企业管理规范、带动效果明显的原则,

2016年以来,省扶贫办认定了528家省级扶贫龙头企业,并实行动态管理。扶贫龙头企业通过吸引贫困户入股、租赁设施、务工等多种方式带动贫困户发展。通过县级金融服务中心,扶贫龙头企业可以获得脱贫产业贷款,为扶持扶贫龙头企业发展,增强联农带贫能力,银行普遍下调了贷款利率,幅度达24.6%—35.4%,扶贫企业在贷款环节减少了许多隐性成本。扶贫企业通过租赁、托管、订单等方式,与贫困户建立紧密的利益联结共享机制,带动了贫困群众增收致富,既让贫困群众在产业发展中增加收入,又保证贫困户成为脱贫产业贷款的最大受益者。四是积极探索贷款使用方式。除户贷自用模式外,对没有适宜产业的贫困户,实行"户贷社管"发展模式。对不具备借款条件的贫困户,实行"企贷户用"发展模式,严禁"户贷企用"。

"户贷户用"发展模式。为鼓励贫困户发展产业扶贫项目,优先发放扶贫小额信贷,由三级金融服务网络向责任银行推荐,银行直接放款。资金仍不能满足需要时,可按照规定申请"政银企户保"脱贫产业贷款。承德县鼓励贫困户安装分散式光伏电站脱贫,依托"政银企户保"发放扶贫小额信贷1 528万元,直接扶持1 128户贫困户,户均年增收3 000元以上,实现了长期稳定增收。

"户贷社管"发展模式。对于不具备自主发展能力或独立经营风险较大的贫困户,组织引导他们参加合作社,签订"贫困户、合作社、龙头企业、责任银行"四方协议,并明确贫困户贷款为优先资金,龙头企业利用自有资产对合作社的资产进行反担保。"户贷社管"有两种模式:一是户贷社管合作发展模式,就是贷款贫困户加入或抱团成立特色种养业、手工业专业合作社,合作社提供产前培训、产中指导、产后销售,让贫困群众在参与中学有标杆、干有标准,学习技术、学会经营,形成脱贫致富长效机制;二是户贷社管合营发展模式,就是贷款贫困户加入或抱团成立农民合作社,与龙头企业等新型

第十一章 农业产业化联合体特色产业扶贫实践模式

经营主体协作合营,成立新的经营主体,并确立贫困户的主体地位和合作社的经营主导权,充分发挥龙头企业等新型经营主体的资金、技术、信息、销售和服务优势,保证合作社和贫困户资金安全、收益稳定和生产就业能力的提升。滦平县贫困户申请 10 万元"菇农贷",用建好的微型菇棚资产入股承德振兴农牧专业合作社或滦平联卓泰农牧专业合作社,由合作社全托管并与扶贫龙头企业承德兴春和农业股份有限公司签订"保产、包收、保价"的供收运营合同,保证通过蘑菇销售货款偿还贷款,让贫困户无须投入即可获得生产运营收入。截至目前,共建蘑菇房 178 个,贷款总额 5 340 万元,直接带动 270 个贫困户,实现产业收入 1 068 万元。

"企贷户用"发展模式。企业是贷款主体,承担贷款风险,贫困户间接获得贷款。通过差别化贴息政策,完善了企业带动奖励机制,激发了企业参与扶贫的积极性,通过大力发展股份合作制经济组织,以企带村,以社带户,以大户带贫困户,着力提高贫困群众发展产业的组织化程度,走出一条"资金支持龙头企业发展、企业带动贫困户脱贫"的产业扶贫新路子。在这种模式的带动下,平泉市在实践中创新形成了贫困户投入零成本、就业零距离、经营零风险的"三零"模式。围场满族蒙古族自治县大力推行"一乡一企"(即一个乡镇所有贫困户由一家企业集中带动)、结对发展的带贫增收脱贫模式,围场满族蒙古族自治县塞罕坝帝园大酒店有限公司获得贷款 6 000 万元,在宝元栈乡发展种植基地,由贫困户种植莜麦、荞麦、小米等杂粮,酒店统一收购对外销售,累计带动贫困户 1 050 户,实现户均年增收 3 000 元。

(三)加强风险防控,着力构建"五项机制"工作格局。通过扶贫小额信贷风险补偿机制、银行风险分担机制、保险兜底机制、熔断机制和组织防范机制建设,切实加强扶贫贷款风险防控。各县按照扶贫小额信贷规模,足额设立风险补偿金。扶贫小额信贷实际发生损失形成坏账时，合作银行提出补偿申请、提交相关证明材料后，由合作银行和风险补偿金按 2∶8 比例分担。通过竞争方式选择合作保险公司，开办扶贫小额贷款保证保险，参与贷款风险分担，减轻扶贫企业和贫困户经营风险，当贫困户 5 万元以上的脱贫产业贷款和带贫企业脱贫产业贷款发生损失时，由担保基金、银行机构和保险公司，按照 1∶1∶8 的比例共同代偿贷款本息。当乡镇贷款不良率达到 3% 时，启动熔断机制，进行调查整改。发挥好基层组织的风险防范作用，通过贷前审核、贷中服务、贷后监管，降低金融风险。由乡镇党政主要领导、包村干部、驻村工作队成员、村"两委"干部和相关的市场经营主体负责人等五方人员，与金融机构信贷人员一起，组成"5+1"工作组，对有贷款意愿的企业、农民合作社和贫困户进行梳理，对其信用状况进行综合评估。由县担保服务平台汇总后提交县联审监管组进行评审，形成《评审意见书》。金融机构以全国个人信用数据库为平台，对贷款人进行严格审查。坚持特事特办，努力简化贷款流程，减少审批环节，实行"一站式"服务，对符合贷款条件的企业和个人，做到随批随放。"5+1"工作组跟踪贷款使用情况，避免"贷而不用、贷而他用"。大力宣传金融政策，让农户树立诚信还款意识，将贷款协议履行情况作为衡量借款人信用水平的重要内容记录在案。出现逾期时，银行会同县担保平台和保险公司，综合运用人情、制度、法律等多种方式，全力追偿。通过加强管理、严控程序，金融风险得到了较好防控。目前，全省扶贫小额信贷逾期余额仅占贷款总量的 0.1%。

三、取得成效

河北"政银企户保"金融扶贫模式，书写了新时代金融扶贫河北篇章，推动了特色扶贫产业发展和贫困群众增收。截至 2019 年 10 月，河北累计发放扶贫小额信贷366亿元,扶贫龙头企业贷款312亿元,带动200余万贫困人口增收脱贫。

四、案例点评

特惠金融扶贫不仅仅是金融问题、经济问题,更是政治问题、社会问题。河北实施"政银企户保"金融扶贫,贫困群众都说:"小额信贷实在好,有了政银企户保,贷款不用到处跑,安心只把生产搞。"一是金融扶贫必须由政府"操心",解决好"谁服务"的问题。政府是脱贫攻坚的责任主体,向贫困人口提供金融服务是个世界性难题,要走出一条有中国特色的金融扶贫之路,必须综合施策,勇于创新。实践证明,政府搭建了平台,提供了增信支持,就能为金融机构开展特惠金融扶贫提供有力的支撑。二是金融扶贫必须让银行"放心",解决好"谁来贷"的问题。没有银行的支持,单靠财政投入,特色扶贫产业很难有大的发展。"资金池"的各类资金增加了银行存款,贷款风险金降低了信贷风险,既解决了银行客户资源不足的问题,也解决了放贷信心不足的问题,使银行由"不敢贷"变为"主动贷",承担了社会政治责任。实践证明,只要有为政府和有效市场结合起来,把"两只手"都用活,就能够让银行在特惠金融扶贫中发挥更大作用。三是金融扶贫必须让保险公司"安心",解决好"谁担保"的问题。"担保难"是"贷款难、贷款贵"的重要原因,是金融扶贫的拦路虎。通过政府设立担保基金、保险基金,保险公司与政府、银行共同承担损失,极大降低了各方风险,解除了银行的后顾之忧。实践证明,只要政府勇于担当、善于担当,把多方的积极性调动起来,就能把"担保难"的问题解决好,如此一来,"贷款难、贷款贵"问题迎刃而解。四是金融扶贫必须让企业"上心",解决好"谁带动"的问题。通过建立股份合作制，有效益的服务会更稳定、更持久。没有贫困户、大户、合作社、龙头企业这四个主体的同向运作、互动渗透，特色扶贫产业就发展不好，扶贫小额信贷也难健康持续发展。在金融扶贫工作中，政府注重社会效益，企业、银行和保险公司兼顾经济效益，参与到国家战略中来。政府、银行、企业、保险公司和贫困户坐到一条船上，把钱贷出去、把钱使用好成为多方共同努力的目标。实践证明，只要工作到位、机制健全，企业、银行、保险公司都会成为金融扶贫的参与者、支持者、服务者，特惠金融扶贫就可以越做越好。五是金融扶贫必须让贫困户"称心"，解决好"贷给谁"的问题。扶贫小额信贷的目的就是激发贫困群众的内生动力，发展特色产业。产业与贷款，是"皮"与"毛"的关系，产业是金融扶贫的前提和基础，有产业才能有贷款，银行不贷款等于工厂不生产。针对贫困户有脱贫愿望却缺少资金、缺少项目的实际情况，隆化县在7个乡镇集中建设以设施蔬菜、设施果品为重点的10万亩省级现代农业综合示范区，积极打造贷款承接新载体，解决了企业和贫困户"贷不到"、银行"贷不出"的问题。实践证明，只要有了产业、有了市场，特惠金融扶贫就能有的放矢、游刃有余。

案例2 尚义县｜构建燕麦产业联合体联农带贫产业模式

一、基本情况

尚义县是燕山—太行山集中连片国家级深度贫困县。从2017年开始，尚义县引入谷之禅张家口食品有限公司，合力构建燕麦产业联合体，将燕麦打造成了全县扶贫的特色产业，走出了一条政府助力龙头企业，龙头企业带动贫困户脱贫的产业扶贫路子。

二、主要做法

（一）政策引导，龙头带动，合力构建产业联合体。立足优势选产业。尚义县将燕麦列入了《尚义县2018—2020年三年产业扶贫规划》和《关于积极引导社会力量扎实推进产业精准扶贫的意见》，引进谷之禅张家口食品有限公司，按照"产业拓市场、市场牵龙头、龙头带基地、基地联农户"的思路，通过政策主导引领、企业管理运营、合作社和贫困户参与的产业化环节整合，构建起龙头企业加工和品牌塑造、标准化基地生产、贫困户合作化参与的燕麦产业联合体。一是完善机制建体系。产业联合体构建的是"企业＋基地＋贫困户"抱团发展格局。在联合体中，企业居主导地位，负责燕麦收购、产品研发与加工、品牌塑造和市场推广，基于底端的各类新型主体负责基地建设和燕麦种植。企业通过订单制、会员制、托管制等形式，将各类经营主体和贫困户联结到一起。2018年，联合体辐射会员燕麦种植1.5万亩，带动农户1 124户2 360人，其中建档立卡贫困户639户1 284人。2019年，新增流转土地5万亩，覆盖全县5个乡镇31个贫困村，联结种植合作社6个、家庭农场1家、种植大户105户。二是支持引导促发展。尚义县统筹涉农整合资金2 670万元，集中打造出标准化的燕麦种植基地6.5万亩，出台了《尚义县关于进一步加强金融扶贫服务工作的通知》和《尚义县推进政银企户保金融扶贫实施方案》，为贫困户、种植大户、合作社、龙头企业等主体发展燕麦种植提供5万至500万元的贷款，并为贫困户提供全额贴息，由县财政按不超过3%的利息，对龙头企业、合作社、种植大户进行补贴。与人民财产保险股份有限公司开展合作，为燕麦种植户提供种植保险，全县共为燕麦种植户承保燕麦13.6万亩。

（二）创新引领，融合发展，切实提升产业竞争优势。一是技术创新激活力。与河北省现代农业产业技术体系杂粮杂豆创新团队签订了产业扶贫帮扶协议,邀请中国农业大学、张家口市农业科学院等多家院校和科研院所的近30名专家参与各类产品的研发。投资70万元,成立燕麦农业创新驿站,从种子选育等环节,引进推广新品种新技术,开发新产品,拓展新市场。二是特色加工育品牌。打造"谷为纤"和"谷食堂"两大独立品牌,开发了燕麦饮品、谷物粉、藜麦米和燕麦仁、燕麦主食、燕麦西点五大系列产品,其中与江南大学食品学院合作生产的"谷为纤"燕麦饮料,不使用任何添加剂,保留了燕麦的原汁原味和营养物质。与烘焙界、烹饪界专家合作研发生产出的馒头、花卷等主食系列产品,燕麦含量均在70%以上。三是产业融合提效益。谷之禅张家口食品有限公司的"谷为纤"燕麦饮品系列产品以线上、线下两种途径销往全国各地,"谷食堂"燕麦主食已扩张至直营店3家、健康体验中心1家、加盟店15家。在现有燕麦饮料和燕麦主食基础上,成立河北迈康旅游开发公司,引导京津冀游客到尚义康养基地休养度假。开展燕麦主食的慢病院外管理,根据会员身体状况科学制定健康饮食方案和燕麦主食套餐。2019年7—8月,接待游客2 100人次,直接产品销售额达34 000余元。

(三)多措并举,激发活力,系紧联结贫困户增收纽带。一是订单种植保收益。谷之禅张家口食品有限公司采取订单形式,以保底收益加超收分成的方式带动贫困户增收脱贫。2018年,联合体流转土地1.5万亩,带动建档立卡贫困户639户1 284人,依托土地流转和种植燕麦收益分成,带动贫困户人均增收1 150元。2019年,流转土地5万亩,同时,通过实行价格"兜底保障",以每斤高于市场价0.5—1角的价格收购贫困户的燕麦,辐射带动贫困户812户贫困人口1 933人。二是田间工厂生动力。2019年,推出生产托管"田间工厂"生产模式和"保底收益+超收分成"收益分配模式,谷之禅张家口食品有限公司（以下简称"谷之禅公司"）以170斤/亩为目标产量，委托种植能手对有机燕麦基地进行管理，目标产量以下托管者按照135元/亩赚取谷之禅公司的薪酬，目标产量之上部分托管者和谷之禅公司之间实行收益五五分成，如此可保障一个千亩基地托管人年纯收益在10万元以上。三是创设岗位促就业。企业建立就业扶贫车间，在工厂后包装车间安排15人就业，人均年工资2.4万元；在粮库精选车间安排153人就业，人均增收3 000元左右；谷物粉包装助残扶贫车间安排24名有劳动能力的贫困村民和残疾人到工厂就业。建立了"居家就业扶贫"模式，带动47名弱贫困劳动力人均年增收500元以上。合作社组织贫困户参与种植、管理、收割、晾晒等生产环节，辐射带动200多名贫困人口年均增收3 000元以上。四是扶贫基金兜风险。谷之禅公司设立产业扶贫基金，用于保障辐射带动贫困户脱贫出列，2018—2019年共提取17.33万元。2019年，谷之禅公司和南壕堑镇常胜沟村签订了"村企共建、携手扶贫"协议，投入产业扶贫基金11.2万元，帮助村里组建合作社，出资租赁机具设备，支付劳务补贴，提供籽种，并以每斤高于市场价1角的价格订单收购，辐射带动贫困户115户220人。

三、取得成效

谷之禅张家口食品有限公司作为联合体的引领者，按照"产业拓市场、市场牵龙头、龙头带基地、基地联农户"的思路，通过政策主导引领、企业管理运营、合作社和贫困户参与的产业化环节整合，构建起龙头企业加工销售和品牌塑造、标准化基地生产、贫困户合作化参与，分工明确的燕麦产业联合体。贫困户在各个环节都可以直接参与，增加了收入。

四、案例点评

谷之禅张家口食品有限公司发展三产融合模式在初级阶段主要由单一业务合作向产业要素融合演变，为确保产品原料供给或业务合作而自发地融合要素；中级阶段由产业要素融合向产业链内融合演变，表现为沿产业链上下游环节碰撞和重组要素；高级阶段由产业链内融合向产业链间融合演变，通过跨地区、跨产业再分工，原有产业不断融合衍生出新业态、新产品和新市场。谷之禅公司通过深入农业农村各个领域，进行产业链的重组、融合与延伸，带动农民致富、农业发展和农村变美，这是产业联合体主导农村产业融合的典型案例。该模式适合产业基础雄厚、具有资本实力和技术基础的企业带动，不断整合各项要素和资源，延长产业链，在资本科技赋能基础上不断发展新产业和新业态。该模式的适应条件并不严格依靠单一产业基础，但是需要政府的大力支持，需要有实力雄厚、技术领先的龙头企业带动，企业解决资金和技术问题。政企配合缺一不可，政府是企业最坚实的依靠，企业是最为活跃的市场主体。该模式在发展过程中既推进经济效益、社会效益和生态效益协调统一，又注重标准化发展和文旅融合发展，总体产业分布较为均衡，发展前景较好。如果将该模式推广到其他地域，需要注意：强有力的政府支持和资金、技术领先的龙头企业缺一不可，缺乏主体带动的地区不适合该模式。

案例3 平山县 | "七位一体"产业联合体孵化扶贫模式

一、基本情况

平山县是全国著名的革命老区。近年来，县委、县政府始终牢记习近平总书记2013年到西柏坡考察时提出的"始终做到谦虚谨慎、艰苦奋斗、实事求是、一心为民",把特色产业扶贫作为主攻方向,依托生态和旅游资源优势,努力探索革命老区、贫困地区与旅游资源丰富区统筹发展新路径。2020年,在疫情防控常态化背景下,按照"党委领导、政府主导、政策引领、市场运作、大众创业"的思路,整合扶贫、就业等资源,在古月镇打造了河北省首家扶贫创业孵化园,创新实施了"孵化园+创业主体+扶贫车间+产业基地+科技创新+金融保障+贫困户"的"七位一体"产业联合体孵化新模式,探索出了一条孵化主体创业、培育特色产业、带动群众就业的太行山区贫困群众稳定增收新路径。

二、主要做法

（一）搭建孵化平台,打造"三个基地"。围绕贫困群众创业就业,利用扶贫、就业等政策,建成建筑面积5 500平方米的河北省首家扶贫产业孵化园,吸纳68个带贫益贫创业主体,免费提供创业场地、技能培训、市场开拓、金融保障等服务。一是聚焦创业就业需求,打造就业实训基地。按照"国有资产+扶贫资金+第三方运营单位+贫困户"的模式,利用闲置粮库、学校等资源,改造建设就业扶贫车间,发展茶叶炒制、猫砂生产、箱包加工等手工作坊,目前就业人员年均收入2万元以上。整合人社、职教、成人学校等部门职能,开办特色产业、劳动技能、传统工艺等培训班,提高群众就业本领。邀请河北农业大学西柏坡农业产业研究院专家教授,以及第三方培训机构,面向全县建档立卡贫困人口,免费培训农艺管理、家政服务、厨艺等技能。二是聚焦创新示范需求,打造致富人才基地。深化贫困村创业致富带头人培育,结合基层治理创新,成立青年人才服务中心,吸纳高校毕业生、返乡农民工、退役军人等优秀青年,建立储备9 300多人的农村青年人才库,结合个人特点、意愿和实际需求,重点开展党的政策、产业培育、基层治理、市场分析、企业管理、电商运营等培训,组织培养了一批青年扶贫突击队员、乡村后备干部、脱贫致富带头人,致力打造"永不撤走的工作队"。三是聚焦消费扶贫需求,打造产品购销基地。借助扶贫产业孵化园,发挥古月镇区位、交通、产业、资源等优势,打造全县扶贫产品集散中心,设置500平方米的特色农产品展销大厅,吸纳60多类300多个扶贫产品入驻。孵化园设立市场、质检、物流、仓储等专业部门,为特色扶贫产品交易提供服务保障。

（二）创新联结机制,打造"三种模式"。借助农业供给侧结构性改革,创新实施"市场+产品+基地+贫困户"联结机制,成功实现了产业发展闭环链条,持续增加贫困群众收入。一是孵化成果"走出去",带动扶贫产业壮大。经过创业孵化和实训基地精准培训,打造了一批创业主体和致富能手,因地制宜发展了特色产业和手工业,目前共培育特色林果、食用菌、中药材等,开发了连翘茶、酸枣汁、关山蜂蜜、营里木耳、古月豆腐等60多类特色扶贫产品。二是特色产品"聚起来",提升品牌规模效应。平山县面积大、地貌复杂,农特产品多样化、规模小、分布散,既不成规模,也没有品牌。利用扶贫产业孵化园,建设扶贫产品聚散中心,按照统一标准、统一品牌、统一质量、统一价格、统一平台、统一运营"六统一"模式,打造"平山好物产.古月好味道"地方特色品牌,产品进入省会、县城大型超市,上线美团外卖"货架",年销售额达9 000多万元。三是销售渠道"上云端",形成完备购销链条。利用孵化园平台,注册成立名优农产品销售公司,吸纳联盟会员单位入股参与,与京东电商开展战略合作,开办网络商城,将购销基地和联盟单位的60多类特色农产品,通过京东电商流量优势优先推介,全网销全国卖,扩大销售渠道,带动贫困群众增收致富。

（三）孵出精神士气，扶起脱贫志气。围绕解决贫困群众"精神贫困"问题，发挥党建、实训和典型三个引领作用，激发脱贫致富的内生动力。强化党建引领，按照"孵化园中党旗飘、产业链上建支部"思路，创新党建扶贫模式，依托孵化平台设立临时党支部，结合人才基地设立优秀青年人才党支部，组建豆制品加工、特色食品生产、特色种植和养殖等若干产业党小组，真正把党员聚在脱贫一线。目前，孵化园临时党支部和优秀青年人才支部，共培育脱贫致富能手83人。实训体验引导，依托实训基地，组织有就业意愿的贫困群众进入扶贫车间实地体验，手把手教技术，面对面学经营，对有创业就业意愿的就地签约。典型示范引领，按照可比、可学、可赶的思路，评树"扶贫创业标兵"，通过巾帼英雄齐丽莎、蜂蜜大王赵晓兵、连翘茶专家左险峰等一批先进典型的鲜活案例，激励和引导贫困群众自强自立、勤劳致富、光荣脱贫。

三、取得成效

平山县扶贫创业孵化园，通过打造就业实训基地、致富人才基地、产品购销基地，集聚68个带贫益贫创业主体、60多类特色扶贫产品、储备9 300多人的农村青年人才库，在孵化模式带动下，孵化园区所在地古月镇，通过实训体验，促成86人创业，630多人稳定就业。扶贫产品年销售额达9 000多万元，14 000多名贫困群众实现了增收致富。

四、案例点评

平山县"孵化园+创业主体+扶贫车间+产业基地+科技创新

＋金融保障＋贫困户"的"七位一体"产业联合体孵化扶贫模式，依托当地资源禀赋和传统产业，推进农村三产融合发展，聚人才、提技能、育产业、聚产品、促销售，实现打造一个特色扶贫主导产业、创造一批全新就业机会的目标，让贫困户拥有梯度就业和选择就业的机会，激发内生动力，推进贫困劳动力富裕富足。该模式在产业链延长的过程中，资金、技术、销售缺一不可，是有为政府和有效市场的有机结合，是产业联合体各个市场主体分工明确、密切合作的结果。

第十二章

农业社会化服务组织特色产业扶贫实践模式

第一节　农业社会化服务组织特色产业扶贫实践模式

新型农业社会化服务组织是指农业社会化生产过程中，农民为了实现特定的目标，按照新的原则、规范而形成的区别于以往农村组织的新型团体。新型农业社会化服务组织充分发挥"统"的作用，是特色产业扶贫的可靠保障，是农业社会化、现代化的基础性组织。国务院扶贫开发领导小组《关于广泛引导和动员社会组织参与脱贫攻坚的通知》指出，支持有条件的社会组织特别是行业协会商会、农村专业技术协会参与落实贫困地区特色产业发展规划，围绕市场需求踊跃参与贫困地区特色产业发展，培育农民专业合作组织，引进龙头企业，搭建产销平台，推广应用中国社会扶贫网，推进电商扶贫工程，促进休闲农业和乡村旅游开发，支持农民工返乡创业等。鼓励社会组织专业人才为贫困地区发展特色优势产业提供智力和技术支持，提高贫困人口脱贫增收能力，促进贫困地区经济社会发展。本章以行唐县"金丰公社"土地托管特色产业扶贫模式、张家口市"张杂谷"产业扶贫模式、平乡县电商扶贫模式为典型案例，对农业社会化服务组织主导推进特色产业扶贫的具体做法、适应条件、发展前景及约束条件等展开分析。

第二节 案例分析

案例1 行唐县 | "金丰公社"土地托管特色产业扶贫模式

一、基本情况

河北省行唐县是革命老区、国家级贫困县,总面积966平方千米,属太行山东麓浅山区,素有"五山二坡三分田"之称。2018年,行唐县引入"金丰公社"特色产业扶贫模式,以土地托管为主抓手,创建利益联结新机制,特色产业扶贫工作取得扎实成效。2018年,全县建档立卡贫困人口,由2014年的28 143户86 530人,减少为862户1 985人,贫困发生率由21.93%下降到0.5%,综合贫困发生率下降了21.43个百分点。2019年实现全县脱贫摘帽。

二、主要做法

(一)凝聚合力促振兴。县委、县政府高度重视"金丰公社"土地托管特色产业扶贫模式,积极对接、全力推进,组织乡镇、贫困村主动加入行唐县金丰公社农业服务有限公司(以下简称"金丰公社"),通过土地托管规模经营模式,享受金丰公社提供的专业化社会化服务,同时每个村集体完成土地托管1亩地为其提取30元,壮大村集体经济。

(二)网格化服务覆盖。金丰公社着力构建县、乡、村三级服务网络，为广大农户提供贴身服务的全程土地托管。已建立县级服务中心2处、乡村服务分社42家，吸纳社员3万余人。乡村服务分社采取土地合作模式，确认承包权，放活经营权，保护收益权，每托管500亩以上建立一个分社，分社长按土地托管数量计算提成收入。

（三）一站式托管增收益。通过全方位、现代化土地托管服务，将单个农户组织起来，由公司统一管理，形成适度的土地和劳动力经营规模，在降低经营成本的同时，提升农业质量和效益，粮食产出后由金丰公社划价收购，扣除一定数额托管费后，将剩余收益全部返还给农户。针对未实行土地全程托管的社员，金丰公社还可提供灵活多样的农资农机套餐服务。农户把承包土地交给金丰公社统一管理后，仍拥有承包权和收益权，金丰公社拥有"种管销"全程闭环式经营权，承担前期生产费用，农户交托管费，收益全部归给农户。社员腾出时间和精力外出务工或发展其他产业。农户自己种植，按照每亩玉米产出1 200斤、小麦产出1 000斤计算，每亩毛收入2 340元，减去生产成本1 610元（按照抽样统计，每季玉米种植成本765元、小麦845元），每亩纯收入730元。由金丰公社接管，每亩产出保底收益2 340元，种植全程机械化作业，通过批发生产资料成本降低45%，农户支付885元托管费，每亩纯收入1 455元，每亩增收725元，农户收入翻一番。金丰公社与社员签订亩产"保底+分红"协议，增收部分社员和金丰公社按7∶3分成。该服务组织建起了有机肥厂、粮食烘干厂和"粮食银行"。

（四）大数据运营高效。实行"农业服务+大数据"运行模式，由金丰公社自主研发的一款具有农业服务交易、农机师调度、社员可追溯服务、种植信息互动、在线教育、娱乐等六大功能的"金丰公社社员APP"，农业生产全程可视，更好地整合了上下游资源，为广大种植户提供灵活、高效、可扩展、易操作的服务平台和手机端体验。

金丰公社建立了金丰公社学院，聘请农业技术人员为农户做专业培训，农户可以利用手机APP在网上学习农业知识，也可以利用存储的粮食与所需物品进行交换。

三、取得成效

行唐县金丰公社农业服务有限公司主要以土地托管为抓手，在不改变村集体土地所有权、农民土地承包权和收益权，不改变农民国家惠民政策享有权前提下，实现农业规模化、集约化和机械化生产。金丰公社与农户建立紧密利益联结机制，一位农民最多可有三份收入。农民把土地交给公社后，每年签订"保底+分红"托管合同，由公社实行"种管销"全程闭环式经营，其间一切费用由公社承担，对于土地托管增收部分，30%留金丰公社，70%再次返还农民。同时金丰公社还吸纳农民打工，农民在农忙时参与粮食收获，增加一份收入。此外，土地托管进一步解放了农民，他们可以在农闲时外出打工，又增加了一份收入。行唐县金丰公社农业服务有限公司在运营过程中，所有的服务政策都向贫困户倾斜，建立了稳定脱贫的长效机制。金丰公社通过免费提供生产资料、免费发放农资、减免托管费及免除土地托管费等，帮助贫困户降低生产成本，从而实现增收。初步计算，土地托管后每个农户可增加年收入2万余元。截至2021年末，只有14名员工的行唐县金丰公社农业服务有限公司，完成土地托管面积6万亩，建立乡村服务分社50家、乡村服务站点60个，涉及9个乡镇60个村，辐射带动6 000个农户3万余人，帮助478户贫困户实现脱贫，并带动有劳动能力的180余名贫困人口实现就业再就业。

第十二章 农业社会化服务组织特色产业扶贫实践模式

四、案例点评

20多年前,美国经济学家、国际战略学专家布朗曾提出:21世纪谁来养活中国人?当中国人口达到16亿时,需要7亿吨粮食,中国粮食缺口约3亿吨。这就是有名的"布朗之问"。随着我国工业化、城镇化进程加快,大量青壮劳动力从农村向城镇转移。国家统计局数据显示,2021年全国农民工规模达2.9亿人,平均年龄为39岁。与此相比,留在农村从事农业生产的劳动力总体呈现老龄化的趋势,平均年龄在57岁,部分经济发达地区农民年龄已接近60岁。农村劳动力高龄化带来的结果就是农民种粮意愿普遍较低。据河北省农林科学院调查,2017年河北省每亩土地只有17.88元的纯收入。农业生产经营管理粗放,使用的是化肥、农药、除草剂、地膜,虽然农民能吃饱饭,但粮食质量在下降,粮食安全已成为国家关注的大事。土地撂荒情况严重,农民没有积极性,纷纷到城里打工。河北省统计局数据显示,2018年,河北省农村居民人均可支配收入14 031元,其中工资性收入占53.1%(全国41%)、经营收入占32.9%(全国36.7%)、财产收入占2.1%(全国2.3%)、政府转移收入占11.9%(全国20%)。这既制约了我国农业进一步发展,也阻碍了农民增收致富。随着我国人口老龄化趋势的加快,70后不愿种、80后不会种、90后不提种,那么未来中国的土地,谁来种、怎么种、种什么、为谁种?这是一个迫切需要解决的重大问题。"金丰公社"土地托管特色产业扶贫模式,是一种有益的探索。一是有效解决了"谁来种"的问题。金丰公社的土地"一条龙"托管服务,一定程度上解决了农业劳动力老化、断层加剧的问题,解决了农民不重视农业生产、农业生产后劲不足的问题,对推动农民增收、农业稳定发展具有重大的现实意义。二是有效解决了"怎么种"的问题。通过全方位、机械化、现代化土地托管服务,将单个农户组织起来。与散户种植相比,金丰公社通过规模化、集约化的种植、植保、飞防等服务,成本降低约45%,粮食增产超过10%,农户收益增加近100%。三是有效解决了"农业转型升级慢"的问题。金丰公社通过托管土地,按照农业产业结构调整要求,进行集约化、规模化、组织化、社会化统耕统收,加快了农业产业结构调整步伐,进一步加快了农业转型升级。有效解决了土地污染防治问题,金丰公社把土地成方连片合并起来形成规模后,推行农作物病虫害专业化统防统治和绿色防控,推广高效低毒低残留农药和现代植保机械,使用有机肥和绿肥种植,有效修复土壤,保证土地可持续种植力。四是有效解决了"为谁种"的问题。人民对美好生活的向往,就是我们的奋斗目标。消除贫困,改善民生,逐步实现共同富裕,是中国共产党人的初心和使命。脱贫攻坚就是为中国人民谋幸福,为中华民族谋复兴。改革为了人民,也必须紧紧依靠人民。无论农村集体产权制度怎么改革,土地作为农业生产资料最基本的组成部分,是农民生活的基本保障,是关乎国计民生的大事,是人类生存的核心基础。企业为农户打工,小农户与企业建立利益联结共享机制,企业与小农户的雇佣关系变为伙伴关系和服务关系,农民有了稳定的收入。通过土地生产托管、功能农业的技术创新和机制创新,改变他们固有的生活状态和生存方式,彻底告别面朝黄土背朝天的历史和绝对贫困。只有让全体人民共享改革发展成果,让改革红利惠及全体人民,才能使人民的切身利益同改革的命运紧密联系在一起,使改革得到人民的广泛认同、拥护和支持。

案例2 张家口市 | 科研示范"张杂谷",扛起产业扶贫一面旗

一、基本情况

"张杂谷"是以张家口市农业科学院首席专家赵治海为代表的两代科技人员采取光温敏育种法和两系配套技术培育出的适宜不同区域种植的系列杂交谷子新品种。近年来,张家口市委、市政府加强农科院所与龙头企业的深度合作,助推优秀科研成果转化为发展现代农业的生产力,在蔚县、涿鹿县、宣化区等9个贫困县区累计推广达200多万亩。按照省委、省政府援疆部署,张家口市对口援助新疆和硕县。围绕"援疆干什么、离疆留什么"的目标,在充分调研、试验示范的基础上,和硕县成功引进4个"张杂谷"品种,还成立了张家口市农业科学院谷子研究所新疆分所,深入挖掘在制种、加工和谷草利用等方面的潜力,扎实推进科技援疆。

二、主要做法

(一)倾力攻关,培育国际领先高产优质"张杂谷"。一是聚焦问题树目标。张家口地处河北省西北部,大部分地区土地贫瘠、降水量少、自然条件恶劣,是环京津深度贫困地区,张家口在40多年前启动杂交谷子研究,并把追求高产、解决贫困地区群众温饱作为科研第一目标。二是坚持不懈搞科研。张家口市农业科学院与深圳华大基因研究院、华中农业大学等多家高科技企业、高校合作,以选育亩产1 000公斤超级杂交谷子为重点,把杂交谷子从常规选育提升到分子辅助育种层级,始终保持我国杂交谷子研发在国际上的领先地位。三是品种选育见成效。"张杂谷"根系发达,抗旱耐瘠,水分利用效率

高,每立方米水可以生产 5 公斤粮食,是一般粮食作物的 3 倍,是干旱地区节水增粮的一个重要选项。2000 年,"张杂谷 1 号"选育成功,亩产达到 240 公斤,较常规品种增产 130%。之后,"张杂谷 5 号"等 20 多个系列新品种被相继培育出来,亩产从 100—200 公斤提高到 400—600 公斤,最高亩产突破 810 公斤。

(二)示范推广,发挥"张杂谷"联农带贫增收作用。一是注重政策引领。2008 年至 2011 年,省市县出台补贴政策,免费为农民发放"张杂谷"谷种。2014 年至 2016 年,安排专项资金用于高产高效示范园创建及水肥一体化、机播机收等新技术应用。2017 年起,张家口将"张杂谷"推广经费列入财政预算,开展"张杂谷"特色产业示范推广工作。二是注重组织化推动。成立由市委书记和市长为组长的"张杂谷"推广工作领导小组,支持张家口市农业科学院和宣化巡天种业新技术有限责任公司共同组建河北巡天农业科技有限公司,集种子生产、销售、技术服务于一体,采取"产研结合"的发展模式,建成年加工能力 300 万公斤的种子加工生产线,组建了由北方 11 省区 200 多个县级服务商构成的销售服务网络,成为我国民族种业龙头企业。三是注重新型经营主体带动。依托世界 500 强旗下益海嘉里金龙鱼粮油食品股份有限公司推广"订单种植、溢价收购、品牌营销、盈利反哺"的扶贫模式,打造"金龙鱼·爱心桃花小米"品牌,建设 3 万亩绿色生产基地,引领"张杂谷"走上世界高端消费市场。河北巡天农业科技有限公司推广"五送一保"特色产业扶贫模式,在阳原县推广"张杂谷"374 亩,带动农户包括 47 个建档立卡贫困户,户均收入达到 14 323 元,人均收入 6 411 元。

(三)融合发展,增强"张杂谷"带贫增收竞争力。一是不断拓宽产品开发。推进"张杂谷"精深加工,拓宽销售市场。研发出小米锅巴、婴幼儿米粉、饮料等健康食品以及谷草颗粒饲料、谷草发酵饲料等系列粮饲加工产品,"张杂谷"加工附属品——谷糠也加工成了按照人体结构设计的保健枕。二是不断拉长产业链。形成种业、米业、酒业、草业、饲料业等行业龙头企业参与的多功能循环、可持续发展"张杂谷"产业链。其中中健北宗黄酒酿造张家口股份有限公司和张家口吉庆酿酒有限公司用"张杂谷"酿造出系列白酒和黄酒,年消化"张杂谷"5万吨以上。三是不断打造产业发展新业态。推出"蔚州桃花贡米"系列健身康养产品,依托蔚县暖泉古镇的深厚文化底蕴,全力打造"蔚县谷米小镇",形成了集谷米广场、谷米客栈、大磨坊、谷米农家于一体的"谷米文化"新业态。

三、取得成效

目前,"张杂谷"在河北其他地市以及山西等14个省(自治区、直辖市)230多个县(区),累计推广3 000多万亩,增粮30亿公斤,增饲300万吨,增收近百亿元,带动40万贫困人口增收。张家口援疆干部持续发力,打造"张杂谷"援疆特色扶贫产业,成立和硕县晟合张杂谷种植农民专业合作社,探索合作社"租用+入股"模式,贫困户通过土地入股合作社,又在合作社打工,既拿租金、股金,又挣薪金。合作社引进新型低温冷碾设备,年加工能力达到2万吨,注册"张硕"商标,通过"天山小米"原产地地理标志认证,如今"天山小米"已销往北京、上海等城市,并入驻阿里巴巴、淘宝等网络销售平台实现线上销售。目前,和硕县"张杂谷"种植面积扩大到2万多亩,总产值4 400多万元,每亩收入2 000余元,共有232户建档立卡贫困户受益。

四、案例点评

按照"龙头带动、基地示范、辐射农户"的发展思路,"张杂谷"科技扶贫产业,以河北巡天农业科技有限公司作为农业社会化服务组织,集种子生产、销售、技术服务于一体,采取"产研结合"的发展模式,建立农业社会化服务组织,不断延伸产业链,实现"张杂谷"一二三产业融合发展,在促进农业增产、农民增收、发展农业循环经济、推动特色产业扶贫健康发展、优化营养膳食结构等方面取得的成效有目共睹,具有很大发展潜力。下一步,张家口市将利用分子育种技术培育出亩产 1 000 公斤以上"张杂谷"新品种,进一步发挥科研优势,以长城沿线、西部干旱地区、沿海地区盐碱滩地和非洲为重点,重点实施"四大区"推广计划,优化贫困地区种植结构。农业社会化服务组织在技术、资金、品牌、销售方面缺一不可,只有这样,才能让"张杂谷"成为我国旱作种植区的支柱产业,才能实现巩固拓展脱贫攻坚成果同乡村振兴有效衔接,为世界减贫事业作出更大贡献。

案例3 平乡县 | "鼠标"点通致富路,电商注入新动能

一、基本情况

近年来,平乡县按照习近平总书记提出的"五个一批""六个精准"要求,解放思想、改革创新,以农村社会化服务组织建立县乡村三级电商服务体系,打造了近万家电商产业集群,通过点击鼠标,把产品卖出去,挣世界各地人的钱,走出了一条电商脱贫致富的新路子。

二、主要做法

（一）顶层设计，政策开路。一是成立专项组织。县委、县政府成立了由县委书记任组长、县长任副组长的平乡县电商发展领导小组，定期研究、部署、调度。同时还成立电商服务中心及电商办公室，明确了部门职责，建立健全了工作机制，商务部门牵头负责全县电商扶贫工作。二是出台专项政策。平乡县先后制定出台了《关于加快平乡县电子商务产业发展的实施意见》《平乡县电子商务进农村工作实施方案》等一系列政策性文件，为发展农村电子商务、推进电商扶贫提供制度保障。全县已经形成了县、乡、村三级电商服务体系。三是筹集专项资金。县财政每年列支300万元，作为电子商务发展定向扶持资金。对购买电脑、打印机和安装宽带等发展电商的贫困户，每户补贴4 000—10 000元。积极争取国家政策支持，跻身全国第二批电子商务进农村综合示范县，获得2 000万元中央财政资金支持。

（二）人才引领，带动上路。一是组织"高人"教。聘请阿里研究院电商行业专家、阿里的站区负责人、"淘宝小二"（网商管理员）和县网商带头人组建平乡县电商创业导师团，并由县电商服务中心和241个农村电商服务站站长组成青年电商志愿服务队。2013年以来，累计开展各类电商培训班180多期，培训人员2万多人次，受益贫困群众近2 000人。二是安排"能人"带。平乡县通过组织专门力量，动员那些起步较早、经验丰富的电商业主，开展"帮带行动"，一对一、手把手地传授经验。目前，像霍洪村的潘磊、李洪吉，艾村的杨晓波，东马延的吴兴伟等全县第一批发展起来的100多个电商户，分别带动近百贫困户成功开店。比如霍洪村30多岁的小伙子潘磊，2010年从部队退伍后，就开始经营网店专卖小童车，现在旺季每天销量在500单左右。三是推动"本人"干。在通过"高人"教、"能人"

带,解决不会、不敢搞电商问题的同时,依托县电商创业园提供货源信息、代理发货、售后服务等,免除后顾之忧,带动一批贫困户加入电商创业大军。田付村乡的陈进航、陈登州过去都是贫困户,通过电商培训和政府补贴,也开起了网店,在网上卖一种叫作"四合一"的婴儿手推车,不但脱了贫还致了富。四是带动全家忙。一人搞电商,全家一起忙,不会干淘宝,也能跟着跑。一个普通的产品代理店,正常情况下,需要有人守电脑,有人打包,有人发货,四五个人才能运转得开。如果是自产自销,需要的人就更多。这样庞大的电商产业集群,为那些没有文化、没有电脑基础、不会开店的贫困户提供了就业机会。

(三)搭建平台,拓宽门路。一是搭建创业就业平台。以"淘大""金速派"等县域电商服务机构为依托,帮助贫困户在内的社会各界开展电商创业。淘大电商服务中心,收取每名学员1 580元,贫困户凭扶贫手册可以免费学习淘宝、天猫、拼多多等电商平台运营、产品介绍、店铺管理、跨境电商、快递收发等知识。金速派电商创业园成立了残疾人创业服务基地,免费为残疾人提供办公桌椅、电脑,同时提供餐饮、水电,年让利3万余元。二是搭建国际会展平台。从2013年开始,平乡连续举办多届"中国·北方国际自行车童车玩具博览会",累计参展人次近100万、交易额超过300亿元。通过展会这个平台,带动了销量,也让企业解放了思想,很多过去以线下市场为主的大企业纷纷将业务重点转移到网络销售上。通过会展平台,很多电商业主和外国客户建立了贸易关系,做起了跨境电商。三是搭建网络服务平台。2015年,平乡开通了县域特色产业电子商务公共服务平台——中国童车城,该网站由政府主导、部门监管、企业共建,提供一站式电商服务,包括资讯平台、数据平台、企业平台三大功能板块,以及资讯、展示、电商、展会、招商、品牌、采购、供应、人才等模块，目前已经有300多家企业上线入驻。四是搭建物流仓储平台。在县委、县政府的支持引导下，"五通一达"、邮政、顺丰、天天等30多家快递企业入驻平乡，全县布点超过400个，直接带动1 000多名贫困人口就业。同时，平乡建成年吞吐量10万吨以上的大型物流仓储企业34家，业务覆盖全国各大货运专线，吸引京东县级服务中心和苏宁县级服务中心等一批电商平台企业落户平乡。

三、取得成效

经过近几年的重点扶持，平乡县已经形成了河古庙镇、丰州镇、田付村乡3个电商扶贫片区。电商的发展带动了脱贫，扶贫脱贫反过来又助推了电商发展。据阿里讲师透露，目前平乡的网店已达到近万家，其中活跃网店近3 000个，全国70%的婴童用品出自平乡，全国婴童用品销量前50的淘宝店中有30家来自平乡。2017年，全县电商交易额达到30亿元，2019年电商交易额突破80亿。2017年，全国832个贫困县出了33个"中国淘宝村"，其中16个在平乡，平乡还有4个"中国淘宝镇"，数量居河北省第一，在阿里研究院公布的全国"淘润"十强贫困县中平乡县排名第一。2018年6月22日，平乡县被阿里巴巴集团列入13个县电商脱贫调研基地，是河北省唯一入选的县。

四、案例点评

平乡县通过政策引领，依托当地自行车童车玩具特色扶贫产业，建立县、乡、村三级电商服务体系，每户补贴4 000—10 000元。网商带头人组建平乡县电商创业导师团，并由县电商服务中心和241个农村电商服务站站长组成青年电商志愿服务队。同时，搭建创业就业平台、国际会展平台、网络服务平台、物流仓储平台，构建了"电商服务体系+产业+平台+贫困户就业"模式，形成了电商产业集群，推动了二、三产业跨界融合发展，扩大了农民就业增收。一人搞电商，全家一起忙，不会干淘宝，也能跟着跑。该模式充分发挥了电商服务体系的作用，产业、人才、技术、资金、培训、电商相互渗透，促成了电商产业集群的集聚效应，有较强的可操作性、可复制性、可推广性、可持续性。但电商在增加地方税收上方面需要进一步研究。

第十三章

工商资本特色产业扶贫实践模式

第一节　工商资本特色产业扶贫实践模式

工商资本主导型的特色产业扶贫实践模式，是指在新时代我国脱贫攻坚支持政策的引导下，通过"万企帮万村"和"万企兴万村"行动，工商资本或企业深入农村、扎根农村，在农村特色产业扶贫三产融合过程中提供先进的理念、充足的资金、科学的技术和足够的人才，以此作为推进特色扶贫产业和乡村产业兴旺的重要渠道。一方面，城市中的工商资本抓住农村三产融合的新热点、新方向，积极深入各个农业领域，并带来自身先进的生产技术、管理模式和科技人才，加快企业的发展与农业的转型升级，扩大企业自身发展空间的同时也加速了农业农村现代化的发展。另一方面，随着"两山理论"、生态文明振兴战略的提出，我国农村地区生态文明建设取得较大进步，城市居民对乡村绿水青山、民俗文化日益向往，对特色农产品多样性、定制化需求逐渐旺盛，因此休闲农业、乡村旅游、特色农产品等农业领域对工商资本的吸引力逐渐加大。近年来，越来越多的工商资本开始进入农业领域发展，在脱贫攻坚政策的引领下，呈现出投资主体多元化、经营模式多样化、投资规模扩大化的趋势。采用工商资本主导的特色产业扶贫实践模式，实现农村三产融合发展，一方面要创造优势条件，吸引工商资本进入欠发达地区，基层政府要强化服务意识、交流意识，提高行政能力，优化营商环境；另一方面要加强监督管理，建立完善工商资本下乡的风险防控机制，构建农村金融服务体系，引导企业合法、规范经营，切实保障农村集体经济组织和农民利益。工商资本作为我国社会主义市场经济的重要组成部分，以其灵活性高、市场意识强等独特优势，在拓宽农村三产融合发展路径中贡献了重要力量，已逐步形成"企业＋农户""企业＋合作社＋贫困户""企业＋基地＋贫困户"等复合型三产融合发展组织形态。当前，由工商资本参与的农村三产融合发展正在成为实现农村居民脱贫致富、盘活农村闲置资产、衔接农村居民与市场、全面实现乡村振兴的新型引擎。工商资本创新能力及管理能力强、市场竞争意识强烈，一般采用现代企业管理模式或扁平化管理模式，能够较为灵活地应对市场变化。企业的创新能力及管理能力可以有效弥补农民主体创新能力不足、管理能力欠缺的劣势，显著提升农业产业链条各环节的生产效率，降低市场风险对生产带来的冲击。工商资本覆盖面广泛，不仅可使农业生产产业链向前端或后端延长，也可以促进农业与高科技、农业与数据、农业与生态等产业的有机融合发展，实现农村"三产融合"的横向发展。工商资本下乡，助力农业生产集约化、规模化，提高农业生产效率，解决发展资金和技术短缺的问题，促进产业链条的延伸以及产业环节的深度融合，是推动农村一二三产业融合发展的重要力量。本章以孟村回族自治县大成公司、蔚县益海嘉里和武邑县电商扶贫模式的具体做法、先进经验及适应条件等展开分析。

第二节 案例分析

案例1 孟村回族自治县大成公司 | 做强清真鸡"六链"扶贫产业模式

一、基本情况

孟村回族自治县是革命老区，近年来，引进亚洲最大的农畜集团——台湾大成食品有限公司，依托肉鸡产业带动贫困户增收，探索出一条"六链"产业扶贫模式，有效吸纳所有建档立卡贫困群众加入肉鸡产业，形成全产业链抓扶贫，让贫困群众真正成为挣薪金、分股金、收租金的"三金"农民。目前，孟村回族自治县肉鸡常年存栏量550万只，年出栏规模3 000万只，年产值近22亿元，是全国最大的以"清真"冠名的肉鸡食品加工基地之一，产品远销西亚。

二、主要做法

（一）招商引资建好产业链。好的利益联结机制，是产业发展、农民增收的"发动机"。面对产业单一的现实和农户增收致富的迫切需求，2007年孟村回族自治县委、县政府果断调整发展思路，积极引进亚洲最大的农畜集团——台湾大成食品有限公司（以下简称"大成公司"）项目，投资5亿元，发展肉鸡养、加、销产业，经过几年的探索，初步形成了"龙头企业＋农民合作社＋贫困户"的产业化发展模式，建立贫困户与龙头企业的利益联结共享机制，实现了"三个风险分担"。在2020年疫情期间，这种合作模式发挥了十分重要的作用，贫困户和养殖户未受到大的影响。

（二）政府推动壮大产业链。一是财政补贴和贴息。出台政策把建设扶贫养殖大棚直补资金和贷款贴息结合起来，补贴和贷款额度达到建棚投入的50%，有效降低了农户投资肉鸡养殖门槛，解决了贫困户资金困难的问题，充分调动了农民肉鸡养殖的积极性。二是基金撬动贷款。建立起政府、银行联手扶持特色产业发展的机制，作为肉鸡养殖项目贷款担保基金，累计贷款额度达到1 940万元，促进了肉鸡养殖发展。三是争取政策扶持。争取中央专项扶持资金1 000万元，对规模化养殖小区基建投资补贴45%，带动肉鸡养殖产业持续壮大，建设养殖规模5 000只的大棚750个、养殖规模3万只的养殖小区15个，为特色产业扶贫注入了动力。

（三）创新机制补强产业链。瞄准如何优先带动贫困户增收致富，抓机制创新，补产业链条，强产业增收。建立起"五统一、三固定、一稳定"机制，最大限度降低养殖风险，养殖业蓬勃兴起，成为最强富民产业。同时，先后为农民合作社注入6 200多万扶贫资金，农民合作社资本达到1.2亿元，由农民合作社负责建设更为先进和运作成本更低的标准化立体笼养小区，建设小区5个，存栏规模150万只。2020年，农民合作社年产值达到近2亿元，推动肉鸡养殖业发展到全域，股本覆盖所有建档立卡贫困户。

（四）集成发展拉伸产业链。坚持多节点、多环节布局产业项目，形成玉米种植—饲料加工—孵化育雏—肉鸡养殖—屠宰分割产业链条，仅投资7 000多万元的饲料厂一个项目，年产饲料12万吨，优先收购当地的玉米（孟村回族自治县全年玉米产量9万吨）。吸纳贫困群众围绕防疫灭病、成鸡出栏、粪便处理、活鸡运输等成立专业化组织，把产业链条织密拉长，促进产业集成化发展，拓宽了特色产业扶贫和就业扶贫空间。

（五）科技创新提升产业链。新型标准化的立体养殖方式，不仅节约了土地资源、人力、物力，降低了药物投入，而且确保了生物和食品安全，饲料报酬、养殖效益较传统饲养方式有较大提高。孟村回族自治县与河北农业大学联合建立农业创新驿站，以科技创新驱动助推养殖成效和肉鸡品质。孟村回族自治县与大成公司合作推进品牌化建设，产品通过 ISO22000 和 HACCP 食品安全管理认证，在行业内率先采用产品质量全程可追溯系统，推进高质量发展，开拓了广阔的市场。孟村回族自治县肉鸡产品进入京津沪宁主流市场，与麦当劳、肯德基、德克士建立战略合作关系，并打入 29 家大型商超。

（六）整体吸纳融入产业链。肉鸡产业链的集成化发展和不断壮大，为农民增收致富打通了渠道。一是全产业链吸纳就业。从玉米种植到产品加工，全产业链吸纳劳动力就业 3 100 人，其中包括贫困人口 1 000 余人，年人均打工收入达到 3.5 万元。二是股份合作收益。扶贫资金投入特色产业，产生扶贫收益实施二次分配，80% 用于村级公益岗位工资支出，20% 用于村集体对无劳动能力贫困人员实施救助或用于村级小型公益事业支出。村级公益岗位共吸收就业 1 114 人，实现有劳动能力贫困人口全部就业。三是土地收益。建设养殖小区，发展饲料种植基地，共流转土地 4.5 万亩，其中贫困户土地 2 100 亩，每亩每年可增收 400—1 000 元。

三、取得成效

目前，全县共建成规模肉鸡养殖场 592 个，其中包括部级标准化示范场 6 个、省级标准化示范场 2 个、市级标准化示范场 4 个，肉鸡存栏 578.2 万只以上，年出栏 2 630 万只，让贫困群众真正成为挣薪金、分股金、收租金的"三金"农民，累计投入产业扶贫资金 1.87 亿元，累计扶贫收益 3 647.87 万元，带动贫困户年均增收 4 580 元。孟村县获得"中国肉鸡之乡"美誉，带动了周边 3 省 9 县发展肉鸡养殖，辐射半径达 150 千米。

四、案例点评

中国特色社会主义市场经济是我们党的一个伟大创造。在中国特色社会主义市场经济条件下如何发挥资本的积极作用、抑制其消极作用，这是我们面临的一个全新课题。资本都是逐利的，这是资本这一范畴的根本性质，资本创造价值和野蛮生长都源于逐利性，哪一面是主流，关键在于如何正确而有效地引导资本的行为。孟村回族自治县肉鸡特色产业化"六链"扶贫模式，通过招商引资建好产业链、政府推动壮大产业链、创新机制补强产业链、集成发展拉伸产业链、科技创新提升产业链、整体吸纳融入产业链六个环节，建链、壮链、补链、拉链、提链、融链，形成了养殖、加工、销售三产融合发展。该模式充分发挥了工商资本的作用，产业、人才、技术、资金、信贷、品牌、销售相互渗透，促成了清真肉鸡基地的规模效应，有较强的可复制性和可推广性。

案例2 益海嘉里 | "爱心小米"铺就脱贫路

一、基本情况

益海嘉里金龙鱼粮油食品股份有限公司（以下简称"益海嘉里"）

是新加坡丰益国际有限公司（以下简称"丰益国际"）在华投资经营的集粮油加工及贸易、油脂化工、粮油科技研发等科工贸业务为一体的多元化侨资企业。益海嘉里主要涉足油籽压榨、小麦深加工、食品饮料、粮油科技研发等产业，旗下拥有"金龙鱼""欧丽薇兰"等著名品牌，产品涵盖小包装食用油、食品原辅料、油脂化工等诸多类别。蔚县小米是中国古代的"四大贡米"之一，具有悠久的种植历史和较高的品质，年种植20万亩，产量5万吨，但由于交通不便、缺乏知名品牌等原因，一直"养在深闺人未识"。蔚县依托世界500强企业丰益国际旗下益海嘉里与张家口萝川贡米有限公司联营合作，借船出海，共同开发蔚州贡米，成功探索出了"订单种植、溢价收购、品牌营销、盈利反哺"的特色产业扶贫模式。

二、主要做法

（一）聚焦特色产业，实施产业扶贫。一是"爱心小米"助学济困。益海嘉里出资"一对一"资助果庄子村60个孩子，承担他们从小学到大学的全部学费，使该村42个家庭实现就学"零负担"。在助学过程中，该企业针对果庄子村家家户户种小米但售卖困难的情况，以每斤高于市场价0.5—1元的溢价全部收购，封装成小袋"爱心小米"，由公司员工认购并用溢价部分成立溢价基金，全部返还给不能参与或无劳力的贫困户。通过这种高价位、零利润、溢价返款的模式，2013—2020年，益海嘉里每年收购小米约5万斤，农户每年增收4万多元，极大缓解了农户的贫困状况。二是聚焦贡米产业。从物资上扶贫只是治标之策，只有依托产业才能实现持续收益，拔掉"穷根儿"。蔚县贡米品质可靠，是中国地理标志产品，1993年就被中国保护消费者基金会认定为可信产品，品质优于市场上的其他小米。蔚县贡米营养丰富，该米是在蔚县特殊的土壤、水质、气温下种植生产并经传统工艺加工而成，含有多种营养物质，如蛋白质、脂肪、微量元素、维生素等。这些都为打造蔚县贡米特色产业打下了基础。

（二）企业联营，制定产业规划。蔚县有大大小小65家贡米收购经营企业，但是规模小、布局分散，没有形成完整的产业闭合链。其中最大的龙头企业——张家口萝川贡米有限公司（以下简称"萝川贡米"），虽然有着丰富的经营经验、成熟的市场品牌和自己的生产基地，但受生产规模和销售渠道限制，市场占有率并不高。益海嘉里与萝川贡米联营合作，制定《蔚县贡米产业发展规划》，明确贫困人口脱贫、贫困县摘帽的时间表，与全省同步实现小康。益海嘉里成立蔚县助贫小米销售领导小组，蔚县成立相应的工作领导小组，由书记、县长挂帅，县委、县政府主管领导负责落实推进。

（三）建设产业基地，扩大产业规模。一是打造贡米生产基地，2017年，在已有5 000亩基地的基础上，又扩张了5 000亩基地面积。2018年，打造公司核心基地，面积达3万亩。经过三到五年时间，基地扩大到5万—10万亩。二是大力发展合作组织。由龙头企业发动，政府协调帮助，以乡镇、村为主体，组织农户组建村级谷子种植合作社，合作社与农户签订种植收购协议，引导农户连片种植，并协同龙头企业做好籽种分发、技术指导、原粮收储等相关工作。联营龙头企业张家口萝川贡米有限公司与各农民合作社签订谷子种植订单，以地头保护价收购，代加工、包装、发货。蔚县人民政府和益海嘉里共同推进，制定以"金龙鱼·蔚州贡米"为代表的小米行业质量标准，注册"金龙鱼·蔚州贡米"品牌，加强贡米市场的管理，统一品牌商标，统一质量监管，不断规范贡米市场秩序。

三、取得成效

益海嘉里与蔚县合作探索的"订单种植、溢价收购、品牌营销、盈利反哺"的特色产业扶贫模式,在工商资本的推动下,形成了"工商资本+企业+合作社+农户"复合型三产融合发展的组织形态,选准产业,制定规划,扩大规模,加强合作,带动全县70%的农户实现增收,成为当地脱贫的特色扶贫产业。

四、案例点评

蔚县基于当地资源禀赋,抓好产业扶贫,动员社会各方面力量参与到脱贫攻坚中来。一是注重引企入县、广泛参与。"订单种植、溢价收购、品牌营销、盈利反哺"的特色产业扶贫模式,既发挥了大型侨资工商资本在资金、技术、品牌、市场等方面的优势,又能推动当地产业发展借船出海,还能带动贫困群众增收脱贫,一举三得。二是做到因地制宜、接好地气。要结合实际,把当地的资源禀赋和特色优势充分挖掘和发挥出来,最大限度地盘活当地区位优势、生产资料、特色资源、人力资本等各种资源。三是善于拓展思路、创新模式。蔚县的特色产业扶贫模式,跳出了过去局限于给钱给物、养牛养羊、种菜种树等常规做法,增加了市场要素,以供给侧改革的思维提升扶贫精准度和实效性。四是突出政府引导、市场主体合作。蔚县当地企业在与益海嘉里联营合作中,与巨人同行,与名牌联姻,打造了"金龙鱼·蔚州贡米"品牌和质量标准,在组织领导、发展规划、基地整合、宣传造势等方面,强强联合,实现了产业、加工、销售三产融合发展。在实施乡村振兴战略中,遏制资本无序扩张,不是不要资本,而是要资本有序发展。要为资本设置"红绿灯",依法加强对资本的有效监管，防止资本野蛮生长。要支持和引导资本规范发展，坚持和完善社会主义基本经济制度，毫不动摇巩固和发展公有制经济，毫不动摇鼓励、支持、引导非公有制经济发展。传统的产业融合是在第一产业的基础上，进行第二产业和第三产业的延伸，"金龙鱼·蔚州贡米"逆向发展，关注消费者需求，通过消费端去反向整合，以需求侧推动产业链逆向延伸，用市场力量去推动种、产、销，提升产业链的产品质量、生产标准，由第三产业逆向推动一、二产业升级，是对现有三产融合模式的创新和重要补充。一些工商资本也可以吸取"金龙鱼·蔚州贡米"经验，根据企业发展特点、业务类型，结合市场需求，逆向发展农产品种植、精深加工、流通销售等产业，探索属于自己的产业融合发展模式。该模式需要具备强大品牌影响力的工商资本集团带动，以零食零售为主营业务的三产逆向带动一产融合发展，推进产业标准提升、产业链升级和农民增收。

案例3 武邑县 | "一引双联"电商扶贫模式

一、基本情况

近年来，武邑县通过武邑沃森农村电子商务有限公司，把发展农村电商作为特色产业扶贫的重要举措，优化电商"生态圈"，释放电商"辐射量"，让农民群众搭上"数字快车"，为全面小康插上"云端翅膀"，成功争列全国电子商务进农村综合示范县、电商扶贫"双百"示范县。

二、主要做法

（一）发挥电商主体效应，拓宽群众增收路径。加快农村电商普及化和规模化，推进"千家万户贫困户"与"千变万化大市场"紧密对接。一是建平台，促就业。由武邑沃森农村电子商务有限公司联系政府、电商平台、本地网商、产品供应商、服务商五大主体，与京东、阿里巴巴等合作建设武邑"特色馆""品牌店"，推动农村电商"一村一站"全覆盖，拉动640多名贫困群众在电商平台就业创业。二是借平台，促消费。搭建淘宝、快手、抖音等3个直播平台，投用5个实体直播间，每年先后组织5场大型直播带货活动，县领导联手援鄂抗疫英雄推介麻唐布鞋、黄口大枣等30余种扶贫产品，助力电商销售突破15亿元。新冠疫情期间，推进扶贫企业进入中央党校—农行扶贫商城，对接"鲜天下""本来味道"等电商企业，助销农产品370万元。三是引平台，促增收。实施"政府引平台、平台联组织、组织联农户"的"一引双联"电商扶贫模式，建立紧密型利益联结机制。453户贫困户通过资金、劳动、土地等方式，参与"京东跑步鸡"电商扶贫项目，成为分股金、挣薪金、拿租金的"三金"农民，年稳定增收2 000元。该模式获得"全国脱贫攻坚组织创新奖"。

（二）发挥电商导向效应，推动产业转型升级。以电商精准洞悉市场，按照"不拼规模拼效益、不比产量比产品"的思路，大力发展现代都市型农业。一是突出科技支撑。对接中国农业大学、中国农业科学院等科研院所，以高标准建成河北鑫鼎农业科技有限公司院士工作站、梨产业技术研究院，李天来、邹学校等院士亲临指导，11个特派员工作站400多名科技人员精准服务，培育出京彩西瓜、蜜汁油桃、高油酸花生等一大批优质农产品，借助电商平台走向高端市场。二是突出品牌带动。积极开展"三品一标"认证，对全县农特产品整合包装,统一注册"邑人制造"商标,通过健全品牌溯源机制、电商营销体系,推动"武邑红梨"获批省特色优势产区和区域公用品牌,冠扬羊肉成为 20 大农业领军企业品牌。三是突出园区示范。坚持"电商+农业扶贫园区+农户"模式,建成全省单体面积最大的农业园区——武罗现代农业产业园,流转土地 12 000 亩,培育武邑红梨、衡浒韭菜等新品种 230 多个,形成稳定的电商供应"菜篮子"。古早清凉、乡土乡情等现代农业园区,紧盯线上市场需求,辐射带动 270 户贫困户走上特色种植之路。

(三)发挥电商连锁效应,激发群众内生动力。把发展电商产业作为扶志扶智的有效手段,全面提振脱贫致富精气神,借势推动乡村新旧动能转换。一是让农民充满希望。推进电商对特色扶贫产业全覆盖,深度对接 52 家电商平台、物流企业,成功举办"中国·武邑首届红梨文化节"等系列展销活动,带动农产品销售超 8 亿元。真金白银的产业收入,有效唤起农民群众的致富信心,红梨种植面积迅速突破 5 万亩,亩均产值 15 万元。二是让农民提升能力。通过电商大数据助力,武邑红梨单果可卖到 60—80 元、京东跑步鸡每只可卖到 128—188 元、麻酱西瓜单个可卖到 98 元。各类高附加值农产品的利润回报,全面激发了农民群众学科技、用科技的积极性,"一技在手、全家脱贫"的热情空前高涨。三是让农民解放思想。依托县电商公共服务中心,先后开展农村电商培训 3.2 万人次,大力培育具有市场思维和互联网思维的新型职业农民。

三、取得成效

目前,武邑县依托工商资本发展农村电商达到 2 200 多家,形成了"工商资本+电商+农业园区+农户"复合型三产融合新业态,

8 500 余位农民实现各环节就业创业。2019 年底，全县贫困发生率降至 0.09%。2020 年 6 月底，未脱贫 104 户 248 人全部达到脱贫标准，带动群众紧跟时代步伐，成为农村经济发展的生力军。

四、案例点评

由工商资本武邑沃森农村电子商务有限公司联系政府、电商平台、当地网商、产品供应商、服务商五大主体，构建"电商＋农业扶贫园区＋农户"特色产业扶贫模式，实现了大数据种植、加工包装、电商销售三产跨界融合发展。面对新冠疫情的冲击，电商不可逆转地改变全球大众的经济和社会生活，也改变了人们的生产生活方式以及经济运转模式，加速了线上化和数字化的进程，使得农业生产、服务等工作场景、人工场景与人工智能、互联网、数字化等更紧密地联系在一起。全面推进"互联网＋农业扶贫园区＋农户"，打造数字经济新优势，是实现产业振兴的重要途径。

第十四章

新业态特色产业扶贫实践模式

第一节　新业态特色产业扶贫实践模式

新业态特色产业扶贫实践模式，坚持生态产业化和产业生态化，着力推进生态农业、生态工业、生态服务业协调发展，提升生态产品附加值。借助生物技术、生态技术和信息网络技术等现代科学技术，进行资源最优化配置，推进网络型、进化型、复合型的生态产业建设，建立实现生态产品价值的绿色扶贫产业体系。打造生产生活生态生命的共同体和田园综合体，构建集生态保育、食物保障、原料供给、旅游休闲、养生养老、文化传统、就业增收于一体的新业态。引导企业进入贫困地区，因地制宜发展生态产业，推动农村一二三产业融合发展，构建农业产业体系、生产体系、经营体系，提升产业质量、效益和竞争力，完善利益联结机制，拓展脱贫群众增收空间。推进"碳达峰"和"碳中和"治理，大力发展碳汇交易。推动资源变资产、资产变资金、资金变资本、农民变股东"四变"改革。大力发展乡村旅游、休闲农业、文化体验、健康养老等新业态。支持建设一批功能齐全、布局合理、机制完善、带动力强的休闲农业精品园区和打造集农耕文化体验、观光采摘、休闲康养为一体的综合示范园。强化乡村旅游从业人员培训力度，采取集中学习、实地考察、线上培训等多种方式提升业务培训覆盖面。推广红色旅游，支持革命老区立足红色文化、民族文化和绿色生态资源，打造一批乡村旅游重点村镇，打造革命老区红色旅游精品线路。推介一批视觉美丽、体验美妙、内涵美好的乡村休闲旅游精品景点线路，打造美丽休闲乡村，遴选认定一批国家森林康养基地和精品生态旅游目的地。推进乡村旅游与产业融合发展，加强国家文化生态试验区、特色农副产品生产基地建设，挖掘一批以手工制作为主，技艺精湛、工艺独特的能工巧匠，发扬工匠精神，创响一批"珍稀牌""工艺牌""文化牌"的乡土品牌，带动农副产品销售和传统手工业发展。支持脱贫地区挖掘农村非物质文化遗产资源，设立非遗工坊。本章以张北县、尚义县和赞皇县推动新业态特色扶贫产业模式为案例，对其典型做法、先进经验及适应条件等展开分析研究。

第二节 案例分析

案例1 张北县 | 种好"铁杆庄稼"，分好收益"蛋糕"

一、基本情况

张北县是河北省和北京市周边贫困人口最为集中的县区之一，1994年被确定为国家扶贫开发工作重点县，2011年被列入国家扶贫开发燕山—太行山连片特困片区县，2017年被确定为河北省10个深度贫困县之一。近年来，张北县充分发挥光伏资源禀赋优势，把光伏扶贫产业打造成为推动贫困人口高质量稳定脱贫的主引擎，走出了一条符合县情实际,具有示范推广意义的光伏扶贫之路。张北县作为国家级贫困县,凭借经济、科技、教育等领域领先的软硬实力,进入2021年中国县域综合实力百强第83位,又成功入选"2021年度中国高质量发展十大示范县市",成为河北省唯一上榜的县市,走出了一条欠发达地区超常建设、跨越发展的赶超之路。

二、主要做法

(一)大手笔建设,打造多元化能源产业扶贫体系。经过多年发展,张北县已构筑起了分布式光伏扶贫电站、地面集中式光伏扶贫电站、参股光伏扶贫项目、企业捐赠股权(利润)新能源扶贫项目的"四位一体"新能源产业扶贫体系。一是破解难题,高质量建设村级光伏电站。成功破解分布式电站建设带来的电网改造、项目选址、运营维护三大难题,采用"易地联建"模式集中建设村级光伏电站142座总规模45 780千瓦。截至目前,全县村级光伏电站总数达到174座,总规模达到55 380千瓦。二是科学规划,高水平建设集中光伏电站。引进东旭弘吉、河北润阳、亿利资源、张北能环等4家有实力的专业新能源公司建设高标准的地面集中式光伏电站4座,总规模达21万千瓦,每年可实现光伏扶贫收益2 520万元。三是合力推动,高标准建设光伏扶贫项目。引进国泰绿色能源有限责任公司,组建张北国容绿色能源有限公司,建成100兆瓦光伏发电项目,已结算扶贫收益1 687万元;张北县大容新能源开发有限公司与北盛股份有限公司合作开发建设张北500兆瓦光伏规模化应用示范区一期200兆瓦光伏项目,每年可实现扶贫收益658.46万元。四是广泛发动,高起点参与扶贫捐赠项目。共实施捐赠项目2个,其中,深圳市禾润能源有限公司将"互联网+智慧能源"示范项目的10%股权捐赠给张北县,股权收益用于扶贫,年可实现股权利润分红 1 200 万元;由华源电力股份有限公司投资建设 4.95 万千瓦风电项目,项目 20 年全部利润(不低于 1 200 万元/年)捐赠给张北县,由县财政统筹使用,用于张北扶贫及其他公益事业。

(二)创造性推动,探索高效化运维管理机制。张北县紧紧围绕"产权清晰、权责明确、运维高效、监管到位"四个方面,探索推行了"两个一"光伏扶贫管理机制。一是一个平台监管。县级成立了绿扶公司,作为上级资金承接、商业运作实施、建设资金筹措和流转土地受让主体;成立了子公司——张北县大容新能源开发有限公司,作为县光伏扶贫平台公司,统筹开展建账、报税、电费结算等工作。乡级成立分公司,村级成立经济合作组织,主要负责精准分配收益、安排公益岗位等。二是一个企业运维。引入晶科电力有限公司作为运维单位,承担全县村级电站的日常运维、检修、备品备件管理、智能监控相关工作。按照全年运维情况,全县有 128 座村级电站年利用小时数达到 1 786 小时,14 座村级电站年利用小时数达到 1 720 小时,32 座电站年利用小时数达到 1 600 小时,特别是 128 电站的斜单轴双玻组件跟踪系统发电小时数达到 2 021 小时,发电小时数全国领先。

(三)多梯次配置,建立精准化收益分配模式。为进一步维护光伏扶贫项目收益安全,提高项目收益的使用效率,增强光伏项目的扶贫效果,张北县着力从四个方面入手:一是建章立制。制定出台了《张北县光伏扶贫项目收益分配实施意见》《关于进一步做好利用光伏扶贫收益开展公益岗位扶贫的通知》,明确了"公益岗位+特困救助+村集体事业"的分配原则,引导村集体通过设置贫困户公益岗位、发展小型公益事业、开展小微奖励等措施,实行集体收益差异化二次分配。二是分类施策。政府资金、企业捐助支持的村级光伏扶贫电站的资产归村集体所有,由光伏电站所在村委统筹确定项目收益分配方

第十四章 新业态特色产业扶贫实践模式

式。村集体二次分配收益主要用于开展贫困户公益岗位支出、小型公益事业支付、奖励补助扶贫等，鼓励贫困户通过力所能及的劳动获得劳务收入。三是合理分配。按贫困程度分层次进行分配。优先帮扶全县重度残疾、重大疾病、无劳动能力人群等深度贫困户，每户每年可获收益 3 000 元左右。通过设置公益性岗位，对一般贫困户按每人每年 1 000 元至 3 000 元进行补助。四是严格把关。坚持分配动态调整的原则，光伏扶贫项目收益以村为单位落实到户，原则上每年评议调整一次，实行动态管理模式。收益分配对象的确定，按照贫困户申请—村评议—乡（镇）审核—县审批的程序进行。

三、取得成效

目前，张北县新能源获得批复总装机规模达到 1 500 万千瓦，占全市的 40%、全省的 15%、全国的 2%，装机规模突破 800 万千瓦，成为全国可再生能源第一县。阿里巴巴客户体验中心、美团呼叫中心等一大批上下游产业项目落地建设，大数据服务器规模达 50 万台，成为全国县级层面最大的数据中心。光伏产业总规模达到 53.54 万千瓦，已累计实现光伏扶贫收益 2.74 亿元，获益贫困群体达到 36 317 户 64 718 人。光伏扶贫收益中，重度残疾、重大疾病、无劳动能力人群等深度贫困户，每户每年可获 3 000 元左右。通过设置公益性岗位，对一般贫困户按每人每年 1 000 元至 3 000 元进行补助。

四、案例点评

"坝上一场风，从春刮到冬"，曾经因气候严寒、风沙较大、环境约束、开放较晚、交通闭塞等因素的限制，很长一段时间张北县发展跳不出"农"字、破解不了"穷"字。通过贯彻落实新发展理念，以科技创新为驱动，锁定数字经济、新能源等高端产业，真正地找准发展定位，变劣势为优势，将资源禀赋优势变为区位发展优势，以产业的转型升级赋能经济发展，实现了质量变革、效率变革、动力变革。历经 5 年的发展积淀，新能源和大数据产业实现了融合发展、比翼双飞，多能互补、互联网＋、智慧能源、柔性直流电网、张北县至雄安 1 000 千伏特高压等一大批引领科技前沿、具有全国示范意义的项目相继建成，构建起涵盖风电、光伏、储能、光热、生物质、天然气的"全类型"新能源开发体系，张北绿电源源不断地传输到用电负荷集中的首都北京和雄安新区。数字经济主打产业数字化、数字产业化，形成了前端总部经济和后端信息服务新业态，张北云基地被评为"国家新型工业化产业示范基地"，入围"全省数字乡村试点名单"。张北县构筑"四位一体"的能源特色产业扶贫体系，率先创建了高效化运维管理机制，建立精准化收益分配模式，成为提高村集体收益和贫困群众增收的重要来源，不仅种好了"铁杆庄稼"，"做大蛋糕"，又通过三次分配解决了如何"分好蛋糕"的问题。光伏扶贫作为一种资产收益扶贫的有效方式，体现了稳定带动贫困户增收脱贫和有效保护生态环境等诸多价值，通过先进技术与创新平台的加持，打通了全流程，插上了数字"翅膀"，摊开了收益"云账簿"，而数字化手段对光伏扶贫的赋能，逐渐衍生出新的增收业态，使这种价值与效应实现了几何级增长，为成千上万的贫困户送上了稳定增收的"阳光存折"，光伏扶贫走向了更加精准化、数字化、可视化、智能化之路。采用该模式，资源、资金、技术缺一不可，只有具备这三者，才能实现新业态三产跨界融合发展。

第十四章 新业态特色产业扶贫实践模式

案例2 尚义县 | 让"冷资源"变成"热经济"

一、基本情况

尚义县是国家级贫困县,是河北省10个深度贫困县之一,地处内蒙古高原与华北平原交界区域,年平均气温3.5摄氏度,无霜期100多天,年平均日照时长为2 815.3小时,日照率达64%,年均大风日数为55.3天,冬春季平均风速为4.8米/秒,冰雪资源充沛。近年来,尚义县充分利用冷凉气候以及风光、冰雪资源,变劣势为优势,县级主导谋划,龙头企业带动,群众多元增收,积极构建零度以下特色产业扶贫体系、生产组织体系和资产经营体系,筑牢贫困群众脱贫增收的根本保障。

二、主要做法

(一)推动三产融合发展,构建生态扶贫产业体系。突出地域特色,做强生态农业,做大生态工业,做优生态服务业,构建零度以下特色扶贫产业体系。一是做强生态农业,变"半年冬闲"为"全年忙收"。引进北京万德园、昌平天润园、固安顺斋等市场主体,整合资金5 010万元,打造集研发、育苗、生产、销售为一体的千亩草莓基地;建设四季型设施大棚8 000平方米,开辟了坝上高寒地区冬季种植的先河,覆盖5 020名贫困人口,年均增收1 670元。二是做大生态工业,变"一风独大"为"链条式发展"。针对风电单腿支撑的实际,抢抓张家口可再生能源示范区建设机遇,引进华颢电力,投资98亿元,推进140万千瓦抽水蓄能电站建设;引进大金重工,投资3亿元,实施风机塔筒装备制造项目,带动就业2 000人。新增风电装机

50万千瓦，建成光伏扶贫电站13.4万千瓦，形成了风光水多能互补、输储造链条完整的产业发展格局，实现产业收益4 700万元，覆盖1.4万户贫困户，户均增收2 680元。三是做优生态服务业，变"传统旅游"为"全域全季旅游"。围绕"一轴三线五大游园"总体布局，着力打造"天路草原、地质风貌、原始森林"生态游、"冬春滑雪、夏秋赏景、四季采摘"体验游，"七代长城、大辽历史、蒙汉农耕"文化游，引进京城广厦等实力企业，建成大青山国际旅游度假区、石人背地质公园、鱼儿山越野公园、鸳鸯湖滑雪场、马莲小镇雪乡，成功举办省青少年田径锦标赛等大型活动20多场，带动1 398名贫困人口就近就业，人均增收6 652元，通过赛事引爆旅游，通过旅游业带动扶贫增收。

（二）发挥好"统"的作用，建立生产组织体系。坚持县级主导，强化组织引领，统一布局产业发展，为群众科学持续增收奠定坚实基础。一是统一规划引领。打破行政区域进行整体谋划，产业统一布局，项目统筹推进，围绕8大优势产业，将全县14个乡镇划分为特色果品、中药材、马铃薯、黄金小米等5条产业带，打造特色扶贫产业基地40个。二是统一土地流转。成立县、乡、村三级扶农公司，每年安排特色农业、土地流转专项扶持资金，鼓励发展带贫能力强的特色扶贫产业。全县流转土地16万亩，建成10万亩高效节水蔬菜、7.5万亩枸杞等产业基地，带动2 194户贫困户，户均增收1 060元。三是统一整合资金。以扶贫成效为导向，整合资金5.2亿元，与河北芳草地牧业股份有限公司、雪川农业集团股份有限公司等8家实力公司合作，实施白羽肉鸡深加工、马铃薯全粉加工等扶贫产业项目26个，新增产业收益3 158万元，累计达到7 346万元，在上年基础上翻一番。四是统一建设标准。出台《尚义县扶贫项目建设指导意见》，牵头部门统一制定标准，统一规划设计，统一组织实施，在专业公司监理的基础上,群众代表全程监督,确保工程质量。五是统一技术品牌。以打造冬奥会农产品供应基地为目标,加大技术指导、产品包装、品牌培树力度,全面推广有机燕麦、精品牛羊肉等尚义特色农产品,打造"谷之禅""尚义·尚品"等驰名品牌。

（三）建好利益联结机制,打造扶贫资产经营体系。积极探索联农带贫机制,完善扶贫产业管理制度,把群众融入产业链,实现产业规范经营,促进群众通过劳动致富。一是企业合规经营。实行"统一规划、产权归公、企业租赁、收益归农"的经营方式。以谷之禅张家口食品有限公司为龙头,建成燕麦深加工扶贫车间,带动5个乡镇3 295户贫困户,户均增收690元。二是建立企户联结机制。创新租赁合作、资产收益等扶贫模式,将贫困户吸附到产业链上,使其通过土地流转收租金、入园打工挣薪金、资产收益分"红金"实现稳定增收。三是完善差异分配机制。坚持村级公益事业建设与贫困户就业增收相结合,完善公益岗位差异化分配机制,因村制宜、按需设岗、以岗定人、绩酬挂钩,全县设立护林员、保洁员等公益岗位9类9 631个,吸纳8 962名贫困群众上岗就业,人均年增收3 100元。四是防范扶贫产业风险。实行扶贫产业项目企业抵押制度,参与扶贫产业项目的企业以等额资产抵押,严防扶贫资产损失;与中国人民保险集团股份有限公司合作,设立农业基础设施和农作物保险基金65万元,32户受灾群众获赔35万元,保障了特色扶贫产业可持续发展。

三、取得成效

尚义县做强生态设施农业,引进张家口金津果业有限公司,规模流转土地1 562亩,建设高标准种植大棚694个,开辟了坝上高寒地区冬季种植的先河,签订5年期租赁合同,每年固定租金49万元,带动 20 个贫困村 2 650 户持续稳定增收。做大生态工业，变"一风独大"为"链条式发展"，建成光伏扶贫电站 13.4 万千瓦，形成了风光水多能互补、输储造链条完整的产业发展格局，实现产业收益 4 700 万元，覆盖 1.4 万户贫困户，户均增收 2 680 元。做优生态服务业，变"传统旅游"为"全域全季旅游"，带动 1 398 名贫困人口就近就业，人均增收 6 652 元。

四、案例点评

尚义县立足"建成首都水源涵养功能区和生态环境支撑区"的定位，基于当地资源禀赋，穷则思变，以奇正之变把劣势变优势，充分利用冷凉气候以及风光、冰雪资源，推进生态农业、生态工业、生态服务业协调发展，提升生态产品附加值。借助生物技术、生态技术和信息网络技术等现代科学技术，进行资源最优化配置，推进网络型、进化型、复合型的生态产业建设，建立生态产品价值实现的绿色扶贫产业体系、生产组织体系和资产经营体系，实现农村一二三产跨界融合发展。该模式在产业跨界融合的过程中，理念、资源、资金、技术、销售缺一不可。该模式是有为政府和有效市场的有机结合，在我国华北、西北、东北地区具有较高的推广价值。

案例3　赞皇县｜立足资源禀赋，发展生态产业

一、基本情况

赞皇县是国家级贫困县，是革命老区，几年来坚持"绿水青山就是金山银山"的发展理念，积极倡导"爱山如父、爱水如母、爱林如

子"的生态捍卫意识，立足本县生态资源优势，以经济林果为主，大力发展绿色生态扶贫产业，目前，农村人均拥有4亩经济林、200棵果树，林果业年人均增收超过2 400元，真正实现了群众"依靠自己的骨头长肉"。"山山都是花果山，树树都是摇钱树"，赞皇县先后被授予"全国经济林建设先进县""全国经济林产业示范县""全国绿色小康县""全国林业科技示范县""全国绿化模范县"等荣誉称号。

二、主要做法

（一）因地制宜，大力发展林果业，夯实绿色扶贫产业的根基。赞皇"优势在山、出路在林、致富在果"。一是选好带头人。优先选择秦家庄村支部书记秦志义等一批组织能力强、致富本领大的典型先进人物，带领群众造林绿化、发家致富。秦家庄被评为"全国绿色小康村"。二是培树好典型。鼓励薛智利等有实力的种植大户高标准造林绿化、开发荒山，通过培树典型，让群众看到实实在在的造林效益，带动全民参与。三是选准好树种。因地制宜，科学规划樱桃、苹果、寿桃等精品树种。鲍家滩村依托独特的"小盆地气候"和弱碱性土壤优势，发展樱桃种植，在花果山农业园区带动下，全村3 000多亩荒坡全部栽上了樱桃树，盛果期樱桃每亩收入3万—5万元，全村樱桃产业收入突破亿元。四是建立好机制。扎实推进集体林权制度改革，将山场经营权全部下放到户，全县集体林地确权面积达到77万亩，确权率达到99.48%；发放林权证2.88万本，发证率达到95%以上，让林地经营者吃上"定心丸"。积极鼓励和引导林农以入股、合作、租赁、互换等多种方式流转林地承包经营权，目前，全县已成功流转林地近8万余亩，涌现出了58家大户造林典型。五是打造好园区。出台《赞皇县扶贫产业园认定管理办法》，组织评审认定了鲍家滩樱桃等5

个扶贫产业园,与贫困户建立了紧密的利益联结机制,带动贫困村36个、贫困户447户、贫困人口981人,带动年人均增收4 380元。

(二)依靠科技,壮大精深加工业,助力绿色扶贫产业健康发展。积极探索"政府+村级组织+平台公司+企业+贫困户"的资产收益扶贫模式,财政涉农资金经评估评议后,以量化或新建形式投入到实体林果精深加工企业形成资产,全力打造核心绿色扶贫产业集群。2018年以来,投入产业扶贫资金23 011万元,与13个实体企业签订合作协议,年收益金达1 200多万元,贫困户在产业全覆盖的基础上实现多重覆盖和高质量覆盖。先后注资赞皇县利通商贸有限公司2 960万元,建成资产收益扶贫核桃仁初加工项目,年收益金236.8万元,带动全县37个贫困村1 479户贫困户增收;注资承德兴春和农业股份有限公司2 100万元,建成资产收益扶贫蘑菇产业项目,年收益168万元,覆盖34个贫困村2 487户贫困户,户年稳定增收675元。不仅巩固了林果业种植规模,调优了果品结构,还促进了新兴林果业的健康发展。

(三)借助优势,突出"种养加旅商"结合,推进绿色扶贫产业多点开花。坚持宜林则林、宜畜则畜、宜游则游,大力发展绿色新兴产业,实现了"种、养、旅、商"绿色扶贫产业多点开花。一是发展特色养殖业。坚持林牧结合,发展甘薯、大葱、马铃薯、食用菌等特色种植5.85万亩。发展林下经济,重点发展柴鸡、蜜蜂等特色养殖产业。全县柴鸡存栏500万只,蜜蜂养殖3.5万箱。河北蕊源蜂业股份有限公司采取"公司+合作社+农户"的经营模式,带动贫困户730户,户均年增收8 200元,被称为"节约土地的空中农业"。二是发展旅游扶贫产业,助推特色农业与旅游业深度融合,发展赏花游、采摘游、农事体验游、观光休闲游等形式多样的乡村旅游模式,形成了以嶂石岩、棋盘山、秦家庄、鲍家滩等为中心的精品旅游线路和"乡村游""生态游""采摘游"重点区域,全县农家乐达 450 多家。三是大力实施"互联网+扶贫"工程,全县 212 个行政村实现了电商全覆盖,年网络交易额达 4.9 亿元。

三、取得成效

近年来,赞皇县先后谋划实施了"15 万亩优质核桃精品示范园区"、樱桃、寿桃、苹果、蓝莓等十大特色果品产业带,干线公路经济林带等一系列林业工程,建成省级现代农业园区 2 个、市级农业扶贫园区 5 个、山区综合开发现代农业示范区 4 家,全县有林地面积达到 110 万亩,建有大枣、核桃、板栗、樱桃、苹果等特色果品产业基地,果品产量达到 30 万吨,总产值达到 28 亿元,成为贫困户稳定增收的主渠道。

四、案例点评

赞皇县结合本地实际,坚持生态产业化、产业生态化,宜林则林、宜畜则畜、宜游则游,构建集生态保育、食物保障、原料供给、旅游休闲、养生养老、文化传统、就业增收于一体的新业态。引导企业进入脱贫地区,因地制宜发展生态产业,推动种养、加工、旅游、电商等农村三产融合发展。昔日的荒山野岭不仅变为绿水青山,还正在向"金山银山"转变。如今,云的故乡、水的源头、花的世界、林的海洋成了赞皇县高质量发展最靓的底色。正如习近平总书记强调的,"我们加强产业扶贫,贫困地区特色优势产业和旅游扶贫、光伏扶贫、电商扶贫等新业态快速发展,增强了贫困地区内生发展活力和动力"。

第十五章

地方政府平台特色产业扶贫实践模式

第一节 地方政府平台特色产业扶贫实践模式

地方政府平台主导的特色产业扶贫实践模式，主要是指县级政府基于地方特色，在尊重市场规律的基础上，创新各种政策措施，设立投融资平台或专项平台，引导当地特色扶贫产业发展。地方政府主导特色产业扶贫需注意以下几点：一是要厘清职能边界。一般认为，政府在产业的形成与发展中具有重要作用。农业具有较强的社会性，一直是国家重点扶持的产业，政府调节产业发展的最有效手段就是制定相关的产业政策，具体又分税收、财政、土地、金融、科技政策等和对市场中介组织的引导和规范。特色产业三产融合，本质是市场行为，应尊重市场规律，政府应自觉构筑效益驱动和创新驱动的内生机制。二是要重视产业规划引导。特色产业发展规划是实现相关产业全面和长远发展计划和一整套行动方案，通过规划来引导农村特色产业三产融合发展，是政府影响产业长远发展的最有效手段，规划引导应该从客观实际出发，在准确把握直接因素的同时照应相关因素，把需要与可能有机地统一起来，突出阶段性、准确性和指导性。三是要挖掘本地特色。激活各种资源，打造旅游品牌。合理开发当地"四荒地"资源，变废为宝，盘活各种农村闲置资源。融入地方特色，增强品牌意识，塑造品牌，建设品牌，宣传品牌，保护品牌。四是要强化政策监管。政策监管是政府行使行业管理的有效手段。制定行业规范和必要的工艺技术标准，为市场主体行为提供有效指引，对其进行强制性约束，对违法违规现象及时依法依规进行惩处是政府的重要职责，应及时到位。地方政府平台主导的特色扶贫产业发展，本质上是发挥农村地区的特色资源优势，发展特色产业和品牌产业，将科技、金融、文化、旅游等产业与农业相结合，形成农业发展新业态。河北省部分农村欠发达地区坐拥多种多样的产业，拥有特色的自然生态资源、特色农产品、特色文化，保留着珍贵的传统手工艺，但或者由于地理位置偏僻、区位优势不明显等因素隔断了产业之间的联系，或者由于品牌建设缺位，农村特色资源不能够充分发挥其价值，这就需要以地方政府平台为主导，通过整合地方资源资产资金，实施资本化运作，创新各种政策措施，为产业间的相互联系、相互渗透、相互影响创造更好的条件，通过建立各类农业扶贫园区，利用产业集群效应实现资源整合、企业聚合乃至三产融合。本章以阜平县、威县和保定市政府平台推动特色扶贫产业模式作为案例，对其典型做法、先进经验及适应条件等展开分析研究。

第二节　案例分析

案例1　阜平县 | 小蘑菇做成大产业，老乡菇助力小康梦

一、基本情况

阜平地处河北省西部太行深山区，总面积2 496平方千米，辖13

个乡镇、209个行政村、1208个自然村，总人口22.98万。阜平是全山区县，山场面积326万亩，耕地面积仅21.9万亩，人均耕地0.96亩，号称"九山半水半分田"。境内生态良好，森林覆盖率41.07%，植被覆盖率80%以上。阜平是全国著名的革命老区，2013年被列为"燕山—太行山片区区域发展与扶贫攻坚试点"。受到历史、地理等条件影响，阜平贫困范围广、贫困程度深、发展基础弱，富民产业发展滞后。2012年12月29日至30日，习近平总书记到阜平考察扶贫开发工作，作出了"全面建成小康社会，最艰巨最繁重的任务在农村、特别是在贫困地区。没有农村的小康，特别是没有贫困地区的小康，就没有全面建成小康社会"的重要论述。针对贫困地区扶贫开发，习近平总书记提出了"因地制宜、科学规划、分类指导、因势利导"的明确要求，为阜平脱贫攻坚、建成小康指明了方向。几年来，阜平全县上下牢记习近平总书记深切嘱托，在各级各界的关心支持下，按照"阜平试点"要求，紧紧围绕脱贫目标，坚持脱贫攻坚与县域发展统筹推进，脱贫致富建小康迈出坚实步伐。针对阜平贫困范围广、贫困程度深、发展基础弱的典型农业穷县、农业产业弱县的基本县情，阜平把推动农业特色产业发展作为产业精准扶贫着力点与突破口。立足当地适宜的气候条件和国内外市场需求，基于2013—2014年笔者在红草河村食用菌种植的探索实践，在廊坊职业技术学院侯桂森教授的指导下，2015年开始，阜平县把食用菌产业作为1号富民产业来培育，搭建投融资平台和科技平台，举全县之力组织推动，食用菌产业从无到有。2020年，食用菌产业产值达到15亿元，成为全县脱贫的特色主导产业。

二、主要做法

（一）制定一个科学规划。通过三年规划建设，形成"一核、四带、百园覆盖"区域布局、"一会、两组、十企、百社"服务体系，以香菇为主、木耳为辅，兼顾秀珍菇、茶树菇、灵芝等品种，突出错季抓发展，发展3.2万亩食用菌特色产业，带动10万贫困人口人均增收万元以上。为确保规范能够落地实施，县委、县政府出台一套扶持政策。出台了3户联保无抵押贷款、灾害成本保险兜底、水电路财政配套、面向农户和企业的系列扶持政策，为引来龙头企业，农民愿种、敢种、有钱种打下了基础。建立科学的技术体系，聘请10名专家，其中5名常驻阜平，把握产业发展方向，解决重大技术问题；按50万棒由财政每月补助5 000元配置一名技术员，保姆式指导农户栽培生产；注册成立了太行山食用菌研究院，与国内一流科研院所协作，开发推广领先技术。

（二）引进一批龙头企业。先后从北京和河北省易县、平泉、辛集、涿州、遵化等地引进了10家龙头企业落户阜平，单独或与当地企业共同注册成立了公司，解决了产业发展没有龙头带动的问题。建立了一套现代食用菌产业经营模式，推广实施了"政府＋科研＋金融＋龙头企业＋合作社＋农户"的"六位一体"模式和企业负责统一流转土地、统一建棚、统一制棒、统一技术、统一品牌、统一销售、分户栽培管理的"六统一分"现代食用菌产业经营模式，使产业各要素的优势得到充分发挥，保证了食用菌产业的快速铺开、稳步发展。形成一套质量标准体系，借鉴绿色、有机、GAP认证管理和出口基地备案要求，建立健全阜平县食用菌质量标准技术体系，为打造品牌、树立阜平食用菌质量形象创造条件。构建一个高效的第六产业体系，注册"老乡菇"商标，开通阜平县"老乡菇网"，把控全县一个销售出口，构建集鲜菇销售、精深加工、休闲旅游为一体的现代食用菌产业体系。

（三）完善了一套联农带贫的科学机制。利用扶贫小额信贷，实施了让敢拼的贫困户贷款购棚买棒当小老板、有顾虑的与企业共同出资合作既挣工资又分红、无劳动能力的用扶贫资金入股分红、不敢投资的到企业当职业工人四种利益联结机制，让所有贫困户，特别是老弱病残户在食用菌产业中受益。

三、取得成效

阜平县食用菌特色扶贫产业从无到有，从 2013 年红草河村的 8 个香菇大棚试点起步，到 2014 年建成第一个 100 亩香菇扶贫产业园区。2015 年 8 月，县委、县政府着手谋划，10 月开始建设，截至目前全县食用菌产业项目各类资金总投入 6 亿元，其中财政投入 20 177 万元、信贷 11 029.5 万元、社会资金 25 305.25 万元、农民自筹 3 488.25 万元。阜平县食用菌产业覆盖 13 个乡镇，完成流转土地 9 100 余亩。建成百亩以上园区 54 个、出菇棚 3 300 余座，新建菌棒生产企业和加工销售基地 10 个；建设保鲜库 52 座，储存能力达 5 000 余吨；购置安装烘干设备 66 台套，日烘干加工能力达到 89 吨，新增食用菌栽培棒数约 3 200 万棒。参与户数为 6 260 户，直接参与种植食用菌的包棚农户为 2 022 户，参与务工农户为 4 238 户，带动贫困户数为 2 810 户。年产菇耳 2.4 万吨，总产值达 15 亿元，实现户均增收 2 万元以上，农民获得了实实在在的收益，看到了脱贫致富的希望。

四、案例点评

政府引导是关键，阜平县在国家、省直机关和社会各方面的扶持下，提高自我发展能力，立足区域优势，因地制宜，高站位、高标准编制特色优势产业发展规划，积极推进本地特色扶贫产业规模化、专业化、标准化、品牌化发展，延伸产业链条，为贫困农户脱贫致富提供了强有力的特色产业支撑。在阜平县委、县政府组织协调下，按照"一个特色产业、一部发展规划、一名县级领导牵头、一个主抓部门、一套班子协作、一项政策基金保障"的机制，农业、财政、发改、扶贫、林业、水利、金融、交通等各相关部门，发挥各自优势，全力做好特色产业发展、精准扶贫精准脱贫工作。政策资金是保障。农业特色产业健康持续发展，实现产业精准扶贫、脱贫目标，需要强有力的政策资金保障，集中向产业基地、园区、贫困村户倾斜投入。阜平县委、县政府把特色产业发展，实施产业精准扶贫作为全县重点工作来抓，出台了食用菌产业发展优惠政策，建立投融资平台——阜平县阜裕投资有限责任公司，统筹集中使用专项资金、信贷资金，最大限度地倾斜支持特色产业发展，最大限度覆盖贫困农户。实现了农业保险的全覆盖，实现了资源（农户土地、资金）的资本化，实现了农户、企业、金融的利益联结和互利共赢，促进了特色扶贫产业的健康发展。龙头引领是平台。农业特色产业仅依靠单户农民去发展并且与市场对接，取得较好的经济效益是不可能的。农业特色产业需要经济实力强、技术先进、市场占有率高的龙头企业引领产业发展，建设高标准的产业基地、园区。通过市场经济手段，利用有效的利益联结机制，把龙头企业与贫困户有机结合起来，使龙头企业成为产业推进发展的平台和载体。以食用菌产业为例，阜平县加大对特色产业龙头企业的扶持力度，先后引进扶持了10家龙头企业。通过农业龙头企业的引领带动，充分调动农户参与产业发展的积极性，统一品种、技术、品牌、产品销售，不仅实现了产业的规模化、标准化发展而且还解决了与市场对接的问题，保障了农民的切身利益。技术团队是依托。农业产业的健康持续发展，离不开先进技术的支撑，更是先进技

第十五章 地方政府平台特色产业扶贫实践模式

术成果成功转化的集中体现。在推进食用菌产业发展过程中，阜平县不盲从、不走老路，吸取其他地区在产业发展中遇到的困难和教训，切实保证产业稳妥起步和快速发展，聘请10名省内栽培、加工、经济等领域的资深专家成立食用菌产业专家指导小组，做好产业发展的规划指导工作。进一步拓宽服务领域，转变服务方式，采取集中办班、创办农民田间学校和"请进来""走出去"的方式，开展全方位、多层次的技术培训，全面提高菇农素质。依托省内科研力量，加大对食用菌栽培技术的开发力度，依托省食用菌专家顾问组联合攻关，引进、驯化新、特、稀品种，开发精深加工技术，通过技术创新带动食用菌产业提档升级。品牌发展是方向。实现产业的标准化、集约化发展以及产品的品牌化建设是产业发展的方向，也是完善产业链条，实现品牌农业、现代农业的关键。依托优良的地域环境、高端的食用菌设施以及优质的食用菌产品，阜平注册了"老乡菇"品牌，开通了"老乡菇网"，并且召开了食用菌招商会，着力打造阜平"老乡菇"品牌。目前已经有两家企业的香菇、黑木耳被认定为绿色食品A级产品。阜平创建了河北省省级现代食用菌产业园区，该产业园被农业部认定为绿色食品原料（食用菌）标准化生产基地创建单位。增收扶贫是根本。产业健康持续发展，激发农户参与积极性，让农户，特别是贫困户参与到产业发展中来，最大限度地带动贫困户增收致富，防止返贫，使其充分感受到现代农业产业发展的成果。阜平县在推进特色产业发展过程中，把农户作为推动产业发展的主力军，以户为单元精细管理，通过政策扶持、龙头带动、技术指导、农户资源资本化、自身务工经营等途径带动农户参与、经营、劳动、增收，争当现代新型职业农民，进而带动贫困户脱贫致富，实现特色产业精准扶贫精准脱贫的目标。

案例2 威县｜"金鸡帮扶"资产收益扶贫模式

一、基本情况

"金鸡帮扶"被列为中央政治局第三十九次集体学习资料。2016年，威县与北京德青源农业科技股份有限公司合作，政府利用企业的人才、技术、品牌、销售渠道，在全国率先探索创新了"国企融资建厂、扶贫资金入股、企业租赁经营、贫困群众分红、集体经济受益"的"金鸡帮扶"资产收益扶贫模式，当年实现收入1 660.4万元，受益贫困人口3.8万人次，为476个村增加村集体收益726.2万元。

二、主要做法

（一）搭建一个平台，变扶贫资金为固定资产。专门设立集投资建设、管理运营于一体的农投公司，作为整合承建平台。第一步，整合资金。征得贫困群众同意后，将财政扶贫资金按每人配额折股量化，入股合作社加入农投公司形成股权，同时整合其他扶贫资源，使"小钱变大钱"。第二步，建设资产。农投公司按照承租企业要求，采取特许经营权模式，用整合的扶贫和涉农资金建设集体资产，把资源资金整合到优势产业平台上，使"资金变资本、资产变资金"。"金鸡帮扶"模式固定资产投资2.75亿元，其中整合扶贫资金0.2亿元、涉农资金0.7亿元。为提升农投公司经济实力，注入县属经济林权、城市背景林带权、3.3万亩河道确权国有土地等资产，增加融资能力12亿元，总资产达到14亿元，实现融资4.9亿元。

（二）创新两个机制，变直接经营为租赁经营。积极运用市场化机制，由专业团队经营扶贫项目，提高经营水平，做大利益蛋糕，突破产业直接扶贫的瓶颈,同时减少经营主体的投资和负债,提升利润空间。实践中,重点完善了两个机制。一是租赁经营机制。金鸡项目承租期25年,按照"分期建成、分期移交、分期受益"原则,前15年每年按固定资产总投资的10%支付租金;后10年,每年支付租金1 000万元。租赁期满后,每年可以1 000万元续租,或按残值一次性收购固定资产,资产收入用于相对贫困人口动态救助。二是利益分配机制。租金在农投公司还本付息后,剩余部分按贫困村户配股资金每年10%的收益分红,为贫困村拨付一定的集体收入。自2016年实施"金鸡帮扶"资产收益扶贫模式以来,为建档立卡贫困户发放资产收益分红52 142人次2 300.68万元。

(三)拓宽三条路径,变单纯分红为广泛参与。密切关注群众"参与度"、扩大产业"关联度",提升产业水平,创造就业空间,引导有劳动能力的贫困群众参与进来,防止单纯分钱分物滋生懒汉思想。重点抓好"三个带动":一是项目自身带动。约定承租方至少聘用30%以上的贫困群众,两个项目全部建成后,可提供就业岗位338个,已有196名群众到岗就业,其中专为贫困群众提供的保安、保洁等低技术要求爱心岗位85个,月均收入2 000多元。二是村公益岗带动。发放到村资产收益657村次1 855.87万元,重点村每年有4万元集体收入,除去公益事业建设维护费用,其余全部用于贫困户公益岗位,目前每村安排公益岗2至3人,每人年均收入6 000多元。三是关联产业带动。打造包装、运输、饲草种植等关联产业,带动150多名贫困群众稳定就业或打零工,人均年收入1万元以上。通过流转土地解放出来的524名贫困群众外出或到工业园区打工,在增加财产性收入的同时,也增加了工资性收入,实现了流转土地挣租金、入园打工挣薪金、入股分红挣股金的"一份土地挣三份钱"。

三、取得成效

为切实解决思想观念、就业技能、社会导向问题，鼓励支持全县有劳动能力的贫困户，在享受产业分红的同时就业创业。一是强化培训提素质。依托教育部定点帮扶支持的职教园区，免费开展就业创业技能培训，由"输血"向"造血"转变，实现"职教一人、就业一人、脱贫一户"。二是职称评定激活力。实施农民职称评定改革试点，评定农民技术员、农民技师148人，激发学科技用科技的积极性，探索职业化农民培育新路径。三是畅通热线促就业。依托县人力资源市场，探索集用工、就业、咨询、培训于一体的"就业用工服务110"，助推群众就业、企业招工。四是示范引领造氛围。在全县广泛开展"爱威县、献良策、做贡献"活动，村村建立微信群，引导群众践行社会主义核心价值观。把不做懒汉写入村规民约，在县电视台、《威县报》开辟"创业标兵""时代先锋"专栏，宣传残疾人创业典型王运报、贫困户脱贫典型孙福爱等，营造脱贫光荣价值导向，实现有劳动能力的贫困户就业创业全覆盖。

四、案例点评

"金鸡帮扶"产业扶贫项目是威县政府与北京德青源农业科技股份有限公司合作探索的资产收益扶贫模式，是国务院扶贫办确定的第一个试点。"金鸡帮扶"资产收益扶贫模式，通过威县设立农投公司，对涉农资金采取"整合下放、折股量化、参股投放、统一建设、合规经营、利益共享"的操作程序，不仅探索出增加农村集体收入，带动贫困群众稳定增收脱贫的有效途径，还走出了一条"国企融资建厂、扶贫资金入股、企业租赁经营、贫困群众分红、集体经济受益"的路子，并且加快了产业结构转型升级和新型城镇化步伐，实现了生产、加工、销售三产融合发展，是深化农业供给侧结构性改革的生动实践，该模式在全国各地可复制、可推广。

案例3　保定市 | 创建农业科技驿站，打造产业扶贫高地

一、基本情况

保定市政府与河北农业大学合作创建太行山农业创新驿站，自2017年启动实施至今，共建设创新驿站50个，100多项新技术、新成果率先在驿站转化落地，科技贡献率达到80%以上。引进推广新品种、新技术717项，申请专利55项，获得农产品"新三品"认证77个，注册商标86个。累计开展技术培训600余次，4 300余名河北农业大学学生参与实践，2万名农技人员接受培训，3万名农民接触了新理念、新思想，掌握了新知识、新技能。"创新驿站"模式已经成为保定市政府与驻地高校产业紧密合作，协力脱贫攻坚的成功典范。"太行山农业创新驿站"模式荣获全国"全国脱贫攻坚奖"后，又在7家国际组织开展的"全球减贫案例有奖征集活动"中荣获"最佳减贫案例"。

二、主要做法

（一）创新"四个机制"，发挥政府统筹引导作用。一是组织推动机制。通过政府、高校、企业、农户"四方联手"，以确定一个主导产业、拿出一笔专项经费、对接一个龙头企业、组建一支多领域多学科的专家团队、建设一个创新创业基地、培育一批农业人才的"六个

一"模式,实现产业链、人才链、学科链、创新链、服务链的"五链合一"。二是政策激励机制。保定市出台实施意见、资金管理、考核办法等一系列政策指引性、支持性文件,鼓励科技人员通过技术入股、技术承包、收益分配等方式深入贫困地区创业和开展服务,在贫困村开展新品种、新技术集成应用和示范推广。各县(市、区)将太行山农业创新驿站扶持资金纳入财政年度预算。2017—2019年全市累计投入资金3 000多万元支持驿站建设。三是科研保障机制。驿站聚合河北农大的科技、人才、信息等资源,组建以企业为主导的农业产业创新联盟,一批具有保定特色、能够显著发挥示范引领和辐射带动作用的现代农业创新示范样板基地逐步建立,基本形成了保北蔬菜、保南特色农产品和山区林果、杂粮及食用菌的现代农业发展格局。四是考评奖补机制。出台《关于太行山农业创新驿站创建工作考核办法》《太行山农业创新驿站考核评比实施方案》等相关文件,组成联合考核组对各县(市、区)驿站建设情况进行考核。保定市累计拿出520万奖励资金,设立突出贡献奖、最佳进步奖等奖项,对评选出的优秀驿站进行奖补,在全市50家驿站内遴选符合条件的太行山农业创新驿站建设项目予以重点支持。

(二)做到"三个坚持",整合调动各方力量。一是坚持基本模式。2017年7月,保定市政府与河北农业大学签订战略合作协议,坚持以"六个一"模式创建,为启动实施"农业创新驿站"奠定了基础:每个县(市、区)确定一个具有优势特色并能带动全县域的主导产业,拿出一笔首期不少于100万元、以后每年30万—50万元的专项经费,明确一个企业或园区作为产业承接平台;河北农业大学组建一支基于产业链需求的专家团队,在当地组建一个科技研发推广中心,培养一批青年教师、学生和当地的专业人才。二是坚持核心驿站引领。在持续提升驿站科技成果转化、辐射带动能力的基础上,突出核心带动，围绕全市农业特色产业发展情况，将第壹驿站作为全市苹果产业的核心驿站，带领曲阳、顺平、唐县、阜平等地发展苹果产业；以安国市中药都药博园为核心驿站，引领全市中药材产业发展；以阜平食用菌驿站为核心驿站，辐射带动全市食用菌产业发展；以高碑店新发地为核心驿站，建设驿站产品展示中心，打造太行山农业创新驿站金字招牌。三是坚持聚焦"四个农业"。驿站始终坚持以科技农业、绿色农业、品牌农业、质量农业为导向，坚持大产业抓小品种、新产业抓大基地、老产业抓新提升、强产业抓固根基，优化产业布局，突出产业特色，连片开发、规模发展，统筹结合驿站多方力量，培育特色产业，密切利益联结，真正让农民得到实惠。

（三）创新"三项举措"，持续提升联农带贫能力。一是强化科技支撑。着力推动科技资源向驿站聚集，制定一套科技扶贫行动方案，开展技术成果转化和示范推广，研发推广的新技术、新成果促进一批新产业诞生，贫困地区特色产业实现了无中生有、有中生新的根本性转变。二是强化品牌建设。驿站成立农产品品牌展示中心，以顺平第壹驿站为依托，推出"保定苹果"区域公用品牌；安国药博园驿站种植的祁菊花、祁山药被认定为全国地理标志农产品；涞源六旺川驿站的"桃木疙瘩"柴鸡蛋，被誉为"革命老区的柴鸡蛋生态自然，不用化妆"。三是强化利益联结。企业通过专家团队的技术服务、市场引导等，大大提升了产品质量和附加值，有效促进了企业发展和扶贫产业提档升级。专家参加驿站建设相当于参与省级科研课题，促进了教学、科研与实践的结合，极大激发了科研人员的积极性。

三、取得成效

贫困群众以农业创新驿站为平台，掌握了先进的农业技术，通过土地流转收租金，入企打工赚薪金，扶贫资金入股分红金，增收脱贫的积极性和主动性不断提高，保定市 30.27 万贫困人口在农业创新驿站的辐射带动下摆脱了贫困。

四、案例点评

农业创新驿站如星星之火，在燕赵大地已成燎原之势。作为科学技术转化平台，通过整合人才、科技、市场、金融等要素资源，打造了一批无中生有、有中生新的特色扶贫产业，并致力于提升农产品价值，构建农产品品牌发展体系，挖掘品牌文化，创新品牌设计，延伸品牌链条，提升品牌价值，拓宽产业、加工、销售渠道，增强市场竞争力。一批区域公用品牌、企业品牌和产品品牌，一批"懂农业、会管理、能掌握先进农业生产技术"的职业农民，在驿站中成长壮大，实现了农村三产融合发展，充分发挥了科技创新驱动力量。该模式在全国具有极高的推广价值。

第十六章

股份合作制特色产业扶贫实践模式

第一节　股份合作制特色产业扶贫实践模式

股份合作制特色产业扶贫实践模式,是脱贫攻坚中形成的行之有效的方式。在实现巩固拓展脱贫攻坚成果同乡村振兴有效衔接过程中,如何挖掘和释放家庭经营新潜力,催生和孕育适度规模化经营的新能量,实现农村三产融合发展,打开农业农村现代化的新局面,将是我国农村改革发展又一次划时代的重大突破。实现这一重大突破,必须在统筹考虑市场化大势、家庭经营优势、城乡融合发展态势中寻求突破,把股份合作制作为全局性、战略性的选择,着力加以推进。

一、以股份合作制推进农业农村现代化

在新型工业化、城镇化、信息化的进程中,同步推进农业农村现代化,是打赢脱贫攻坚战、全面建成小康社会后的必然要求。农业现代化,包括农业机械化、生产技术科学化、农业产业化、农业信息化、农业可持续化五个方面的内容,核心是生产的高效化、经营的市场化、城乡融合发展的一体化。股份合作制作为农业经营制度的重大创新,为实现这一目标提供了正确路径和有效载体。

首先,股份合作制是完善和提升家庭承包经营的重要形式。在我国的农业生产经营体系中,家庭承包经营的主体地位明确而又稳固,对农业发展和农村稳定发挥着不可替代的"基石"作用。但同时也要看到,经过40年的发展和演进,家庭承包经营政策红利的释放空间在市场化、信息化条件下受到了很大限制,使深化农村经营体制改革面对"两难"选择。一方面,家庭承包经营的政策"基石"不能动摇;另一方面,市场化改革的基本取向不可逆转。如何把家庭承包经营与市场化需求有机结合起来,是农村经营改革的核心与关键。从各地实践来看,股份合作制是在家庭承包经营基础上的完善与提升,为解决这"两难"问题提供了现实选择。"合作"体现了坚持与继承,在不打破家庭承包经营在农业生产中的主体地位、不割断农民与土地紧密的利益联系中发展适度规模化经营,有利于保护和调动农民的积极性;"股份"体现了完善与创新,通过组织再造和机制创新,把农民纳入现代生产体系之中,实现了农户分散生产向联合与合作、适度规模化经营的转变。

其次,股份合作制是推进现代农业的重要途径。发展现代农业,必须有一大批具有一定经营规模水平、能够吸纳先进生产要素的新型经营主体。目前,我国农业的组织形式主要还是自然人农业,传统的家庭单元受限于土地规模和人力素质,生产以兼业化为主,市场化水平不高,带有相当程度自然经济色彩,难以承接和吸纳现代生产要素,难以面对大市场进行规模化、专业化、组织化生产。推进自然人农业向法人农业转变,培育新型生产经营主体有多种途径,在家庭经营这一基本形式的基础上,通过股份合作制的方式,形成以为数众多的合作社和家庭农场为基础,以大型龙头企业和农业公司为骨干,各类新型农业经营主体竞相发展、协同发展的法人农业和市场农业体系,无疑是我们推进农业农村现代化的重要方向。从实践来看,股份合作制在培育和发展新型经营主体方面发挥着重要而独特的作用。股份合作制，通过合作的展开，可以在传统农户的基础上催生出家庭农场、农民合作社等新型经营主体；通过股份制的构建，可以培育形成农业公司、农业产业化联合体、农业社会化服务组织等现代经营组织，将先进生产要素注入农业生产，将现代管理引入农业经营，有力地推进自然人农业向法人农业和市场农业转变。

最后，股份合作制是推动城乡融合发展的重要举措。从产业发展的角度来看，城乡一体化关键是要形成城乡之间要素互流、产业互动、动力互促、发展互助的新格局。从目前来看，这一格局的出现和形成还存在着很大的障碍，突出表现为由于缺少有效的渠道与平台，要素难以对接，项目难以落地，稳定合作、互利共赢的机制难以建立和发展。面对农村千家万户的经营主体和极度分散的资源资产，城市资本和工商企业渴望进军农业农村，但往往是望农兴叹，进不去，也干不好；农村盼望与城市资本和工商企业合作，但往往是高攀不上，缺乏组织平台和合作机制。股份合作制以合作组织为中介，将分散的农户与工商企业予以对接，以股份量化为机制将农户分散、差异的资产经营权和使用权变为无差别的股权，与工商资本进行"耦合"，为城乡之间要素的充分流动、产业的融合发展，搭建了平台，打开了通道，拓展了空间，必将有力地推进城乡融合发展一体化的进程。

二、以股份合作制破解农业农村发展制约瓶颈

改革开放以来，我国的农业农村发生了前所未有的变化，但也面临着前所未有的现实难题。制约农业农村发展的主要因素是资产资本化水平低、主体分散化程度高、城乡要素分割化障碍大、农民利益碎片化趋势严重。这一低、一高、一大、一重，是农村改革发展绕不

开、躲不过的关口。股份合作制作为涉及农村产权和城乡要素配置的综合改革，是闯过这些关口、解决这些问题的有效办法和治本之策。

第一，股份合作制能够破解农村资产"资本化"的难题。新形势下，推动农村改革发展最大难点，也是最大潜力，是唤醒沉睡多年的优势资产和资源。发展股份合作制，最大的特点和优势是通过股份合作将土地等资源与工商资本高效配置，实现农村资产资源的资本化，为农业发展、农民增收和农村繁荣增添新的活力和动力。"晒太阳、种棒棒"是对过去曲阳县齐村乡乡民生活状况最确切的描述。由于缺乏盘活农村资产的机制和平台，农民长期抱着山多、水多、资源丰富的"金饭碗"过穷日子，2013 年人均纯收入仅有 1 950 元。2014 年该乡采取"政府+银行+龙头企业+合作社+农户"的"五位一体"模式，发展股份合作制，农户以荒山荒坡入股，引入工商资本，由多家公司对 78.6 平方千米荒山荒坡进行综合立体开发，开发了万亩红枣、万亩核桃、万亩生态林、万亩光伏发电和千亩鲟鱼养殖基地"四万一千"项目。股份合作唤醒和盘活了沉睡多年的闲置资源，给农村和农民带来了巨大而丰厚的收益。目前，万亩红枣基地配套成立了 2 个红枣加工厂和 2 个红枣专业合作社，达到人均枣树 4 亩，人均增收 4 800 元；以南雅握、峪里、店上等 5 个村为中心的万亩核桃基地，覆盖片区人口 1 万多人，挂果后每亩增收 8 000 多元；全乡生态林种植面积已发展到 8 000 亩，人均增收 1 000 元；建设鲟鱼池 300 多个，年产值 4 500 万元，带动周边村民 500 多户，户均增收 2 400 元。

第二，股份合作制能够破解农业主体"分散化"的难题。深化农村改革，必须在坚持家庭经营基础地位不动摇的前提下，找到一条集约化、规模化、组织化、社会化的发展路子。家庭作为传统的生产经营单位，受限于规模体量和自有能力，不纳入新的组织方式和经营模式，很难自行解决"分散化"问题。推行股份合作制，通过横向资源要素联合和纵向产业链条延伸，将分散农户予以整合，集体纳入现代农业生产体系中来，促进了现代农业生产格局的形成。饶阳县大尹村镇大迁民村是国家级贫困县里的贫困村，该村没有工业基础，却有发展现代农业的资源与环境优势，全村 2 498 口人，拥有 5 468 亩耕地。但由于没有先进的组织方式和利益联结机制，农户被分割在条块化的责任田里，机械化水平低，科技成果无法推广，经济效益没有保障，种地成了谁都不愿干的活。2011 年衡水众悦农业科技股份有限公司出资 1 500 万元组建饶阳县党恩蔬菜种植专业合作社，420 个农户加入合作社并将自己的 3 200 亩土地以入股的形式流转给公司，公司投资近亿元对土地进行规模开发，建设了大型现代农业循环经济示范园区，发展种植、养殖及肥料、饲料加工及农产品储藏、加工、销售，实现一二三产业融合发展。由分散经营到股份合作，大迁民村不仅扩大了生产规模，更重要的是提升了市场话语权，提高了生产效率。一年下来，该村加入股份合作的农户比分散经营的农户年收入高出近 3 倍。

第三，股份合作制能够破解城乡"分割化"的难题。破解城乡分割的二元结构深层次矛盾，必须打破城乡之间要素流动和产业互动的深沟壁垒，建立起接入和容纳城市工商资本、先进技术、专业人才等现代生产要素进入农业农村领域的平台和载体，实现城乡之间产业互动、融合发展。股份合作制这一组织方式和经营模式，把城市资本的趋利性和农村资源的稀缺性衔接起来，解决了城市资本找不到出路、农村资产资源难以激活的难题。平山县葫芦峪农业开发园区涉及 10 个村 1 763 户，园区内原来的荒山、荒地因产权归属不一，难以整体开发，导致长期闲置。城市工商资本的顺利进入，得益于找到了农业园区这一股份合作的载体。5 名股东投入 1.6 亿元、以股份制形式成立葫芦峪农业综合开发有限公司,建成核桃示范园区1万亩,栽植核桃25万株,整理高标准梯田1.2万亩。公司实行"大园区小业主"的经营模式,一方面依托公司对荒山、荒坡实行统一种植、统一管理、统一收购、统一品牌、统一销售"五统一",用城市的先进生产技术、先进管理经验、专业技术人才来为现代农业发展提速;一方面以50亩为单元,按照统一标准,让农户分片包干经营,实现了"不离家门能创业、不用进城能打工",提升了劳动者素质和就业创业能力。

第四,股份合作制能够破解农民利益"碎片化"的难题。股份合作制不是简单的土地流转,不是企业和农民之间的一锤子买卖,而是把农民利益与企业发展捆绑在一起,把农民的土地与企业的先进要素捆绑在一起,建立利益联结机制和利益保障机制,使农民得到土地租金、务工薪金和分红股金"三金"收入,避免了农民种地"靠天吃饭"的困境和有今天没明天"流动性"打工的尴尬,确保农民能持续、稳定分享土地等资产带来的收益,破解农民利益"碎片化"倾向。赤城县坤淼养殖有限公司与该县黎家堡村集体合作建立了股份制生猪养殖场,公司投入700万元作为股本金,占65%股份,村集体以水路电路等配套设施、政府补贴的产业资金和集体土地入股,折价375万元、占35%股份。村集体成立黎家堡村鸿安养猪专业合作社,与公司签订合同,组织农民进行生猪养殖。通过一年多运营,公司实现利润400多万元,村集体按股分红140多万元,养殖农户每月保底工资1 500元,另按生猪成活率提取超出部分产值的40%作为绩效收入,仅工资性收入就达2 000多元,实现了农民收入的持续稳定增长。

三、以股份合作制推进资本市场扶贫

资本市场扶贫不仅仅是一个金融问题、经济问题,更是一个政治

第十六章 股份合作制特色产业扶贫实践模式

问题、社会问题。近年来,河北省认真落实国务院扶贫办、中国证监会工作部署,以实现特惠金融扶贫为目标,构建政府主导、资本市场多方主体共同参与的扶贫工作机制,设立扶贫股份和金融扶贫板,完善资本市场普惠金融功能,将资本市场"活水"引入贫困地区,助推特色产业发展和群众增收,开创资本市场助力脱贫攻坚的新局面。

(一)融合资本和扶贫的价值追求。发展为了人民,是马克思主义政治经济学的根本立场。消除贫困,改善民生,实现共同富裕,是社会主义的本质要求,也是中国共产党的历史使命。长期以来,受思想观念的影响,贫困地区干部群众资本意识淡薄、资本知识匮乏、资本人才缺少、金融工具运用不活、金融政策落实不到位,特别是缺少资本市场的"活水",已成为制约贫困地区发展最突出的因素。资本的逐利性,实现利润最大化的价值追求,决定了水向低处流,资本向高处走。消除贫困是最大的政治任务,也是第一民生工程。把脱贫攻坚纳入国家战略,将资本和扶贫融为一体,并一以贯之地推进执行,把金融政策红利转化为扶贫红利,是检验我们是否落实以人民为中心发展思想的"试金石"。不论是"人民对美好生活的向往就是我们的奋斗目标"的执政理念,还是"全面建成小康社会,一个不能少;共同富裕路上,一个不掉队"的庄严承诺,都彰显着共产党人的初心和坚守,也激发着精准扶贫精准脱贫攻城拔寨的伟力。河北省在金融扶贫工作中,通过扶持政策设计,引导贫困地区改善金融生态环境和企业融资模式,接受资本市场的"洗礼",通过加强贫困地区党政领导干部金融知识培训,金融机构向贫困地区选派挂职干部,多次在省委党校举办党政领导干部金融扶贫专题培训班,提高贫困地区领导干部运用金融工具的能力。让更多贫困地区的企业家聆听来自资本市场的声音,在石家庄股权交易所设立"金融扶贫板",帮助扶贫龙头企业在资本市场"绿色通道"实现融资,扶持贫困地区特色产业做大做强,提高企业的联农带贫能力,进而提升贫困户自身的劳动技能,极大地激发了贫困群众脱贫致富的内生动力。

(二)打造股份合作制经济组织的必要性。企业要上市,首先要改制。股份合作制经济组织,兼有股份制和合作制两种经济形态,是贫困户在合作制基础上,将土地、资金、劳动力等资源资产资金折价入股,依法自愿组织起来,并采取股权设置、组织管理的一种新型经济实体。根据《中华人民共和国公司法》"有限责任公司由五十个以下股东出资设立""设立股份有限公司,应当有二人以上二百人以下为发起人"的规定,采取"龙头企业+合作社+贫困户"的模式,龙头企业带合作社,合作社带贫困户,优先贫困户入合作社,合作社参股龙头企业。股份合作制经济组织实行按股分配和按劳分配相结合,是盈利与互助兼顾、市场主体和贫困户互利共赢的有效形式,是通过资本市场发展特色产业、壮大农村集体经济和增加贫困户资产收益的重要途径,是我国当前农村经济体制改革的制度模式选择,是对马克思主义合作制与股份制理论的继承与发展,为消除贫困、改善民生、实现共同富裕开辟了道路。2020年,河北省扶贫股份合作制经济组织已发展到9 529家,产业扶贫项目贫困户覆盖率达到100%以上。围绕建档立卡贫困户"谁来带动、如何参与、金融支持、收益分配",推动农村产权制度改革,建立贫困户与龙头企业利益联结共享机制。一是党委政府推动。大力推进"万企帮万村"和"万企兴万村"行动,利用贫困县资本市场扶贫"绿色通道"政策,加大招商引资、引技和引智力度。河北省扶贫办出台了《关于完善扶贫龙头企业认定和管理的实施办法(试行)》,按照现代企业制度,基于带贫益贫、防范风险的原则,认定了528家省级扶贫龙头企业。开办资本市场扶贫培训班,推动扶贫龙头企业股改、上市、挂牌,提供股权质押、"上市贷"等融资服务。政府有关部门加强监督管理。二是整合下放、折股量化。将财政涉农资金进行整合,下放到村主导的贫困户合作社,作为合作社发展的股本金。扶贫资金按每户应得资金折股量化,形成股权向每个贫困户分配,由资金到户改为资本到户、权益到人。三是参股投放、统一建设。涉农整合资金作为村集体股份,扶贫资金为贫困户股份,以村合作社为单位,将本社的股本金,投放到龙头企业,组成新的项目公司。按照特色产业项目的建设标准,由政府和企业统一建设,形成物化资产。参与股份合作经营的各方必须签订《资产收益扶贫股份合作协议书》,合作社股份作为优先股,龙头企业利用自有资产对合作社的资产实施反担保。四是合规经营、利益共享。龙头企业在生产方式上,实行统分结合,充分发挥两个积极性。统一流转土地、统一建设基础设施、统一传授技术、统一贷款、统一品牌标准、统一价格回收,包产到户、分户经营,贫困户参与其中。在销售模式上,发展订单农业,将农业一元化生产变为二元化生产。由电商平台充当销售科,股份合作制企业变成生产车间。在技术支撑上,聘请高校专业技术人员,建立农产品研发中心。在分配机制上,合作社的扶贫股份收益率一般为5%—10%,按期发放"保底+分红"。优先流转贫困户土地,优先安排贫困户就业,让贫困户"分股金、赚租金、挣薪金",实现了投资"零成本"、经营"零风险"、就业"零距离"。通过明晰所有权,放活经营权,落实监管权,确保收益权,建立归属清晰、权责明确、保护严格、流转顺畅的现代农业产权制度,构建资本市场扶贫的运行机制,实现资本与劳动的联合,推动了特色产业三产融合发展和贫困群众增收,打造股份合作制经济组织特色产业扶贫模式。

(三)构建合力推进的工作机制。没有很好的金融服务和产品,就没有特惠金融扶贫目标的实现。河北省注重发挥多层次资本市场的扶贫作用,用好有为政府和有效市场两只手,努力构建资本市场扶贫工作新机制。

第一,开辟上市挂牌"绿色通道",为脱贫产业发展筹集更多的资金。一是完善资本市场服务机制。出台《关于发挥资本市场作用服务我省脱贫攻坚战略实施方案》,建立政府有关部门、金融机构和企业结对帮扶机制,聚焦贫困地区市场主体,成立资本市场帮扶工作组,主动对接贫困县政府和企业,为扶贫企业进入资本市场量身定制方案,提供有针对性的股改建议,服务脱贫攻坚。二是建立扶贫企业上市挂牌激励机制。印发《河北省企业挂牌上市融资奖励资金管理办法》,对在境内外首发上市的扶贫龙头企业,一次性奖励200万元;对在"新三板"挂牌的扶贫龙头企业,一次性奖励150万元;对在石家庄股权交易所主板挂牌的扶贫龙头企业,一次性奖励30万元。三是创新区域股权市场扶贫机制。2017年,在石家庄股权交易所创建全国首个"金融扶贫板",面向全省扶贫龙头企业,开展金融创新、企业培训、转板上市等服务,首批10家扶贫龙头企业成功挂牌上市。2020年,河北省贫困县有2家扶贫龙头企业正在进行IPO上市前辅导;有23家扶贫龙头企业在"新三板"挂牌,累计融资9.6亿元;近100家扶贫龙头企业在石家庄股权交易所挂牌,累计融资1.9亿元。

第二,推广"保险+期货"业务,防范化解特色扶贫产业的市场风险。河北省作为全国主要粮食产区,小麦、玉米播种面积较广,为发挥期货产品风险防范作用,确保贫困群众增产增收,协调期货公司先后开展了4单"保险+期货"业务,投入资金近80万元,有效地帮助贫困户规避农产品价格波动风险。在邢台市任泽区,永安期货开展了全国首单小麦"保险/期权+期货"业务试点,为1 000亩约400吨小麦参保,农业合作社通过购买看跌期权,获得项目赔付3.37万元。在大名县,2017年,方正中期期货开展场外期权试点,完成1 000吨玉米保险帮扶项目,3家合作社的210个贫困户直接受益11

万元；2018年，方正中期期货再次开展玉米"收入保障计划"项目试点，覆盖5.6万余亩3万吨玉米，惠及13 922个贫困户。此外，永安期货出资120万元协助大名县搭建农特产品销售电子商务平台，为大名县9个种养大户、258户贫困户提供鸡蛋价格场外期权产品等。

第三，把资本人才引入贫困地区，开展精准帮扶。推动"一司一县"结对贫困县，开展特色产业投资、文化教育、医疗卫生、赈灾救济等各类帮扶。省内57家上市公司累计派出136人到贫困县挂职帮扶，直接投入资金2.43亿元，协助引进资金31.37亿元，实施特色产业帮扶项目61个，帮助16 778名建档立卡贫困人口脱贫。举办826期劳务输出培训班，54 132人参加培训，推进扶志扶智举措落地见效。2016年以来，省内上市公司华夏幸福基业股份有限公司投入近7 000万元用于扶贫，其中，捐赠400万元用于教育扶贫；捐助1 910万元用于贫困村美丽乡村建设；投入资金4 602万元，对涞源县29个村庄实施易地搬迁、危房改造、贫困村基础提升工程和光伏扶贫，惠及贫困群众1.6万余户3万余人。河北证监局与省扶贫办联合安排16家证券期货基金机构与15个贫困县建立结对帮扶关系，实现10个深度贫困县结对帮扶全覆盖。河北省唯一的法人证券公司财达证券股份有限公司结对帮扶威县、丰宁满族自治县和涞源县3个国家级贫困县，协助威县科技创新龙头企业引入5亿元产业扶贫基金建设科技扶贫园区，帮助丰宁满族自治县研究发行扶贫专项债券，首期发行规模3亿元，用于特色产业项目。

四、以关键环节的突破加快推进股份合作制

当前，各地正在积极探索实践股份合作，股份合作制也刚刚起步，处于发展初期阶段。把这一代表农村改革方向的重大举措推广开

来，既要解决好认识问题、引导问题，更要重视解决好支持、服务和保障的问题，特别是要在关键环节上拿出切实管用的办法和举措。

（一）夯实一个基础，加快完善农村各类产权的确权登记颁证。股份合作制是以产权为基础，只有具备明晰的农村各类产权，才能实行股份合作。一方面要确权，加快推进农村土地承包经营权、农村集体建设用地使用权、宅基地使用权、集体林权等确权登记颁证工作，明晰各类产权，保护农民权益。总的原则是，法律和政策允许的，都要纳入范围，分类进行，做到能确尽确；村集体经济组织和广大农民赞同的，都要将实物形式产权量化为资本形式股权，做到能股则股。一方面要创新，在确权的基础上，在法律政策框架范围内，最大限度扩大和完善农村各类产权的权能，为通过股份合作制实现农村资源资产资金资本化运作创造条件。例如，在农村宅基地的处置受到法律和政策限制的情况下，可引导农民将闲置的农宅使用权进行流转或入股，集中起来成立农宅合作社，盘活农村闲置宅院。

（二）打造一个平台，加快建立完善农村产权流转交易体系。有了农村产权交易平台这个"桥梁"，才能在确权的基础上，构建起农村产权与资本交易服务体系，推动农户与企业进行合作，发展股份经营，真正实现农村劳动力转出来，工商资本引进来，农村要素活起来。近几年，河北以平乡等6个县为试点，积极推进农村产权交易中心建设，取得了积极成效。为进一步扩大试点示范规模，又在各地公开竞标的基础上新增42个试点，在开展农村承包地经营权、林权进场公开流转交易的基础上，探索推进农村集体资产、集体经济组织股权、农村土地和养殖水面经营权、农村"四荒地"使用权、农业设施装备、小型水利设施、农业知识产权、林木及林产品等交易，实现监督管理、交易规则、平台建设、信息发布、交易鉴证、收费标准、管理软件"七统一"。这项工作的开展，实现了农村各类产权的可处置、可变现，目前，仅 6 个试点县就完成农村产权交易鉴证项目 1 200 余宗，涉及土地 4 万余亩；成交项目 100 余宗，涉及土地 2 000 余亩；发放农村土地经营权抵押贷款 1 100 余万元，全省林权抵押贷款也达 2 亿多元。

（三）强化一个载体，加快建设一批现代农业扶贫园区。推行股份合作制，现代农业扶贫园区是一个有力抓手和综合载体。要引导农民以托管、租赁、入股等形式流转承包土地的经营权，积极引入龙头企业和工商资本，将与农业上下游密切相关的多个龙头企业聚集起来，多个产业链衔接起来，推进三产融合，使资源相互补充，实现各方股份合作经营。以股份合作制为特征的现代农业扶贫园区，本身就是开放型农业。要打破地域限制，把股份合作制的优势在更大范围、更宽领域发挥出来。具体到河北，要按照京津冀协同发展战略要求，加快建立京津冀农业协同发展对接机制，通过构建各种人才、资金、技术、数据、项目等合作平台，加快建设一批以股份合作制为运行模式的现代农业扶贫园区。用抓工业园区的思路抓现代农业扶贫园区，统一规划建设，统一招商引资，统一管理服务，实现园区、企业和农户的无缝对接与合作，推动城乡要素流动配置，实现园区内一二三产业融合发展。

（四）完善一套政策，加快完善支持股份合作制发展的政策体系。发展股份合作制，既要发挥好市场在配置资源中的决定性作用，也要发挥好政府引导、协调、服务的重要作用，实现有效市场和有为政府的有机结合。就目前河北的情况看，急需在设立、管理、服务、保障等环节，研究制定支持股份合作制发展的政策措施。在设立环节，应就股份合作制农民合作社、企业等在市场监管部门注册登记，提出有关支持举措，放宽业务登记范围；在管理环节，应在明晰各类资产权属关系的基础上，制定和完善符合自身特点的管理制度和分配机制；

在服务环节，应就城市先进生产要素和产业项目进入农业农村，提出重点领域目录和具体的财税、土地、金融等方面的配套优惠政策；在保障环节，应就确保农民各类产权入股的安全和收益，建立健全风险防范和利益联结保障机制，为股份合作制发展营造一个良好的政策环境和社会环境。

（五）推出一批典型，选择不同类型的模式进行示范推广。股份合作制是一种新事物，推广时需要及时总结各地的典型经验和成功做法，形成若干成功模式和实践样本。从河北实际看，当前应重点总结推广四种模式：一是引领多元一体化股份合作模式，以特色项目为载体，政府设立平台公司整合乡村财政涉农资金入股，农户以承包地经营权参股，龙头企业以资金或技术入股，成立新的项目公司，金融机构提供担保贷款，形成一个利益共同体；二是土地或农宅股份合作模式，农民以承包土地经营权或农宅使用权折价入股成立土地或农宅股份合作社，合作社通过经营土地或农宅获得利润，农户按照入股土地或农宅数量分红；三是企业与合作社联结模式，农户以土地、劳动力等资源要素入股合作社，合作社以资金或产品原材料在龙头企业参股，形成"公司＋合作社＋农户"利益一体化的模式；四是农村社区股份合作模式，主要是把农村集体资产进行股份制改造，成立股份合作公司，实行现代企业管理制度，加强农村资产管理，提高农村集体收入。对这几种主要模式要边总结，边推广，边规范。总结推广，组织广大基层干部群众开展系列培训，提高工作能力和认识水平，鼓励引导农民在合作社入股，合作社在龙头企业参股，进行股份合作；规范发展，要研究制定相关政策，加强工作指导，防止股份合作制"走形""变样"，与民争利，损害农民群众利益。本章选取涞水县、广平县和邯郸市肥乡区推进股份合作制特色产业扶贫实践模式典型案例进行分析研究。

第二节 案例分析

案例1 涞水县 | "双带四起来"旅游扶贫模式

一、基本情况

涞水县紧邻北京，属燕山—太行山连片特困地区。2016年以来，依托野三坡旅游资源，探索推行"双带四起来"旅游扶贫模式，即景区带村，能人带户，把产业培育起来，把群众组织起来，把利益联结起来，把文化和内生动力弘扬起来。该模式被列为中央政治局第三十九次集体学习参考案例。2017年以来，按照习近平总书记下"绣花"功夫的要求，在实践中完善推广"双带四起来"旅游扶贫模式，创新建立南峪村高端民宿旅游精准扶贫新机制，打造"麻麻花的山坡"高端民宿，得到国务院扶贫办的充分肯定并在全国推广。

二、主要做法

（一）做好一个规划。"双带四起来"前提是把农村打造成景区，让贫困群众分享旅游产业收益。为达到这一目的，涞水县精心筛选点位，立足南峪村与野三坡核心景区距离适中、生态环境良好、地处张涿高速野三坡出口和北京十渡到野三坡必经之路的区位优势，在该村发展乡村旅游带动脱贫，打造乡村旅游目的地。明确旅游业态，针对京津冀特别是北京消费群体对高品位旅游产品的需求，经过深入市场调查和多方论证，确定发展高端民宿旅游，以高端带中端，促进农民增收。县委、县政府聘请中央美院专家，以高标准编制了南峪村旅游扶贫规划，把南峪村列为旅游扶贫试点村，纳入野三坡景区总体规划，实施景区带村。

（二）建好一个合作社。着眼于把群众组织起来，特别是把贫困群众带起来。2016年4月，在村党支部主导下，成立了涞水县南峪农宅旅游农民专业合作社。一是全员入社。南峪村共224户671人，其中建档立卡贫困户49户、贫困人口80人，按照普通村民每人1股，贫困户每人2股，全部加入合作社，发放股权证。二是三级联动。每户确定1名社员代表作为第一级，每5户推选1名互助代表作为第二级，互助代表选出合作社理事会、监事会作为第三级，按照层级职责，负责解决合作社产业发展、经营管理、利益分配的相关问题。三是5户联助。即以5户为单位，组成43个互助小组，将49户贫困户分配到有骨干、党员的14个互助组中，由骨干和党员带动贫困群众脱贫致富。

（三）用好一个经营模式。着眼于把民宿旅游产业发展起来，依托中国扶贫基金会和中国三星集团联合发起的"美丽乡村——三星分享村庄"项目，确立市场化经营模式。一是整合资源。合作社利用中国三星集团1 000万元捐赠资金和县政府配套资金，流转闲置老旧农宅使用权15套，进行统一设计，修旧如旧，特色改造，打造高端民宿。二是确定经营模式。农宅产权不变，合作社流转15年，每年支付流转金，前5年，每套院每年支付2 000元；中期5年，每套院每年支付3 000元；后期5年，每套院每年支付5 000元。三是引进专业运营商。通过中国扶贫基金会，引入专业运营商——恒观远方（北京）网络科技有限公司，负责高端民宿的客源组织、日常管理和运营维护。2017年6月，改造农宅8套，全部投入运营，半年接待游客

2 900 人次，实现营业收入 174 万元，打响了"麻麻花的山坡"这一民宿品牌。

（四）建好一个联农带贫机制。着眼于把利益联结起来，建立联农带贫机制。一是就业带动。优先安排有劳动能力的贫困群众担任民宿管家，增加工资性收入。目前 13 名管家中有贫困群众 5 名，每人每年增收 31 000 元，实现"一人就业、全家脱贫"。二是商业带动。贫困群众通过销售柴鸡蛋、花椒、核桃等土特产增加收入，26 户贫困户年均增收 500 元。三是股权带动。高端民宿收益按两个层次分配：首先，按照运营商占 30%、管家工资占 20%、合作社占 50% 的比例进行第一次分配；其次，对合作社所得，按照一般农户 1 股、贫困户 2 股的标准进行第二次分配。贫困群众每人获得分红收益 1 000 元。15 套高端民宿全部开始运营后，可带动贫困户每人至少增收 2 000 元。

三、取得成效

南峪股份合作制是涞水"双带四起来"旅游扶贫的典型代表。2016 年以来，通过旅游扶贫，彻底打破了贫困乡村"久困成习"的生活方式，有劳动能力的贫困户真正做到了户户有产业、人人有技能，实现 62 个贫困村出列、5 715 人脱贫。

四、案例点评

在涞水县委、县政府的引导下，依托当地的旅游资源，南峪村按照现代企业制度，以人头股、扶贫股，把农民组织起来，建立农宅旅游股份合作社，对农宅的使用权进行流转修复，把资本人才引到了贫困地区，让专业的人干专业的事，盘活了存量农宅资产，激发了贫困群众的内生动力。股份合作制旅游扶贫重点在于利用当地的资源禀赋，扶持贫困户自身的发展能力，发挥资本市场人才的"天使基金"优势，将资本市场的"活水"精准滴灌到企到社到户。实践证明，加强对贫困地区股份合作制培育和资本市场人才的支持与培养，就能把扶贫与扶志扶智结合起来，在扶持特色产业发展、解决物质贫困的同时，解决更多的"精神贫困"。

案例2　广平县 | 集体股份合作制特色产业扶贫模式

一、基本情况

广平县将股份合作制特色产业扶贫作为脱贫攻坚增加群众收入的总抓手，全县重点规划建设了菌菇种植和德青源蛋鸡养殖两大特色扶贫主导产业，以联农带贫为原则，将贫困户全部嵌入产业发展链条，实现贫困户特色产业扶贫项目全覆盖。培育家庭农场78家、农民专业合作社311家，建成邯郸市嘉瑞生物科技有限公司、邯郸市富硒农产品科技开发有限公司等省市农业产业化龙头企业23家以及成规模扶贫基地26个，建成千亩以上农业扶贫园区16个。在特色产业扶贫上，广平县"园区带动典型"成功入选河北6大类26个产业扶贫典型案例。

二、主要做法

（一）集体股份合作制。37个贫困村由村"两委"领办，组织所有贫困户成立37个菌菇合作社，分别建设1个食用菌产业园。每个贫困户以1.2万财政扶贫资金入社入股，集体发展产业。为保证菌菇大棚助贫效益，37个重点村菌菇合作社与县农投公司签订托管经营协议，由农投公司与市场主体广平县仙芝灵农业科技有限公司签订合作协议,采取统一品种安排、统一技术管理、统一产品销售、统一培训上岗"四统一"管理模式,实行工厂化管理。收益方面,以财政扶贫资金入股的每年保证10%的分红,其中贫困户收益6%、村集体收益4%。在此基础上,由市场主体拿出经营纯利润的15%支付给县农投公司,再由农投公司分配给镇、村、贫困户,用于发放乡村公益岗位工资和发展公益事业。

(二)股份扶贫。主要采取"公司+基地+贫困户"的模式,吸纳建档立卡贫困户7 411户,以财政扶贫资金入股,实现非贫困村建档立卡贫困户资产收益全覆盖。让群众流转土地收租金,入园打工挣薪金,入股分股金。引进国务院扶贫办、国家开发银行与北京德青源农业科技股份有限公司(以下简称"德青源")共同发起的"金鸡帮扶"产业扶贫项目,规划建设了亚洲单体规模最大的蛋鸡养殖园区,涉及360万只蛋鸡,目前存栏青年鸡60万只、蛋鸡90万只。同时,以德青源为杠杆,促成北京二商集团禽蛋深加工项目落户广平,打造全产业链禽蛋产业,推进三产融合发展,全部达产达效后,可直接带动1 500余人就业,1万余名群众稳定脱贫。

(三)订单扶贫。以股份合作制"龙头企业+合作社+贫困户"的模式,签订产销合同,带动贫困户增收。邯郸市富硒农产品科技开发有限公司,作为地方行业标准制定者,通过合作社与15 000余户群众签订富硒小麦种植合同,免费提供技术指导和麦种,用高于市场价10%的价格回购富硒小麦,辐射带动发展富硒小麦10万余亩,亩均增收300元。其中贫困户230户585人,户均年增收3 000元左右。

三、取得成效

目前全县发展菌菇产业大棚500余个,预计年产各类菌菇1 500

万公斤，销售额1.5亿元，吸纳贫困人口1万余人，带动贫困户6 800余户2万余人，通过股份分红人均收入增加720元。

四、案例点评

股份合作制经济组织促进了特色扶贫产业发展。主要是将股份合作制与当地特色产业发展紧密结合起来，必须进行农村集体产权制度改革，建立贫困户与龙头企业利益联结共享机制，大力发展股份合作制经济组织，充分发挥市场在资源配置中的决定性作用和政府的推动作用，增强贫困地区特色产业的造血功能，在提高资本回报率的同时，增加贫困群众的收入。实践证明，只要建立好政府主导、资本市场多方参与的合力推进工作机制，就能把城市资本高地的"活水"引入贫困地区的资金洼地，开辟新的蓝海经济。

案例3　邯郸市肥乡区 | 推行股份合作，实现户企双赢

一、基本情况

邯郸市康源种植有限公司位于肥乡区屯庄营乡南河马村，是河北省农业产业化龙头企业和河北省扶贫龙头企业，有7个绿色产品标志和河北省名牌"馨蔬源"商标。通过股份合作、贫困户自愿入股，打造农业扶贫园区，以"保底+分红"和参与生产获取报酬的方式，实现贫困户增收脱贫。

二、主要做法

（一）积极开展股份合作。康源公司出资300余万元，贫困户入股800万元，双方联合成立邯郸市肥乡区奔康农业科技有限公司（以下简称"奔康公司"），奔康公司投入资金1 500万元，主要开展农业生产新技术开发、蔬菜生产和销售、农业技术人员培训等业务。2016年6月，采取跨乡镇入股的方式，吸纳屯庄营乡20个村255户贫困户入股资金510万元和辛安镇20个村150户入股资金290万元进行入股合作。2018年新增入股贫困户74户，新建改建大棚300余个，利用扶贫资金进行了园区基础设施建设和升级，设施蔬菜面积达700余亩。

（二）建立农业扶贫园区运作模式。主要做法包括：免费培训，送教下乡、送技术到村；垫资建棚，为贫困户垫资建设中棚一座；优惠供苗，凡是贫困户购苗，每亩每茬让利贫困户150—200元；跟踪服务，为贫困户提供种植技术指导和跟踪服务；帮助销售，免费提供销售信息和平台。2017年，农业扶贫园区固定资产3 000万元，其中扶贫资产1 100万元；年产蔬菜5 000余吨，年产优质蔬菜苗3 600万棵；销售收入3 500万元，贫困人员380人实现就业，576户贫困户实现脱贫。蔬菜经营面积达2 000余亩，带动周边种植蔬菜面积5 000亩，实现销售收入2.5亿元，300多人通过园区工厂化育苗、蔬菜生产、物流基地、蔬菜深加工、电商服务等相关产业实现就业。

（三）创新农业扶贫园区共享机制。企业自主经营生产，接受合作社和贫困户入股，享受扶贫企业股东待遇，确保"保底+分红"。会计年度结束后，贫困户获得红利不得低于入股金额的10%，即由会计年度结算出经营纯利润的比例分红，金额超过入股金额10%的按实际比例分红；分红金额低于股金10%的，贫困户按入股金额的10%分红。分红时间不得超过会计年度结束之日起的20个工作日。乡政府对农业扶贫园区进行扶持和服务，对企业进行帮助和监督，对贫困户进行技术培训，为其分红并提供就业权益保障。贫困户自愿入股园区，进入监事会监管，优先园区就业，享受保底分红，学习生产管理技术。

三、取得成效

奔康公司以农业扶贫园区为载体，通过股份合作制发展蔬菜特色产业成效明显，带动两个乡镇476户贫困户2 000人实现脱贫致富；累计带动贫困户和周边农户1 000余人实现蔬菜产业就业或参与蔬菜生产相关产业，间接经济效益达3 000余万元；帮助和带动近千户农民掌握了蔬菜种植技术和蔬菜棚舍建设、维护技术，提高了致富本领。育苗基地解决了全区种植户购买合格苗、放心苗、优惠苗的问题，为全区的蔬菜生产提供了保障。

四、案例点评

股份合作制特色产业扶贫关键是精准。一是产业选择要精准，要以市场为导向，结合乡村资源优势规划布局产业。二是产业扶贫对象必须精准，瞄准贫困户，措施必须精准落实到贫困户，效益必须精准体现到贫困户。三是载体选择要精准，建立现代农业扶贫园区，通过股份合作制，着力培育壮大龙头企业、农民合作社、家庭农场等新型经营主体，积极推广"龙头企业＋合作社＋贫困户"股份合作制模式，以龙头带基地，基地联农户，实现股份合作制经济组织对贫困户全覆盖，促进贫困地区特色产业三产融合发展。

第十七章

农业扶贫园区综合体特色产业扶贫实践模式

第一节 农业扶贫园区综合体特色产业扶贫实践模式

农业扶贫园区综合体特色产业扶贫实践模式的产生有其必然的原因和背景。一是经济新常态下,农业发展承担更多的功能。当前我国经济发展进入新常态,地方经济增长面临新的问题和困难,尤其是生态环境保护工作的逐步开展,对第一、二产业发展方式提出更高的"质"的要求,农业在此大环境下既承担生态保护的功能,又承担农民增收农业发展的功能。二是传统农业园区发展模式固化,转型升级面临较大压力。农业发展进入新阶段,农村产业发展的内外部环境发生了深刻变化,传统农业园区的示范引领作用、科技带动能力及发展模式与区域发展过程中的需求矛盾日益突出,使得农业园区新业态、新模式的转变面临较多的困难,瓶颈明显。三是农业供给侧结构性改革,社会资本高度关注农业,综合发展的期望较高。党的十八大以来,经过"新时代九个中央一号文件"及各级政策的引导,我国现代农业发展迅速,基础设施得到改善,产业布局逐步优化,市场个性化需求分化,市场空间得到拓展,生产供给端各环节的改革需求日趋紧迫,社会工商资本也开始进入到农业农村领域,对农业农村的发展起到积极的促进作用。同时，工商资本进入该领域，也期望能够发挥自身优势，从事农业生产之外的二产加工业、三产服务业等与农业相关的产业，形成一二三产融合发展的模式。四是在土地政策影响下，土地管理的力度越来越大，必须寻求综合方式解决发展问题。随着经济新常态，国家实施了新型城镇化、全面推进乡村振兴、生态文明建设等一系列战略举措，实行建设用地总量和强度的"双控"，严格节约集约用地管理。先后出台了《中华人民共和国基本农田保护条例》《中华人民共和国农村土地承包法》《中华人民共和国乡村振兴促进法》等，对土地开发的用途管制有非常明确的规定。特别是2014年9月，国土资源部、农业部发布《关于进一步支持设施农业健康发展的通知》，更是进一步明确了要求，使得发展休闲农业在新增用地指标上面临着较多的条规限制。五是2017年中央一号文件首次提出"田园综合体"理念，这是实施乡村振兴战略的国家命题，是一个打造诗意栖居理想地的时代课题，是一个构建城乡命运共同体的现实问题。2021年5月，财政部办公厅发布《关于进一步做好国家级田园综合体建设试点工作的通知》，进一步明确了"田园综合体"目标任务、重点任务、资金支持和工作要求等，提出"支持有关地区立足资源禀赋优势，集智慧农业、创意农业、农事体验、科素教育为一体，贯通产供加销，融合农文教旅，建设生态优、环境美、产业兴、消费热、农民富、品牌响的乡村田园综合体"。近几年，在保持政策的连续性、稳定性的基础上，特别注重抓手、平台和载体建设，进一步优化农村产业结构，并集聚农村各种资金、科技、人才、项目等要素，加快推动农业农村现代化一体设计和一并推进，实现一二三产业深度融合、生产生活生态"三生同步"、产业教育文旅"三位一体"。其中"一体"即田园综合体。为此，农业扶贫园区综合体特色产业扶贫实践模式应运而出，也确定了农业扶贫园区综合体特色产业扶贫实践模式的

第十七章 农业扶贫园区综合体特色产业扶贫实践模式

独特功能定位。

以乡村振兴为目标。综合是关键,通过一二三产业的深度融合,带动扶贫园区综合体资源聚合、功能整合和要素融合,在综合体中相得益彰。在工业化和城市化的初始阶段,农业和乡村与国家和社会的落后往往紧密联系在一起,城市化和工业化的过程就是乡村年轻人大量流出的过程和老龄化的过程、放弃耕作的过程和农业衰退的过程,以及乡村社会功能退化的过程。综合体是乡与城的结合、农与工的结合、传统与现代的结合、生产与生活的结合,以实施乡村振兴战略为目标,通过"生态产业化和产业生态化""数字产业化和产业数字化"和"乡村城镇化和城镇乡村化",打造数字经济新优势,吸引各种资源与凝聚人心,促进"六化融合",给日渐萧条的乡村注入新的活力,重新激活价值、信仰、灵感和认同。

以乡村旅游为先导。田园是特色,尊重乡土,就地取材。开展特色资源普查,充分挖掘产业、山水、田园、民居等潜在优质资源,制定相应发展策略,打造地方特色,体现综合竞争力。乡村旅游已成为当今世界性的潮流,农业扶贫园区综合体顺应这股大潮应运而生,是"望得见山、看得见水、记得住乡愁"的地方。看似匮乏实则丰富的乡村旅游资源需要匠心独运的开发。一段溪流、一座断桥、一棵古树、一处老宅、一块残碑都有诉说不尽的故事。瑞士有被称为无烟工业(手表、军刀)、无本买卖(证券金融)、无中生有(旅游开发)的"三无经济"。旅游本就是一个无中生有的产业,瑞士旅游业开发得风生水起,其经验值得借鉴。匠心聚,百业兴,当今世界,综合国力的竞争归根到底是人才的竞争、劳动者素质的竞争。必须弘扬工匠精神,提高技术技能人才社会地位,为全面建设社会主义现代化强国、实现中华民族伟大复兴的中国梦提供有力人才和技能支撑。

以绿色产业为核心。产业是基础。突出都市型现代农业发展,拓展农业功能，满足各产业功能要求，探索"旅游+""生态+"等模式，让各产业在规划布局中合理展开，推进三产融合发展，打造乡村振兴示范区。一个完善的农业扶贫园区综合体是一个包含了农、林、牧、渔、加工、制造、餐饮、酒店、仓储、保鲜、金融、工商、旅游及康养地产等行业的三产融合体和城乡复合体。对农民来说，远走他乡和抛家别亲进城务工牺牲太大，在本区域内多元发展，从多个产业融合发展中获取收益的模式更为可行。各级各类现代农业扶贫科技园、农业扶贫产业园、扶贫创业园，优先向综合体布局，建设巩固拓展脱贫攻坚成果同乡村振兴有效衔接示范区，按照品种调优、品质提升、品牌打造和标准化生产，构建集生态保育、食物保障、原料供给、旅游休闲、养生养老、文化传承、就业增收于一体的新业态。

以传统文化为灵魂。文化是灵魂。从生态、地域文化、风俗民情、地方特色节庆中找寻文化的主题，创新文化形式、业态模式和载体方式，满足市场和时代需求。坚持生态为先，注重生态环境保护和建设，实现文化、空间、生态有机融合。农业扶贫园区综合体区域布局，以当地资源禀赋，构建中国乡村文化。文化就是"人化"与"化人"的过程，缺乏文化内涵的综合体是不可持续的。农业扶贫园区综合体是"诗和远方"。要把当地世代形成的风土民情、乡规民约、民俗演艺等发掘出来，让人们体验农耕活动和乡村生活的苦乐与礼仪，以此引导人们重新思考生产与消费、城市与乡村、工业与农业的关系，从而产生符合自然规律的自警、自醒行为，在陶冶性情中自娱自乐，乐在其中。

以基础设施建设为保障。基础是条件。缺乏现代化的交通、通信、物流、人流、信息流，一个地方就无法与外部世界联系沟通，贫困乡村就无法与外部更广阔的地域结合在一起，难以形成一个对外开放的经济空间。各种基础设施是启动农业扶贫园区综合体的先决条

第十七章 农业扶贫园区综合体特色产业扶贫实践模式

件,政府要加大投入,进一步提供一些关键的基础设施,从而对后续的发展产生持续的正向外部性。

以体验人生为价值。人生是价值。农业扶贫园区综合体是生产、生活、生态及生命的综合体。在经济高度发达的后现代,人们对"我从哪里来、我到哪里去"的哲学命题已经无从体悟。农业扶贫园区综合体是"发现自己、分享快乐、触摸自己、播种未来"的图景,通过把农业和乡村作为绿色发展的代表,引导社会大众特别是青少年参与农事体验活动,让他们从中感知生命的过程,感受生命的意义,并从中感悟生命的价值,分享生命的喜悦。

近年来,从农业扶贫园区实践来看,尽管有不尽如人意的地方,但总体上取得了较好的经济效益、社会效益、生态效益和文化效益。

经济效益分析。主要表现为"五器",即资源聚集的推进器、产业价值的扩张器、新型业态的孵化器、区域发展的牵引器、农民增收的助力器。按照集约化、规模化、组织化、社会化现代农业的发展方向,加快农村集体产权制度改革,明晰所有权、放活经营权、落实监管权、确保收益权,建立归属清晰、权责明确、保护严格、流转顺畅的现代农业产权制度,以"六化融合",同步建设产业园区、居民社区、旅游景区,推动资源整合、企业聚合、三产融合,发展"第六产业"。大力发展股份合作制经济组织,实行按股分配和按劳分配相结合,是盈利与互助相互兼顾、市场主体和农户互利共赢的有效形式,是通过普惠金融发展乡村产业,壮大农村集体经济,让农户更多地分享农业产业链和价值链增值收益,走产业融合、产城融合、城乡融合的高质量发展之路,为实现共同富裕开辟道路。

社会效益分析。一是"四生融合"的统一体,就是生产、生活、生态、生命"四生融合",生产不离生活,生产、生活不离生态,生产、生活、生态不离生命。四者互相促进,这样才能打造出高品质的生活、高效率的生产、高文明的生态和长寿健康的生命。放眼世界，庄园生活、庄园经济飞速发展成庄园外交，这应是综合体努力的最高境界。二是城乡重构的新生体。城与乡的关系是相互配合的关系，各有分工，不是非此即彼的对立关系，少了谁都不行。城镇化的本意是居民不论在哪里生活都能享受到与城市相当的公共设施和公共服务。农业扶贫园区综合体是城乡共享的开放型社区。尤其在"城市病"尚未彻底治理的背景下，人们发现，山水田园才是最宜居的环境。三是功能整合的多元体。一个完整的农业扶贫园区综合体应该包括六大功能：食物保障功能、就业增收功能、原料供给功能、旅游休闲功能、生态保育功能、文化传承功能。在一个强大的农业扶贫园区综合体里，这些功能应相互促进、相互融合，成为经济价值、生态价值和生活价值保持平衡的人类"生命空间"。四是健康中国的养生体。健康中国有三层含义：其一，提高老百姓的健康水平和寿命；其二，有健康理念，健康服务条件完善，有基本的健康保障；其三，把健康列入国家发展战略，提供全方位、全周期的健康服务和健康保障。面对新冠疫情冲击，农业扶贫园区综合体紧紧围绕健康中国这一核心发挥作用。可以预言，它不仅能够实现农业增效、农民增收、农村增美的"三增目标"，还能够向着"人民增寿"的这个目标前进。五是休戚与共的共同体，农业扶贫园区综合体应打造成为四个层面的共同体：利益共同体、情感共同体、文化共同体、命运共同体。按市场规律生成的农业扶贫园区综合体中每个个体都将围绕共同的利益超越自我，在更深广的时空里，思考共同的价值，建立相互联系、相互支撑、唇齿相依、休戚与共、和谐共处、平等共生的紧密关系。

生态效益分析。一是自为的绿色发展。现代农业扶贫园区综合体，依托原有的自然景观，按照生态学原理去设计和建设，实现了对原有自然景观的延伸。这是自发自为的绿色发展。二是自觉的生态认

第十七章 农业扶贫园区综合体特色产业扶贫实践模式

知。农业扶贫园区综合体在自然面前保持谦逊，它是工农结合、城乡结合、人与自然结合的复合体，生活在其中的个体，对周遭的生态环境有着非常自觉的认知。三是自律的生态保育。农业扶贫园区综合体是生命的共同体，人们生于斯长于斯，乡与土维系着人们的魂，山与水关乎着人群的命，公共道德有很强的约束力，个体的自律已内化为潜意识，时时处处约束自己的行为。四是自警的生态捍卫。农业扶贫园区综合体是人们生活、工作的地方，利益所系，他们尤其警惕外部对本社区生态环境的破坏。再严厉的制度约束也不如当地人"爱山如父、爱水如母、爱林如子"生态捍卫意识来得有效。五是自然的生态循环。农业扶贫园区综合体按照自然规律运行，是一种绿色发展模式。人们生产生活方式由过去的"二物循环"转变为"三物循环"：动物（包括人）是消费者，植物是生产者，微生物是分解还原者，三物构建起一个完整的生态循环链条。

文化效益分析。一是乡愁的存放地。在农业扶贫园区综合体里，人们可以体验农事，欣赏自然风光。二是农业文明的复兴地，农业文明是与工业文明、城市文明并行不悖的一种文明形态，是人类文明的三大基本载体之一。没有农业文明，工业文明就是空中楼阁；没有农业文明，城市文明也会昙花一现。复兴农业文明，农业扶贫园区综合体是一个绝佳的载体。三是传统文化的弘扬地，乡村是中华文化的源头，中国几千年积累的传统文化精华大多与农村、农业息息相关。中华文化发源于乡村，农业扶贫园区综合体可以做好"发源与发扬""传统与传承"的大文章。四是家园红利的再生地。家园红利增强了一个社区的凝聚力、吸引力和归属感。家园红利是中华民族长期积淀的宝贵资源，应当传承。近些年来，由于农民工大量外流，乡村亲族的纽带越来越淡薄，社会资本消耗殆尽。就一个国家一个民族而言，家庭的集合是家族，家族的集合是民族，民族的集合是国家，这是一个环环紧扣的生态链。农业扶贫园区综合体的建设,可提高社区的向心力、凝聚力、归属感,重新累积生成家园红利。五是"诗意栖居"的理想地。"诗意栖居"是德国哲学家海德格尔提出的人类生活的最高境界,诗意则源于对生活的理解。农业扶贫园区综合体可以体现在环境的诗意、文化的诗意、哲学的诗意和技术上的诗意四个方面,满足人们"诗意栖居"的愿望。本章选取鸡泽县、饶阳县和故城县农业扶贫园区特色产业扶贫模式作为案例进行分析。

第二节 案例分析

案例1 鸡泽县 | "红辣椒"三产融合,产业化带贫千万家

一、基本情况

鸡泽县隶属于河北省邯郸市,面积337平方千米,耕地39.2万亩,人口33.6万人,辣椒是鸡泽县的支柱产业,鸡泽县先后被评为"中国辣椒之乡""中国辣椒产业龙头县""中国特色农产品优势区",是全国最大的鲜辣椒加工基地,剁辣椒系列产品占全国市场份额的20%以上。全县常年种植辣椒8万余亩,年产鲜椒16万吨。鸡泽县现代农业(辣椒)园区是省级现代农业园区、省级农业科技园区、省级休闲观光园区,规划面积20.32万亩,涉及5个乡镇,科学规划构建了"一核两区一镇一带"总体布局,带动周边曲周、成安、南和等县(市、区)种植辣椒30余万亩。县内有辣椒加工企业130余家,其中国家高新技术企业3家、国家级农业产业化龙头企业1家、省级企业5家,

拥有中国驰名商标2个（天下红、湘君府），年加工鲜椒60万吨以上。辣椒产品主要有精品酱、盐渍辣椒、剁辣椒、辣椒酱、调味粉5大系列200多个品种，认证绿色产品24个，产品覆盖全国各地，并出口日本、越南、俄罗斯等10多个国家和地区，2019年鸡泽县辣椒总产值46亿元，是带动全县贫困户脱贫增收的特色扶贫产业。

二、主要做法

（一）贯彻新发展理念，全面倡导绿色发展。以全国绿色食品一二三产业融合发展示范园暨辣椒现代农业扶贫园区建设，实现精准扶贫精准脱贫。科学制定了绿色辣椒种植、加工操作规程。积极开展绿色食品认证工作，累计完成绿色认证面积8 000亩（鲜辣椒）、辣椒制品24个，在河北省名列前茅。同时，率先建立了辣椒种植、加工全过程质量溯源系统，完善了绿色辣椒生产、加工档案，安装视频、温湿度等采集设备，自辣椒育苗开始，记录整个辣椒生长、加工全过程，实现了全县绿色农产品全程可追溯。

（二）延伸加工链条，完善利益联结机制。农业扶贫产业园集聚了96家辣椒加工销售龙头企业入驻。与农户、贫困户均签订了保护价收购协议，由入驻企业负责保护价收购，保障了椒农种植收益，形成了"园区＋龙头企业＋合作社＋农户（贫困户）"的联农带贫利益联结机制，促进了贫困户脱贫增收。

（三）强化农旅结合，打造绿色农业与休闲旅游发展新业态。依托毛氏文化、唐朝古墓遗址公园等历史文化资源和环城水系、辣椒科技展示中心、辣椒博物馆、果品采摘园等，大力发展集采摘、休闲、观光等乡村旅游业。将一二三产融合发展园区作为贫困户脱贫带动区，收获贫困人口脱贫、土地集中经营、特色产业壮大的三重效果。

（四）扶贫资金折股量化，实现精准扶贫精准脱贫。农业扶贫园区将发展特色产业与脱贫攻坚相结合，带动贫困户稳定脱贫。采取发展产业、土地流转、资金入股、务工就业等方式方法，以魏青村为中心，流转土地3 000余亩，降低了农民经营风险和生产投入，保护、增加了农民土地收入。2016年4月，合作社分两次吸收魏青、王青、马坊营、小韩固四村1 210户贫困户入股，吸收股金596.85万元，带动周边群众共同致富。

三、取得成效

积极推广"园区+龙头企业+合作社+农户（贫困户）"的综合体特色产业扶贫发展模式。以天下红、湘君府、湘厨味业等辣椒加工龙头企业为核心，通过流转土地、扩建种植基地、增加贫困人口用工、吸纳贫困户扶贫资金入股等，把龙头企业和与贫困户紧密联结起来，让贫困户成为拿租金、分股金、挣薪金的"三金"农民。2020年，河北湘厨味业食品有限公司、河北老菜坊食品有限公司等企业累计带动3 258户建档立卡贫困户资产收益分红104.80万元，吸纳贫困户务工110人，"园区+龙头企业+合作社+农户（贫困户）"的扶贫发展模式已带动2 200名贫困户实现稳定脱贫增收。2017年1月，该园区作为创建主体单位，被农业部绿色食品管理办公室和中国绿色食品发展中心评为首批8家"全国绿色食品一二三产业融合发展示范园"创建单位之一。

四、案例点评

近年来，鸡泽县委、县政府深入贯彻落实习近平总书记提出的精准扶贫精准脱贫基本方略,坚持把产业扶贫作为脱贫攻坚的主攻方向,立足县域实际,大力发展辣椒特色产业,以鸡泽县现代农业(辣椒)园区为抓手,构建了"园区+龙头企业+合作社+农户(贫困户)"的综合体特色产业扶贫发展模式,以带动贫困村农业特色产业发展和贫困户增收为着力点,强力推动辣椒特色产业产供销一体化,促进农业供给侧结构性改革,实现一二三产业融合发展,走出了一条脱贫致富的路子。鸡泽县专一于具有历史文化渊源的辣椒产业,有效深挖并拓展其经济价值,附加值较高、产业生命周期较长,这种模式在产生巨大经济收益的同时也有一定的局限性,主要体现在依托于单一产业发展风险相对较大,需要政府、企业及参与农户共同审慎把握风险因素。

案例2 饶阳县 | 小葡萄"四轮驱动",大产业抱团发展

一、基本情况

饶阳县立足发挥设施葡萄产业"区位独特、市场成熟、效益较高"三大优势,通过"政府引导群众干、企业组织农户干、能手带着新手干、富人帮着穷人干"四个轮子驱动,构建了引领多元一体化的综合体,带领贫困群众抱团发展农业扶贫园区设施葡萄产业,走出了一条培育产业基地、推动抱团脱贫的新路子。

二、主要做法

(一)政府引导群众干,抱团建基地。当地政府从三方面入手强化引导作用。一是规划引领,制定了《饶阳县设施葡萄发展规划》

《饶阳县关于扶持葡萄生产的意见》，调动群众发展产业积极性，引导规模化种植，成方连片发展。对新发展百亩以上农业扶贫园区且贫困户棚室不低于40%的，给予乡镇、村各2万元奖补资金，并优先安排农业扶贫园区内水、电、路建设。2016年以来，全县共投入资金864万元，修建项目区道路9.82万平方米，上变压器9台套。二是金融助推，县政府出资3 000万元设立贷款风险补偿金，以风险补偿金做担保，为贫困户发放10万元以下的扶贫小额贴息贷款，有效解决资金难问题。2016年，借助扶贫小额信贷政策，全县22个村先后建成扶贫产业基地。一致合村30户贫困户计划发展设施葡萄产业，只有9户能够自筹资金，县乡扶贫办为其他21户贫困户协调小额贷款88万元，两个月棚室全部建成。三是保险兜底，安排专门资金90多万元，为贫困户购买棚室设施险，冷棚每亩投保230元、保额5 000元，温室每亩投保480元、保额10 000元，有效提高了贫困户抗风险能力。

（二）企业组织农户干，抱团闯市场。通过股份合作制经济组织，充分发挥专业合作社和龙头企业组织带动作用，把松散的贫困户有效组织起来。全县79个贫困村共组建葡萄种植专业合作社43家，合作社采取统一生产资料供应、统一生产标准、统一技术指导、统一质量标准、统一产品销售的"五统一"管理模式，使葡萄品质得以提升，群众收益得到保障。饶阳县高村春光葡萄专业合作社（以下简称"春光合作社"）组建于2009年，辐射周边4个贫困村，入社贫困户201户，通过实行"五统一"模式，产品供不应求，社员收入大幅提高。

（三）能手带着新手干，抱团学技术。培养一批技术骨干，对贫困户进行传帮带。该县与中国农学会葡萄分会合作，2013年组建中国设施葡萄研究所，培养葡萄种植技术骨干2 000多名。建立技术骨干-贫困户"一帮一"帮扶制度,对贫困户进行技术指导,手把手地帮助贫困户建设棚室,选择品种,管理栽种,激发贫困户内生动力,带动1 700多户贫困户实现增收致富。发挥党员模范带头作用。组织230名党员技术骨干,采取一名党员骨干带3—5户贫困户的形式,对其生产中技术问题一包到底,为贫困户解决难题。南善村贫困户刘树理年龄偏大,不懂技术,棚里的葡萄苗出现生长迟缓的问题,负责帮助他的党员王民听说后,第一时间赶过来,诊断出是浇水量小,肥料烧根造成的,于是指导他浇水、锄划,几天时间葡萄苗就恢复了正常。依托技术能人,及时引进新技术、新品种向贫困户推广。春光合作社社长柳常在等积极引进推广新品种,并无偿为贫困户提供技术服务。县林业局技术人员编写了《葡萄设施栽培实用技术手册》,让老百姓一看就懂,一学就会,这本手册成为贫困群众从事设施葡萄种植的金钥匙。

（四）富人帮着穷人干,抱团奔小康。在推进股份合作制的过程中,对有劳动能力的贫困户,采取一方出土地出劳务、一方出资金出技术、政府给补贴的办法,互助合作建设棚室,效益按照投入比例进行分成,贫困户年收入可达1.5万元。无劳动能力的贫困户,将享受的财政扶贫资金作为资本与富裕户合作经营,每户每年通过"保底+分红"获得收入。王岗村富裕户赵世代帮扶2户特困户,2016年除给予每户1 200元保底外,又给2户特困户每户效益分红1 300元。

三、取得成效

全县设施葡萄种植面积从2010年的4.2万亩增加到2016年的12万亩,占河北省设施葡萄栽培面积的75%,占全国设施葡萄栽培面积的17.1%,饶阳县成为全国最大的设施葡萄种植基地。全县有3 089

户贫困户 1.1 万贫困人口通过设施葡萄实现稳定增收，全县贫困人口年人均纯收入增长率为 18.5%，超出全省平均水平 10.6 个百分点。

四、案例点评

饶阳县立足发挥设施葡萄产业区位独特、市场成熟、效益较高三大优势，政府引导群众干，抱团建基地；企业组织农户干，抱团闯市场；能手带着新手干，抱团学技术；富人帮着穷人干，抱团奔小康。构建了"园区＋龙头企业＋合作社＋农户（贫困户）"的综合体特色产业扶贫发展模式，在推进共同富裕的道路上，通过农业扶贫园区建设，实现了三产融合发展，走出了一条培育产业基地、推动抱团脱贫的新路子。

案例3 故城县 | 整合"四资"筑"五金"，统筹发展兴产业

一、基本情况

故城县是河北省扶贫开发重点县，有建档立卡贫困户 4 477 户 9 115 人。近年来，全县坚持把特色产业扶贫作为稳定脱贫的根本之策，做好资源、资金、资本、资产四篇文章，着力打造金鸡、金蝉、金奶牛、金棚、金猪"五金"农业扶贫园区，带动贫困户人均年增收 3 800 多元，为打赢脱贫攻坚战、实现乡村振兴奠定了坚实基础。全县"'百企帮百村'助推村企共建"入选全国十大社会扶贫案例。

第十七章 农业扶贫园区综合体特色产业扶贫实践模式

二、主要做法

（一）放大资源优势，筑巢引凤强带动。龙头企业带动是特色产业扶贫的关键抓手。全县着力建设东大洼、茂丰两个省级现代都市特色农业扶贫园区，推进土地流转规模化、基础设施现代化、高标准农田普及化、农业劳动力组织化，并配套建设科研中心、冷链物流中心、人力资源培训中心、中农国发大市场等高端专业化场所，为各类市场主体发展扶贫产业创造了良好环境。出台现代都市特色农业发展刺激政策、招商引资优惠政策、重点项目建设支持办法等优惠政策，派出三个招商小组常驻北京、上海、深圳精准招商，先后引进计划总投资200多亿元的泰国正大肉鸡、石家庄以岭药业、康宏奶牛、新希望和天邦生猪、绿康特色果蔬等五大现代都市特色农业全产业链融合发展项目，以之为龙头培育形成了多重覆盖全县贫困户的"五金"农业扶贫园区综合体特色扶贫产业模式。

（二）强化资金支持，创新模式促增收。强化资金支持是产业扶贫的重要保障。全县依托"五金"特色产业，探索"党建引领、龙头带动、农户入股、合作经营、金融保险兜底"的"五金"特色产业扶贫。一是"金鸡"模式。贫困村集体以扶贫资金入股，建设泰国正大肉鸡全产业链养殖环节生产设施，由正大集团租赁经营，累计支付租金4 400万元，惠及全县所有贫困户，户均年增收3 240元。二是"金蝉"模式。贫困村集体与石家庄以岭药业股份有限公司合作，以订单农业的方式发展"果树＋金蝉＋棉花＋杂粮"林下立体高效复合式种养，带动1 500贫困户，户均年增收4 000元。三是"金奶牛"模式。创新扶贫"奶牛"贷，符合条件的贫困户利用扶贫小额信贷政策贷款购牛，依托康宏奶牛全产业链发展托牛养殖，奶牛长到产奶后还牛，带动824贫困户，户均年增收6 300元，走出了一条"贷牛、托牛、还牛"的扶贫模式。四是"金棚"模式。创新扶贫"棚窖贷",符合条件的贫困户利用扶贫小额贷款政策贷款购置智能大棚,依托绿康特色果蔬产业链,统一育种育苗,统一技术指导,统一品牌包装,统一市场销售,分户经营,带动326贫困户,户均年增收5 900元。五是"金猪"模式。依托新希望和天邦生猪养殖全产业链,贫困村集体统筹发展订单饲料、劳务派遣服务等,带动500贫困户,户均年增收1 000元。

(三)引入社会资本,村企共建稳脱贫。社会资本投入是特色产业扶贫的有力支撑。全县以深入开展"百企帮百村"活动为载体,结合"五金"特色产业强链、补链、延链,协调有爱心的130家企业与142个贫困村建立了紧密的利益联结机制,形成了贫困村、贫困户与帮扶企业共建共享共赢的"造血式"扶贫新格局。一是打造"农商通""扶贫馆""创新港"三大电商运营平台,创新"扶贫合作社生产加工+电商平台线上营销+村级服务站线下代销+社会各界人士亲情推广"的消费扶贫模式,推动各类扶贫产品广销全国。二是协调企业根据自身发展需要在贫困村建设扶贫车间或扶贫中转站,带动就业2 000多人,人均年增收500元以上。三是村企合作发展订单种植,种植订单高粱1万多亩、订单玉米1.4万亩,亩均年增收200元以上。四是借势农村产权制度改革,盘活贫困村土地、房屋等低效利用或闲置资产,交给企业租赁经营,带动142个贫困村,村均年增收2万多元。五是成立县慈善总会,聚焦特殊困难家庭生产生活,引导企业和社会爱心人士开展慈善救助,发放救助金456万元、总价值134万元救助物资,切实筑牢了扶贫底板。全县"'百企帮百村'助力村企共建"入选全国十大社会扶贫典型案例。

(四)加强资产管理,完善机制求长效。管好扶贫资产是特色产业扶贫的内在要求。全县建立扶贫资产的长效管理机制,进一步明确所有权和经营权,全面放活经营权,确保收益权,落实监管权,为提高扶贫资产收益,实现乡村产业振兴提供了有力保障。重点健全完善了五项机制:一是组织领导机制,构建了县统一领导,部门分工明确,乡镇直接管理,村级具体管护,扶贫、审计、财政、产权交易中心全程跟踪监督的管理体系。二是台账管理机制,对扶贫资产精准分类定性,明确产权归属,精准登记造册,做到账账相符、账实相符。三是信息采集机制,建立扶贫资产管理智能平台,推进项目基础信息、资产管理现状等信息入统上网,实现了扶贫资产信息一网可查,大数据分析一触可及。四是运维管护机制,成立国有公司对扶贫资产进行日常运营,县政府部门对扶贫资产经营中的重大事项及收益的分配使用进行监管。五是利益分配机制,坚持"先归集体后分配"的原则,经营性扶贫资产收益主要用于贫困户分红及农村保洁、保绿、治安、护路等公益性岗位工资支出,对无劳动能力、残疾、大病等特殊困难群体进行适当资助,剩余部分由村集体统一支配,主要用于小型公益性事业建设。

三、取得成效

故城县先后引进建设了计划总投资 200 多亿元的泰国正大肉鸡、石家庄以岭药业、康宏奶牛、新希望和天邦生猪、绿康特色果蔬等五大现代都市特色农业全产业链融合发展项目,以龙头培育形成了多重覆盖全县贫困户的"五金"扶贫园区综合体特色扶贫产业模式,带动贫困户人均年增收 3 800 多元。

四、案例点评

故城县通过放大资源优势,筑巢引凤,带动扶贫园区建设;强化资金支持，创新模式促增收；引入社会资本，村企共建稳脱贫；加强资产管理，完善机制求长效。以龙头培育形成了多重覆盖全县农民特别是贫困户的"五金"农业扶贫园区综合体特色扶贫产业模式，形成了三产融合发展，村、户、企良性互动、协同发展的生动局面。采用该模式的适应条件是当地具有基础良好的特色产业。当地政府需要依托地区的优质特色产业，整合资源，扩大产业优势，壮大产业规模，通过宣传推介，提升地区品牌价值。此举需要政府的前瞻性战略部署和产业布局。

# 第十八章

特色产业扶贫模式的发展趋势

随着党的"三农"工作重心的历史性转移,从产业扶贫到产业兴旺是推进乡村振兴、实现农业农村现代化的基础条件,并以生态宜居为内在要求,以乡风文明为紧迫任务,以治理有效为重要保障,以生活富裕为主要目的。为此,在规划上,要坚持农业和农村现代化一体设计、一并推进;在目标上,要加快产业扶贫向产业兴旺转变;在路径上,由资金到村到户向推进农村一二三产业融合发展转变;在帮扶上,由政府投入为主向有效市场和有为政府更好结合转变;在职能上,重构农办、农业农村和乡村振兴部门的"三定方案"。在改革发展中不断创新完善体制机制,推进引领多元一体乡村经济治理,加大特色产业主导型主体培育,推进农村三产融合,建立健全联农带农机制,实现特色扶贫产业全面提质升级。

第一节 加快特色产业扶贫转向产业振兴

实施项目闭环式管理是加快特色产业扶贫转向产业兴旺的有效手段,坚持资金跟着项目走,项目跟着规划走,责任跟着资金走。操作流程是资源→规划→项目→资金→资产→整改,整合乡村资源资产资金,实施资本化运作,推动资源变资产、资产变资金、资金变资本、农民变股东"四变"改革,不断提高项目资金的使用效率。难点在于特色产业项目的谋划，基层干部能力不足。实施项目闭环式管理，就是将前期谋划、中期实施、后期监管到整改提升过程作为一个闭环系统，使系统和子系统内的管理构成连续闭环和回路，进而使问题得到及时解决，决策、控制、反馈、再控制、再反馈，从而在循环积累中不断完善提高。四个阶段是自我完善形态的运行体系，是过程化管理与结果性管理的有机结合。整改提升是上一年循环的结束，也是下一年循环的开始，环环相扣，项目管理成效在循环中阶梯上升。在循环中，前期谋划要以清晰认识自身资源禀赋和优势为前提，制定特色产业发展规划，确定特色产业发展思路，在此基础上，科学谋划储备项目；中期规范使用资金和实施项目；后期建立"产权清晰、权责明确、管理科学、运营高效、分配合理、处置合规、监管到位"的扶贫项目资产监管机制；考核整改根据资金绩效评价、考核评估和社会监督等发现的问题，及时整改并动态调整，以提升资金绩效和项目质量。

图18.1 扶贫项目闭环式运行图

第十八章 特色产业扶贫模式的发展趋势

一、基于当地资源禀赋和优势发展乡村产业

民族要复兴，乡村必振兴。全面建设社会主义现代化国家，实现中华民族伟大复兴，最艰巨最繁重的任务依然在农村，最广泛最深厚的基础依然在农村，全面推进乡村振兴的广度、深度、难度和时间长度都不亚于脱贫攻坚。河北脱贫地区主要集中在燕山、太行山一带和黑龙港流域，是河北省的欠发达地区。62个脱贫县全部被列入省级乡村振兴重点帮扶县，90%以上的脱贫县是革命老区，90%以上的脱贫人口在革命老区，90%以上的文化生态旅游景区在革命老区。"十三五"期间，全国农民年人均可支配收入14 713元，河北省农民年人均可支配收入14 134元。预计到2025年，全国农村居民人均可支配收入将达到25 641元，年均增幅8.4%；河北省农村居民人均可支配收入将达到23 096元，年均增幅7%。

从巍巍太行山到茫茫渤海湾，从和缓起伏的坝上高原到极目千里的华北平原，燕赵自古多慷慨悲歌之士。我们的先辈们在这块土地上创造出了无数的辉煌。2020年河北省省会石家庄市被评为"中国最忙碌的城市"。河北的区域位置处在东部，发展水平处于中部，因此发展是硬道理，政治是经济的集中表现。随着"三农"工作重心的历史性转移，在京津冀协同发展的背景下，河北如何把自然禀赋特征转化为经济发展优势，这是区域科学研究的重大课题。河北省在地理区位上蕴藏着巨大的发展潜力，不仅有环京津、环渤海这两大区位优势，在地理位置上，地处北纬38度，拥有得天独厚的自然禀赋。

北纬38度，地球的黄金分割线，在西方有"上帝青睐的地方"之说，也有"地球的金项链"之称，以其城多、景美、物丰、神秘而著称。由于受地心、地形与气候的多重影响，北纬38度区域聚集了地球强大的能量、全球最充沛的光热资源以及最丰富的各类人体所需

稀有元素。这里四季分明、昼夜温差大、光照充足、地质优良，是全球最佳农作物的种植区，孕育出了许多高品质的农产品，就河北而言，阜平核桃、行唐大枣、正定鸭梨、藁城小麦、深州蜜桃、饶阳果蔬、献县金丝小枣等驰名中外，全球优质农作物种植养殖基地大多建于北纬38度区域。从河北看，北纬38度带与滹沱河流域相伴而行，相互交织在一起，南北纵深110千米，包括天津、石家庄、保定、衡水、廊坊、沧州等地全部或部分地区，海拔高度适宜农作物生长，降雨集中在七八月份的高温时段，水和热同步出现，为节水农作物生长提供了基础条件。滹沱河是省会的母亲河，全长615千米，流域面积24 664平方千米，发源于山西繁峙县泰戏山，越太行山于平山县大坪附近进入河北境内，经黄壁庄水库流入平原，向东至献县臧家桥与滏阳河汇合流入渤海，其中石家庄境内长度225千米、衡水境内长度59.6千米、沧州境内长度18.6千米，石黄高速公路沿滹沱河自西向东穿过。这里具有独特的空间区位优势，且土质优质，远离各类污染，是发展现代农业及农产品生产、加工、销售的理想区域，应成为养育河北人民的"富矿"，成为发展现代农业的优势。

燕山地区包括北京、张家口、承德、秦皇岛的全部或部分地区。地处内蒙古高原与华北平原交界区域，特别是坝上地区，这里空气冷凉，年平均气温3.5摄氏度，无霜期100多天。这里风大、光照时间长，年均大风日数为55天，冬春季平均风速为4.8米/秒，一年一季风，从春刮到冬，年均日照时长为2 815小时左右，日照率达64%。这里冰雪资源充沛。曾被誉为"六月披裘过坝上，犹闻青山冰未消。风沙百里无人过，野草百花笑长行"。经过几代人的努力，承德将"黄沙遮天日，飞鸟无栖树"的荒沙秃岭，建成了水的源头、云的故乡、花的世界、林的海洋，创造了人间奇迹，践行了"绿水青山就是金山银山"的理念，铸就了塞罕坝精神。近几年，以张家口筹办冬奥会为契机，按照"首都水源涵养功能区和生态环境支撑区"的战略定位，利用冷凉的气候和独特的阳光、风力、冰雪等冷资源，大力发展设施绿色农业、文化旅游、新能源、大数据产业，构建零度以下特色产业体系，把劣势转化为优势，农民冬闲变冬忙，寒冬里生产增收，这对华北、东北、西北"三北"地区具有重要的借鉴意义。

太行山区位于河北省西部，北起拒马河，南至漳河，纵贯华北平原南北，连接京冀两地，包括北京、保定、石家庄、邢台、邯郸等地的全部或部分地区，面积约占河北省的1/3，地势西高东低，受山东雨影响和太行山阻挡作用，这里土壤瘠薄、生态脆弱、交通闭塞、产业落后，但其红色资源丰富。平山是我们党进京赶考的出发地，聂荣臻元帅也曾留下过"阜平不富死不瞑目"的誓言。我们血战脱贫攻坚，全面建成小康社会。南水北调中线沿太行山东麓穿过，特别是2018年底太行山高速公路全线通车，为太行山地区经济发展动能转换、产业转型升级带来新的机遇。以李保国为代表的广大科技工作者，把论文写在太行山上，再创新时代"太行山道路"。

为此，利用燕山、太行山和北纬38度带土地的属性、特征对人类及其他生命族群生存的影响，梳理和借鉴多年来开发利用的经验，用足用好大自然赐予的自然条件，发掘土地的自然品味，提升土地内在价值，尊重自然规律，建设绿色生态农业和都市农业，促进产业生态化和生态产业化，将自然禀赋特征转化成经济发展的新优势，对提升河北脱贫地区经济发展活力，推进河北经济高质量发展，促进农民增收尤为重要。

二、厘清乡村特色产业发展思路

产业化是农业现代化的支撑，没有产业化就没有农业农村现代化。每个脱贫县都要制定特色产业"十四五"规划。针对燕山、太行山、黑龙港三块脱贫集聚区的资源禀赋、特有的地理条件以及区域功能定位，按照科技、绿色、品牌、质量农业的要求，实现农村三产融合，促进脱贫地区乡村特色产业全面提质升级，由突出到村到户转向推进区域协调绿色发展。在燕山地区，建设零度以下绿色产业和生态经济区，重点发展设施特色农业、光伏、风力发电和冰雪经济，加快建设京张承体育文化旅游带，把冷资源变成热经济。在太行山地区，开发建设"一路三带"，依托太行山高速公路，建设生态文化旅游带、中医药养生产业带、山地特色农业产业带，打造县域巩固拓展脱贫攻坚成果同乡村振兴有效衔接示范区。在黑龙港流域，沿滹沱河，以石黄高速公路为主线，重点打造北纬38度绿色产业隆起带，承接京津产业转移，进行生产力布局。在更大范围、更高层次上，构建"多县一带""一乡一业""一村一品"的乡村特色产业G型发展格局。推进产业就业科技帮扶，发展壮大农村集体经济，促进农民增收，充分发挥乡村在保障农产品供给和粮食安全、生态保护、优秀文化传承等方面的特有功能，加快农业农村现代化的建设步伐。

三、发展乡村特色产业项目

（一）项目建设的重点。产业项目建设总的要求是项目不能等资金，要超前进行项目谋划并做好项目规划可行性研究报告，把小农户家庭经营与现代农业发展有机衔接，并和市场化需求有机结合起来，有效抵御市场的风险，这是特色产业项目选择的关键。一是特色产业与当地自然条件、资源禀赋相宜，接地气，切合实际，特色突出；二是市场潜力大，科技含量附加值高；三是经营主体有积极性，实力强，组织化、规模化程度高；四是农户参与程度高，通过联农带农机制，农户能够以自有土地、衔接资金等入股分红。

实施特色产业提升工程。在全省7746个脱贫村培育形成的特色扶贫产业基础上，重点发展畜牧、蔬菜（食用菌）、中药材、林果、高油酸花生等21个特色优势产业带。实行动物（包括人）、植物、微生物"三物"循环，改善土壤，发展节水农业。推进乡村现代产业体系、生产体系、经营体系建设，立足延链补链强链，提升价值链，打造农业全产业链，建立小农户与现代农业的利益联结机制。着力推动品种调优、品质提升、品牌打造和标准化生产。大力发展"政府＋科技＋金融＋企业＋合作社＋农户"的"六位一体"股份合作制经济组织。加强资源整合、政策集成，推动科技研发、加工物流、营销服务等主体加快向园区集中，以县为单位，巩固提升一批现代农业扶贫产业园、科技扶贫示范园、农业产业强镇、优势特色产业集群，打造县域巩固拓展脱贫攻坚成果同乡村振兴衔接示范区，要抓两头带中间，形成"一业一园"或"一区多园"，促进脱贫地区特色产业提档升级，形成梯次推进农业农村现代化的格局。

发展农村电商产业。要面向市场需求，着力推动产品销售。完善电商帮扶公共服务体系建设，引导农村电商、物流企业向脱贫地区乡村延伸，搭建产品销售网络渠道，支持在电商网站设置专卖窗口，举办直接带货、产品展销等销售活动。支持脱贫地区品牌农产品拓展京津外埠市场，建立长期稳定购销关系。打造电子商务进农村"互联网＋流通＋服务"新模式。

发展生态绿色产业。倡导"爱山如父、爱水如母、爱林如子"的生态捍卫自律意识，以生态产业化和产业生态化着力推进生态农业、生态工业、生态服务业协调发展，提升生态产品附加值。借助生物技术、生态技术和信息网络技术，推进网络型、进化型、复合型的生态产业建设，推进"碳达峰"和"碳中和"，大力发展碳汇交易，进行资源优化配置。打造"生产生活生态生命的共同体"和"田园综合体",构建集生态保育、食物保障、原料供给、旅游休闲、养生养老、文化传统、就业增收于一体的新业态,提升产业质量效益和竞争力,拓展脱贫群众增收空间。

发展乡村旅游产业。加快旅游路、生态路、资源路建设,推动乡村旅游发展上水平提档次。扎实推进乡村旅游重点村镇建设,推广红色旅游,支持革命老区立足红色文化、民族文化和绿色生态资源,打造革命老区红色旅游精品线路。打造一批美丽休闲乡村、国家森林康养基地和精品生态旅游目的地。加强国家文化生态试验区、特色农副产品生产基地建设,挖掘农村非物质文化遗产资源,打造一批乡土文化旅游品牌,带动农副产品销售和传统手工业发展,促进农民增收。

(二)项目库建设。优化项目入库程序,坚持群众参与,充分吸收群众意见,切实增强群众获得感。到村到户项目,坚持"村申报、乡镇审核、县级审定"的入库程序。

村申报。村"两委"、驻村工作队和包村干部在认真分析本村村情、资源禀赋、资金保障及巩固拓展脱贫攻坚成果和衔接乡村振兴需求的基础上,组织召开村"两委"会或村民代表大会,提出立项意见,确定村级申报项目,在村内公示10天,如无异议,报乡镇人民政府审核。

乡镇审核。乡镇人民政府对村申报项目的真实性、合规性、必要性、可行性以及项目内容等进行审核,审核后在乡镇公示10天,如无异议后,报县级乡村振兴部门汇总。

县级审定。县级乡村振兴部门对乡镇人民政府报送的项目是否属于巩固拓展脱贫攻坚成果和衔接推进乡村振兴项目进行审核并出具意见。县级相关行业部门按照部门职能,对项目科学性、合规性、必要性、可行性及预估成果等进行论证并出具意见,对于技术复杂、政策性强或涉及法律问题的，可组织多部门或专家论证。县（市、区）巩固拓展脱贫攻坚成果领导小组负责本县项目库的审定。内容不全的项目、与巩固拓展脱贫攻坚成果和衔接推进乡村振兴无关的项目、违法违规的项目、盲目提高标准的项目、搞形象工程的项目等，一律不得纳入项目库。项目审定后进行公示，公示期不少于10天。如无异议，符合条件的项目将被纳入项目库并在政府门户网站长期公告。对于跨区域、规模化项目，也可由乡镇或行业部门提出，在充分征求相关乡村意见的基础上，履行"县级审定"程序后入库。

（三）项目实施。要健全项目推进机制，形成储备一批、开工一批、在建一批、竣工一批的良性循环，明确项目实施各个环节的主体责任和时间节点，基本流程是，政府→乡村振兴局→可研立项→完成入库→农投公司→招投标→开工建设→竣工验收→公开公示。政府提前编制项目实施方案，县级行业部门和农投公司根据项目实施方案，组织项目实施主体的招投标、施工管理、工程竣工验收、委托工程结算审计和序时资金拨付，不拖欠企业工程款和农民工工资，对项目的施工进度进行全过程监督调度，保证项目的施工效率和工程质量，同时，做好公开公示。各县（市、区）要探索建立财政衔接资金项目操作规程。

四、加强财政衔接资金的监督和管理

（一）预算。省市县三级每个年度预算安排财政衔接资金，国家要求各省财政衔接资金预算增幅要高于或等于中央衔接资金分配到省的资金增幅。

（二）投向。中央和省级财政衔接资金管理办法都对衔接资金使用方向进行了明确，即用于支持巩固拓展脱贫攻坚成果和衔接推进乡村振兴项目,包括健全防止返贫致贫监测和帮扶机制、"十三五"易地扶贫搬迁后续扶持、脱贫劳动力(含监测帮扶对象)稳定就业、培育和壮大特色优势产业、补齐必要的农村人居环境整治和小型公益性基础设施建设短板等。主要方式为投资、奖补和以工代赈。如果方向搞错了,就会陷入"盲人骑瞎马、半夜临深池"的危险境地。根据财政部《关于下达2021年中央财政衔接推进乡村振兴补助资金预算的通知》要求,衔接资金各项任务要将产业发展作为支持重点,每年全省用于产业发展的资金规模占比原则上不得低于下达资金总规模的50%,且不得低于上年用于产业发展的资金占比。对照国家要求,省级衔接资金用于产业发展的资金规模占比原则上也不得低于到县省级资金的50%,且每年要提升5%,中央和省级衔接资金2025年要达到70%。这些要求已在资金绩效评价办法中予以明确。中央和省均建立了财政衔接资金的负面清单,要求衔接资金不得用于与巩固拓展脱贫攻坚成果和推进欠发达地区乡村振兴无关的事项,包括单位基本支出、交通工具及通信设备、修建楼堂馆所、各种奖金津贴和福利补助、偿还企业债务、垫资和回购资产等。

(三)资金项目安排。基层干部在使用衔接资金时把握不准,感觉哪都可以用,却又无从下手,项目需不需要联农带农,如何建立利益联结机制,这些问题始终困扰着基层干部。要解决这个问题,必须把握好实现巩固拓展脱贫攻坚成果同衔接乡村振兴之间的关系。既要守住不发生规模性返贫的底线,又要始终贯穿巩固、拓展和衔接这条主线。"巩固"主要是进一步做好防止返贫动态监测和帮扶,强化监测预警,坚决守住不发生规模性返贫底线,夯实全面推进乡村振兴的基石,保持主要帮扶政策稳定,该优化的优化,该延续的延续,该调整的调整,强化帮扶救助,确保基本生活不出问题。"拓展"就是进入全面推进乡村振兴阶段,工作对象从农村贫困人口拓展到所有农村人口，工作地域从脱贫地区农村拓展到所有地区农村，工作内容从解决"两不愁三保障"拓展到推进乡村产业、人才、文化、生态、组织振兴。"衔接"就是领导体制、工作体系、规划实施和项目建设、考核机制等有效衔接。打脱贫攻坚战的时候，扶贫资金要与建档立卡结果相衔接，与脱贫成效挂钩，发展特色产业的扶贫资金必须用于建档立卡贫困户，而且要建立利益联结机制，带动贫困户稳定增收，特别是要短期内增加贫困户收入，超过脱贫标准。从这几年河北省各地发展特色产业的方式看，主要是入股分红和资产收益，资金投入分别达到109.3亿元和175.5亿，占脱贫攻坚期特色产业资金投入总量的33.9%和54.4%。而衔接资金在使用上更加宽泛和灵活，更加注重培育和壮大当地特色优势产业。各地要围绕当地特色优势产业来培育打造，提升县域经济发展活力，提升一二三产融合发展水平，从而带动当地群众（不局限于脱贫群众）就近就地就业或发展特色产业，脱贫攻坚期采取的入股龙头企业或资产收益方式要相应做一些调整。当然，衔接资金的首要用途还是巩固脱贫攻坚成果，确保脱贫人口不出现规模性返贫，所以项目还是要采取联农带农机制。要做到两者兼顾，优先保障脱贫人口收入持续稳定，同时大力培育发展特色优势产业。

（四）资金拨付。项目已开工的，衔接资金按照工程项目的30%进行拨付，确保每年6月底和10月底达到序时进度要求，年终资金拨付率达到100%，包括项目3%的质保金。坝上地区无霜期短，既要确保项目的开工率和完工率，又要确保资金的序时拨付率和安排率，不能造成资金闲置。资金拨付进度整体上要跟上序时进度要求，优先拨付中央和省级资金，然后再拨付市级和县级资金。

五、加强扶贫资产后续监督和管理

2021年7月12日,河北省人民政府办公厅印发了《河北省扶贫项目资产后续管理办法》(以下简称《办法》),对十八大以来形成的扶贫项目资产确权登记、运营管护、收益分配使用、资产处置、监督管理等,进一步作出了新的明确规定。

(一)三类资产,摸清底数。《办法》规定,党的十八大以来,使用各级财政资金、地方政府债券资金、东西部协作、社会捐赠和对口帮扶等投入形成的扶贫项目资产都要摸清底数,包括实物性固定资产、入股分红等权益性资产和多年生生物性资产。扶贫项目资产按经营性资产、公益性资产和到户类资产进行管理,要建立统计台账,做到资金清、项目清、资产清、收益清。

经营性资产主要是具有经营性质的产业就业类项目固定资产及权益性资产等,包括农业生产设施、乡村旅游设施、建筑物、光伏扶贫电站、扶贫车间、机器设备等固定资产,以及资产收益扶贫、入股分红等项目形成的权益性资产等。公益性资产主要是公益性基础设施、公共服务类固定资产等,包括道路交通、农田水利、农村饮水、教育、科技、文化、体育、卫生、电力等方面公益性基础设施和公共服务类资产。到户类资产主要是通过财政补助(补贴)等形式帮助贫困户发展形成的生物性资产或固定资产等。

(二)四权分置,建立管理机制。扶贫项目资产要明晰所有权,放活经营权,确保收益权,落实监管权。

明晰所有权。巩固农村集体产权制度改革成果,按照"谁主管、谁负责"的原则,稳妥推进符合条件的扶贫项目资产确权登记,做好资产移交,并纳入相关管理体系。县乡村实施的单独到村项目形成的经营性资产,产权归属村集体经济组织。县乡两级跨乡村组织实施的项目形成的经营性资产以及产权不明晰的经营性资产，由县级政府按项目实际情况，确定产权归属。原则上权属确认到村集体经济组织，确权扶贫项目资产纳入农村"三资"管理，并按照农村集体产权制度改革要求有序推进股份合作制改革。

放活经营权。根据扶贫项目资产特点，明确产权主体管护责任，探索多形式、多层次、多样化的管护模式。对经营性资产，要加强运营管理，完善运营方案，确定运营主体、经营方式和期限，明确运营各方权利义务，做好风险防控。对于产权属于村集体的扶贫项目资产，根据资产性质分类管护：对管护能力要求较低的扶贫项目资产，村集体经济组织（无村集体经济组织的由村"两委"落实）要落实具体责任人，可通过调整优化现有公益岗位等方式解决管护力量不足问题，优先聘请符合条件的脱贫人口参与管护；对光伏扶贫电站、农村饮水工程等专业性较强的扶贫项目资产，可通过购买服务方式，委托第三方机构管护；对投资入股经营主体形成的经营性资产，由对应的经营主体负责运营管护。村集体经济组织（无村集体经济组织的由村"两委"落实）要与其签订协议，明确各自权利责任，并落实相关责任人跟踪监测运营管护情况，采集并保存管护跟踪信息。

确保收益权。发挥扶贫项目资产的帮扶作用，经营性资产收益分配按照现行资产管理制度实施。对制度未予明确的，应通过决策程序提出具体分配方案，体现精准和差异化扶持，并履行相应审批程序，分配方案和分配结果要及时公开。设置公益岗，进行分配。扶贫项目资产收益严禁采用简单发钱发物"一分了之"的做法进行分配。属于村集体的资产收益，要通过设置一定条件，鼓励采取参加村内项目建设和发展等劳动增收方式进行分配，激发群众内生动力。乡镇农经站（三资办）要按序时及时拨付资金。

落实监管权。县级政府要对本县域扶贫项目资产后续管理履行主体责任,结合实际制定本地的扶贫项目资产管理制度或细则,做好扶贫项目资产登记与农村集体资产清产核资工作的有效衔接,明确相关部门、乡镇政府管理责任清单。乡镇政府要加强扶贫项目资产后续运营的日常监管。对确权到村集体的扶贫项目资产,村级组织要担负起监管责任。各级乡村振兴、农业农村、财政、水利、发展改革、教育、自然资源、交通运输、住房城乡建设、卫生健康、文化旅游、林业草原等主管部门要按照职责分工,履行行业监管职责,加强政策支持,统筹协调推进扶贫项目资产管理,组织研究解决扶贫项目资产管理中的具体问题,指导扶贫项目资产的登记、确权、运营、管护、收益分配、绩效管理、信息化管理等相关工作。乡村振兴部门要发挥好统筹协调作用。

(三)保值增值,不能闲置浪费。任何单位和个人不得随意处置国有和村集体扶贫项目资产。确需处置的,应严格按照国有资产、集体资产管理有关规定,履行相应审批手续进行规范处置。对扶贫项目资产进行拍卖、转让的,需依法开展资产评估,评估结果需在县级政府网站、公开栏予以公示。属于村集体的扶贫项目资产处置收入归村集体所有,按照村集体收入依法进行管理、使用,应重新安排用于巩固拓展脱贫攻坚成果和乡村振兴。

六、完善资金绩效评价和整改提升

(一)资金绩效评价的主要指标。根据财政部、国家乡村振兴局等六部委资金绩效评价办法,资金绩效评价主要围绕资金保障、项目管理和使用成效三类内容。资金保障评价内容主要包括:资金投入情况、预算执行到位情况、中央衔接资金拨付进度和用于产业比例等;项目管理评价内容主要包括:项目库建设管理情况、项目绩效管理情况、信息公开和公告公示制度落实情况、跟踪督促及发现问题整改情况等；使用成效评价内容主要包括：有序推进项目实施等工作情况、资金结转结余情况、巩固拓展脱贫攻坚成果情况、资金使用效益、统筹整合工作成效等。要坚持实事求是，坚决防止弄虚作假问题的发生。

（二）问题整改。要把整改工作作为重中之重，坚持"四不放过"，即问题不查清不放过、整改不到位不放过、成效不符合上级要求不放过、群众对整改不满意不放过，要根据发现的问题，制定整改方案，绘制整改"时间表""路线图"，对各类问题，逐一建立责任清单、进度清单、效果清单，实行"一账（问题整改台账）、一书（整改督办通知书）、一表（整改工作进度表）、一挂钩（整改与考核挂钩）"制度，实行台账管理、督办落实、办结销号，确保事事有回音、件件有着落，全面提升整改工作质量。

（三）追责问责。坚持"花钱必问效、无效必问责"，加强对衔接资金和扶贫项目资产后续管理情况的纪律监督、审计监督、行业监督和社会监督等。发挥驻村工作队、村务监督委员会、村集体经济组织监事会等监督作用。充分尊重农民意愿，切实保障受益群众对资金使用和扶贫项目资产管理的知情权、参与权、监督权。严格落实公告公示制度，及时公布扶贫项目资产运营、收益分配、处置等情况。对贪占挪用、违规处置扶贫项目资产及收益等各类行为，依法依纪严肃追究责任，涉嫌构成犯罪的，移交司法机关依法追究刑事责任。

第二节　推进特色产业扶贫模式经营主体的培育

一、鼓励多元化融合主体发展

加快特色产业发展，推进三产融合，实现产业兴旺，离不开多元主体的能动性，要大力培育特色产业三产融合发展的主力军，继续扶持农业扶贫产业园综合体、农业龙头企业，发展各类股份合作制经济组织、农业产业化联合体、新型农业社会化服务组织、新业态企业组织，培育家庭农场、农民专业合作社、创业致富带头人等12类带动主体。首先，中国传统农业的发展主要依靠农户的艰辛劳作，将劳动型农民打造成"懂技术、会管理、能掌握先进农业技术"的职业农民是发展新型经营主体的首要任务。首先要转变传统的思想观念，适应市场经济环境。不拘泥农户经营、集镇贸易的小市场，培养创新能力和竞争意识，正确面对市场竞争的挑战，抓住经济发展的机遇，转换生产方式，更新经营理念。其次要转变单打独斗的散户思想，转向规模化、标准化经营。农业生产客观上要求因时制宜、因地制宜，经营灵活、组织多样，单个农户难以抵御来自自然、市场、国内外经济环境变化以及疫情等突发事体带来的冲击，存在着缺乏市场开拓、品牌研发、营销突破、融资通畅、劳动力资源合理配置、节约，以及无力组织生态环境保护等问题。通过将零散的农户以农民合作社、农业企业等形式组织起来，形成规模经济，促进适度规模化发展。其次，农民合作社具有组织农业技术信息宣传、农业生产指导服务的低成本优势，与广大农民具有直接利益关系，是推动一二三产业融合的重要主体。因此，要积极支持农民合作社发展壮大。一是完善农民合作社运行机制，科学评估、合理分配农民合作社交易盈余，保证农民合作社的决策权与资产所有权的同一性，在重大决定中充分体现民主管理，同时兼顾农民合作社运营管理的灵活性以适应市场。二是壮大农民合作社经营实力，抓住优势产业，培育面向消费者的特色品牌，拓展业务，争取覆盖相应农产品的育种、种植、田间管理、仓储、运输、加工和销售整个流程。再次要引导农民合作社联合发展机制，鼓励同质或相关的农民合作社积极沟通整合，在保证一定竞争的前提下实现规模效益，扩大农民合作社的经济技术实力。最后要强化农业龙头企业的行业核心地位，发挥新型农业社会化服务组织的支撑作用。一要推广农业龙头企业的先进技术和先进的思想观念。支持农业龙头企业增强科技创新能力，采用智能制造技术生产加工，协同、智能、精准控制，实施仓储冷链信息化管理，注重加工废弃物和副产物处理技术及装备等领域的创新，利用微生物处理等技术实现企业生态绿色管理。二要发展新型农业社会化服务组织，农民对农业社会化服务的需求在产前、产中、产后各不相同：产前统一购买农资农药，产中提供农机服务，产后提供农产品加工、运输、储存、畜禽屠宰服务，为农户提供全面的气象、价格、政策等信息。

二、支持主体创新化突破

特色产业的融合发展离不开主体的主动创新，主体要改变传统思路，充分发挥主观能动性，在现有的基础上研究与突破。对主体而言，可以从三个方面进行创新。

首先，宣传方式的引领创新。农业作为基础产业发展历史源远流长，但是为司空见惯的农产品，又最容易为人们所忽视，缺乏关注度。因此，有必要进行农业信息化宣传方式的变革。一是多渠道应用自媒体平台。通过政府网站、企业微信公众号、微博等平台发布产品价格信息，及时向消费者展示生产过程中的产品状态；通过抖音、快手等短视频平台发布农产品展示视频，以更直观有效的方式向市场展示农产品质量，传递价格信息；通过与淘宝、拼多多等电商平台合作上线农产品，在平台流量支持的前提下，将商品推送给消费者，获得大量曝光。二是抓住社会热点和亮点。网络消息的即时性和快速性是全新的发展机遇，与热点相结合的新闻与话题被各大媒体公众号、网站转载，受到社会的高度关注。三是符合政策舆论引导。宣传扩大影响力要合理使用宣传平台，符合国家核心价值观要求。家庭农场、农民合作社、农业龙头企业和股份合作制经济组织等主体要切实了解党和国家推进农村三产融合的方针政策，遵从政策要求自觉开展行动，学习和借鉴政府等官方平台推荐的已取得成功经验的先进典型案例。

其次，科技应用的集成创新。2020年，我国农业科技进步贡献率突破60%，科技创新成果得到推广和应用。一是支持农业与信息化产业应用创新。互联网、大数据、人工智能、云计算等技术助力智慧农业的发展，实现信息感知、定量决策、智能控制、精准投入、个性化服务，在农业生产、田间管理、市场销售全过程实现可视化、无人化、机械化。建设大数据中心和智慧指挥中心，打造现代数字农业农机科技示范样板。二是支持新材料、新产品、新技术在生产过程中的应用创新。政府和企业对选种、家禽选苗、选药等活动设置试错范围，允许有创造力的农户优先尝试新品种，奖励创新性成果，由政企承担部分试错成本。将培育的良种、良苗、良药、良技在得到较稳定的成果后再继续大范围推广使用。

最后，服务模式的扩大创新。增强县及县级以下的创新能力，学习科学的管理技术，提升专业的服务水平，供给多样化的产品和服务是特色产业三产融合发展的核心。一是创新农业服务方式。精细化的市场需求、科技化的市场水平都在要求农业服务方式的变革。生产农产品要品质过关，可以在收获季安排采摘活动，满足城市消费者体验乡村生活的需求。此外，农产品销售还需要品牌化、商业化，通过电商平台、视频软件开通直播服务，消除消费者对产品直观感受的空间障碍。二是创新农业服务体系。在生产领域完善农业生产托管服务，帮助农民解决"干不了、干不好、干不经济"的问题；在加工领域完善产品包装、供销一体化服务，精准对接市场需求；在销售领域，完善差异化需求服务，多平台、多渠道、多思路塑造农产品品牌。另外，开展农业休闲旅游服务，推进产业融合。

三、加快培育新型产业融合主体

加快培育新型产业融合主体，需要鼓励引领多元化一体融合主体发展，激发主体的能动性，大力培育农村三产融合发展的主力军，培育家庭农场、农民合作社、新型经营农户等，扶持农业龙头企业、农业产业化联合体、农业社会化服务组织，大力发展各类股份合作制经济组织和新业态组织；需要支持主体创新化突破，改变传统思路，充分发挥主体的主观能动性，在宣传方式、科技应用、场景运用、服务模式等方面改革突破；需要引导社会人力资本投入，解决相关融合主体知识和技能缺乏的问题，根据地方实际条件和特点做好培训，加大农村实用人才培育和资金投入力度，优化现有的支持政策，积极建设产业培训基地，搭建人才培育平台。加快打造特色产业创新升级，需要加强农村基础设施建设，农村基础设施条件对农业经济增长的影响至关重要，是农业资本的重要组成部分，要扩大公共服务范畴，补足农村产业设施的短板，完善信息化服务平台；需要开发利用产业的多功能性，以自然、人文为发展基础，横向融合产业共通部分，纵向延伸产业发展链条，找到特色产业间发展的更多结合点和贯通之处，通过融合多种产业发展形式、升级融合消费体验、缩小城乡休闲农业发展差距，发掘农业的非遗传统功能；需要发挥农业龙头企业示范引领作用，农业龙头企业立足于农村资源优势和产业基础，在产品品质、产业基地、科研攻关等方面具有示范效应，可通过加强企业自身建设和提高、促进农业龙头企业合作、发挥区位优势来充分发挥农业龙头企业示范引领作用。加快推进产业机制改革发展，需要推进农村集体产权制度改革，进一步深化制度改革，推进三产融合，可以从以下几个方面入手：将特色产业制度优势经验转化为治理效能，发挥制度改革的外部性，开展配套改革，形成农村综合改革联动效应；需要深化三产融合的利益联结机制，农民通过按股分红、按交易额返利、产品高附加值等方式获得更高的收入，改变过去农民处于利益分配机制末端的被动局面，积极尝试发展订单农业，提高农户合作效率，鼓励以股份合作制形式，科学发展利益联结机制，有效防范化解风险；需要加大财政政策支持力度，在农村一二三产业融合发展的过程中，产生了新业态、新模式，因而需要制定相关税费政策，加强农村金融体系创新力度，完善政策性农业保险制度的财政政策创新性支持。

四、引导社会的人力资本投入

推进特色产业一二三产业融合发展，对农户、家庭农场、农民合作社、农业企业等主体来说，需要解决相关多元主体（尤其是农户和农民合作社）知识、资金和技能缺乏的问题，引导社会资本加强引导培训，政府要提供人才政策支持，积极建设产业培训基地，搭建人才培育平台。

首先,根据地方实际条件和特点,开展有针对性的培训。一是开展县乡党委政府干部培训。要切实下接地气,结合本县本乡农村的产业基础、资源特点、文化积淀、生态环境、区位条件等,厘清当地产业融合的可能连接点,并通过借鉴已成功的典型案例,开展有针对性的培训。二是邀请科研院校专家以座谈、讲座、研讨会的形式开展系统性培训。政府委托高等院校、科研院所以及相关的职业技术学院,从育种、种植、收获、加工、销售等全产业链的不同角度开展培训。高等院校和高职高专院校专业门类较为齐全,师资力量较强,具备有利条件。三是邀请当地农业领头人开展培训。邀请全国性农村"两委"负责人、农民合作社带头人、创业致富带头人、大学生村官、农业龙头企业管理者分享自身的经历和心得,对农村一二三产业融合带头人和骨干人员加强指导,增进与农村当地农民的互动性,调动其积极性。

其次,优化现有的支持政策,加大农村实用人才培育投入力度。一是优化人才发现与评价机制。遵循农村人才的成长规律和特征,建立合适的评价标准,通过实践检验人才,以业绩、品德、知识、能力、贡献作为评价指标选拔人才。成立人才发展基金,对创新项目成果进行政策奖励,从企业、院校、科研机构等处引进人才,打通人才向农村、基层一线流动的通道。二是对返乡创业农民工进行政策和资金鼓励,把其在城市中逐渐积累的资金储备和市场观念、行业技术、管理方法带回家乡,鼓励其从事非农产业、创办工商企业,从而自发推动当地农村三产融合发展。政府在工商登记、资金、技术、劳动力、税费、创业培训、人员招聘、土地使用等方面给予优惠,为返乡创业的农民提供优惠的待遇。

最后,积极建设产业实训基地,搭建人才培育平台。坚持多渠道充分发挥人才的"传、帮、带"作用。一是成立产业实训示范点，以政府资金为引导，吸引更多社会资本投入，通过市场化运作和专业化管理，加大对融合发展先导区的人才投入力度，充分发挥政府资金和示范点的引导作用和放大效应。二是建立人才"传、帮、带"机制，组织经验人才分享交流活动，在乡村人际关系纽带的基础上，带动村民学习新技能，体验新技术，前往创新示范实训基地参观学习。通过多种培训方式，建立稳定的人才交流机制，发展良好的村际关系，开拓农民的眼界和视野，启发开展农村三产融合的思路，切实推进主体尝试和开展产业融合的新业务。三是健全乡村高学历人才平台，开展成人教育，与农业类高校合作，创建农业创新科技驿站，邀请拥有实践经验的知名专家，帮助农户解决实操过程中遇到的生产问题，指导农户整合农村资源资产资金，实施资本化运作，拓宽产业链条。

第三节 打造特色产业扶贫模式创新升级板

为进一步优化省级财政衔接推进乡村振兴补助资金投入方式，提高衔接资金使用效益，支持县级巩固拓展脱贫攻坚成果同乡村振兴有效衔接示范区建设（以下简称"衔接示范区"）成为开展"百县千乡万村"乡村振兴示范创建的载体和抓手。

一、支持县级有效衔接示范区建设

衔接示范区是指在县域范围内，以乡村振兴巩固拓展脱贫攻坚成果，从解决建档立卡贫困人口"两不愁三保障"转向实现乡村产业兴旺、生态宜居、乡风文明、治理有效、生活富裕，打造巩固拓展脱贫攻坚成果的样板、产业项目联农带农的样板、资金资产高效使用的样板、三产融合发展的样板、部门协调联动的样板，在切实守住不发生规模性返贫底线的基础上，全面推进乡村振兴。

（一）衔接示范区建设的原则。贯彻创新、协调、绿色、开放、共享的新发展理念，防止两极分化，促进共同富裕。

坚持集中连片，突出重点。支持在地理区域相连、自然条件相似、社会特征相近、发展基础相通、人文环境相融的若干毗邻乡村构成的集中连片区域，优先支持特色主导产业（扶贫产业园、易地搬迁集中安置区）突出、联农带农机制紧密、基础设施相对完善的区域。

坚持因地制宜，形成合力。准确把握乡村发展规律，立足当前发展阶段，坚持尽力而为、量力而行，科学谋划衔接示范区建设项目。搭建资源共享、系统集成、互补衔接的项目平台，由资金到村到户转向推进一二三产业融合发展。

坚持党建引领，群众参与。充分发挥基层党组织战斗堡垒作用和党员先锋模范作用，组织动员群众参与衔接示范区建设，尊重群众意愿，听取群众意见，维护群众利益，建立健全共建共享机制，充分调动农民参与衔接示范区建设的积极性、主动性和创造性。

坚持示范带动，辐射全域。充分发挥衔接示范区引领作用，培育扶持新型经营主体，建立健全县域产业联农带农、城乡融合发展、部门合力推进、社会和金融资本引入等体制机制，由政府投入为主转向有效市场和有为政府更好结合，以点带面，推动县域乡村振兴示范创建。

（二）衔接示范区建设的标准。

功能定位准确。围绕有基础、有优势、有特色、有规模、有潜力的乡村，按照特色产业化、三产融合化、城乡融合一体化的发展路径,以 10 个以上行政村成方连片的特色片区为开发单元,全域统筹开发,突出以特色产业为基础的产业整合、辐射带动等主体功能,衔接示范区面积一般不低于 5 000 亩,其中核心区不低于规划面积的 20%。明确农村集体经济组织在建设衔接示范区中的功能定位,充分发挥其在开发集体资源、发展集体经济、服务防返贫对象等方面的作用。衔接示范区经过专家论证,可纳入当地经济社会发展规划。

基础条件较优。区域范围内农业基础设施较为完备,农村特色产业基础较好,区位条件优越,核心区集中连片,发展潜力较大;自筹资金和社会资金投入较大且有持续投入能力,积极引入先进生产要素和资本,发展思路清晰;适度规模经营显著,农民合作组织健全,龙头企业带动力强。

生态环境良好。落实绿色发展理念,保留青山绿水,积极推进山水林田湖整体保护、综合治理,践行"望得见山、看得见水、记得住乡愁"的生产生活方式,农业清洁生产基础好,农业环境突出问题得到有效治理。

政策措施有力。县级政府积极性高,在用地保障、财政扶持、金融服务、科技创新应用、人才支撑等方面有明确举措。建设主体清晰,管理方式创新,搭建政府引导、市场主导的建设格局。积极在三产融合用地保障、资金项目资产监督管理和投融资运行机制等方面进行积极探索,为特色产业发展和衔接示范区建设提供条件。

投资机制明确。积极创新财政投入使用方式,探索政府和社会资本合作,综合考虑运用先建后补、贴息、以奖代补、担保补贴、风险补偿金等,撬动金融和社会资本投向衔接示范区建设。鼓励各类金融机构加大金融支持衔接示范区建设力度,探索产业链融资、园区融资、防贫保险等模式,积极统筹各渠道整合资金支持衔接示范区建设。严控政府债务风险和村级组织债务风险,不新增债务负担。

运行管理顺畅。根据当地特色主导产业规划和新型经营主体发展培育水平，因地制宜探索衔接示范区建设模式和运营管理模式。可采取政府投融资平台、村集体经济组织、龙头企业、农民合作社和农户共同参与建设衔接示范区的方式，盘活存量资源，调动各方积极性，激发内生动力。

联农带农作用显著。以政府投融资平台、村集体经济组织、龙头企业、农民合作社为主要载体，组织引导农民参与建设管理，保障农民的参与权和受益权。通过财政衔接资金股权量化、农村资源资产股份量化、构建股份合作制等模式，发展壮大农村集体经济，创新农民利益共享机制，让农民分享产业增值收益。

防止返贫机制有效。对脱贫人口实行监测全覆盖，对脱贫不稳定户、边缘易致贫户和突发困难户以及农村低收入人口开展靶向治疗，精准帮扶，多措并举，动态管理，落实各类防贫综合性保障措施，确保"两不愁三保障"及饮水安全成果持续巩固。

（三）衔接示范区建设申报和评定。报送衔接示范区建设申报书，应具备以下要素。

1. 基本情况。县级区域内（包括建设地点所在地乡镇和行政村）农业农村经济和社会发展现状、农业基础设施、特色主导产业发展现状、开展建设衔接示范区的必要性和重要性等。

2. 衔接示范区概况。包括衔接示范区建设地点、区域面积、时间、建设领导小组情况、主要技术支持与合作单位、特色主导产业（产品）、企业（拟参与投资与运营）与农户（含脱贫户、防贫监测户）等方面的总体情况。

3. 目标任务。目标任务应包括：衔接示范区单位面积产值处于全省先进水平，延长产业链，提升价值链，农民人均收入增速高于全县农民平均收入增速，脱贫人口人均收入增速高于全省农民人均收入增速,有较强的示范带动作用。

4. 主要建设内容。衔接示范区支撑体系建设任务,包括功能板块、项目布局、发展重点等,附规划图。年度实施方案中还应明确年度项目类型、项目名称、建设内容、绩效目标、建设时限、建设地点、实施主体、资金来源和生产类、生活类、生态类项目资金占比。

5. 建设、管理和运行体制机制。包括衔接示范区建设运行管理机构和运行机制,政府投融资平台、村集体经济组织、龙头企业、农民合作社与农户的利益联结机制等。

6. 投资估算与资金筹措。总投资及分年度投资需求估算、省级衔接资金安排用于衔接示范区发展项目的资金规模比例,统筹整合其他渠道财政资金的来源及建设内容,社会和金融资本的来源及建设内容等。

7. 经济、社会和生态效益分析。

8. 资源环境影响评估分析。重点分析区域内水资源供需平衡及水质、生态环境影响。

9. 政策保障措施。申报书中除重点说明保障项目建设顺利进行的各项措施外,还应专门说明保障衔接示范区"姓农为农"、与市场对接、可持续经营载体、保护农民利益、保护生态环境等方面的措施。

申报时,分年度建设内容、目标任务和投资估算附表说明,衔接示范区项目纳入县级巩固拓展脱贫攻坚成果和乡村振兴项目库,县乡村公告公示。

申报评定程序是县级申报→市级推荐→省级评审→确定对象→拨付资金→公告公示→绩效评估。采取先支持后认定的方式,"抓两头、促中间",确定支持的衔接示范区。重点帮扶县每县支持5 000万元,非重点帮扶县每县支持1 000万元,在省级衔接资金预算中列支。

(四)衔接示范区建设资金项目资产管理。

资金管理。严格按照《河北省财政衔接推进乡村振兴补助资金管理办法》使用管理衔接资金,重点支持特色产业补上技术、设施、营销等短板,支持带动脱贫人口增收的龙头企业、农民合作社发展,促进产业提档升级;补齐必要的农村人居环境整治和小型公益性基础设施短板。县级政府要根据项目建设类型,多渠道筹措相关资金,充分保障衔接示范区建设需求。探索建立衔接示范区财政衔接资金项目操作规程,严格管理负面清单。

项目管理。严格按照《河北省巩固拓展脱贫攻坚成果领导小组办公室关于做好县级巩固拓展脱贫攻坚成果和乡村振兴项目库建设管理的通知》要求,优化项目入库程序,健全项目推进机制,形成储备一批、开工一批、在建一批、竣工一批的良性循环,明确项目实施各个环节的主体责任和时间节点,提前编制年度项目实施方案,积极组织项目实施主体的招投标、施工管理、工程竣工验收、委托工程结算审计和序时资金拨付,严禁拖欠企业工程款和农民工工资,对项目的形象进度进行全过程监管,保证项目的施工效率和工程质量。

资产管理。参照《河北省扶贫项目资产后续管理办法》,及时将衔接示范区的资产量化移交到村集体,完善资产后续运营监管机制,实现经营性资产收益持续稳定、公益性资产管护到位,防止资产闲置浪费,确保经营性资产保值增值,统筹用好乡村公益岗位,实行动态管理。

(五)衔接示范区建设绩效评估。严格执行《河北省衔接推进乡村振兴补助资金绩效评价及考核办法》,将衔接示范区衔接资金绩效纳入全省年度财政衔接推进乡村振兴补助资金绩效评价范围,与年度资金绩效评价一并实施。

1.评估方法。衔接示范区绩效评估采取实地调查与平时了解相结合、客观实效与群众评议相结合、定量分析与定性分析相结合、自我评估和第三方评估相结合的方式，由省乡村振兴局和省财政厅共同负责，制定《衔接示范区衔接资金评估指标体系》，成立评估工作组，具体组织实施，省乡村振兴局承担日常工作。

2. 评估内容。

（1）支持项目绩效目标实现情况。主要包括省级衔接资金补助支持项目的过程管理、产出效益、资产管理等情况。

（2）全面推进衔接示范区建设情况。主要包括衔接示范区建设筹划决策、组织实施、总体进展、建设成效及支持保障情况。

（3）衔接示范区经验成果。主要包括衔接示范区建设整体满意度、取得的重要成果和探索形成的经验模式。

3. 评估程序。衔接示范区建设情况评估每年开展一次，原则上年初确定评估对象，年中调度，年底启动，次年1月底前结束。

（1）监测调度。市级乡村振兴、财政部门及时向省乡村振兴局、省财政厅汇报衔接示范区建设情况，年中提交阶段性进展报告。省乡村振兴局会同省财政厅充分运用信息化手段，对衔接示范区建设开展日常监测，组织调研，调度工作进展，全面了解掌握情况，为开展评估提供重要参考。

（2）自评总结。市乡村振兴局、市财政局指导衔接示范区所在地县级政府对照评估指标和内容开展建设成效自评，形成自评报告报送省乡村振兴局、省财政厅。

（3）实地评估。评估工作组委托第三方机构成立实地评估小组，采取查阅资料、听取介绍、座谈访谈、入户调查、现场核验等方式，在各地自评基础上开展第三方评估，形成实地评估报告。

（4）综合评议。评估工作组根据实地评估报告，结合平时掌握情况、自评报告等进行综合评议。提出评估结果建议报省乡村振兴局、省财政厅审定。评估结果分为A、B、C、D四个等次。得分在90分（含）以上的为A，80分（含）至90分的为B，60分（含）至80分为C，60分以下为D。省乡村振兴局、省财政厅每年向相关市级政府通报年度评估结果，对评估结果为B（含B）以上的衔接示范区安排后续绩效奖励资金，同时，评估结果与下年度支持相关市建设衔接示范区数量挂钩。鼓励各地结合实际制定完善相关激励机制，加大评估结果运用力度，推动衔接示范区可持续建设、高质量发展。

（5）终期评估。衔接示范区建设实施完成后，开展终期评估，达到建设标准后，分级创建一批乡村振兴示范乡镇、示范村，终期评估合格的衔接示范区，由省乡村振兴局、省财政厅联合发文确认公示，挂牌表彰。

2022年7月14日，农业农村部、国家乡村振兴局印发《关于开展2022年"百县千乡万村"乡村振兴示范创建的通知》，明确了东、中、西部示范县、示范乡镇、示范村的创建标准、创建程序、评审方式等，对创建方案提出了目标数量、工作要求等，为衔接示范区终期评估提供了依据。

（六）加强衔接示范区建设的组织领导。

强化组织保障。衔接示范区监督管理工作纳入县级党委和政府的重要议事日程，县级政府承担衔接示范区建设的主体责任，成立衔接示范区建设领导小组及办公室，健全党组织领导的自治法治德治相结合的乡村治理体系和集体经济组织运行机制，推行网格化管理、数字化赋能、精细化服务，严格按照申报书项目内容进行建设，完善衔接示范区的体制机制，形成可复制、可推广的经验模式。

加强协调配合。各级乡村振兴、财政部门要加强与相关部门的沟通协调和信息共享，减轻村级组织负担，明确监督管理职责，形成工作合力。衔接示范区建设领导小组及其办公室要定期了解土地供给、项目进展和资金拨付情况，动态解决矛盾问题，为开展衔接示范区建设总结积累第一手资料。

加大宣传引导。建设衔接示范区是一项开创性事业，各地要充分利用报刊、电视、电台、互联网等媒体，加强政策宣传解读，深入推进"万企兴万村"行动，全面展示衔接示范区建设成果，努力争取各方支持配合，引导各方积极参与，为衔接示范区建设营造良好氛围。

严格责任追究。县级政府及其有关部门在衔接示范区建设中，不履行或者不正确履行职责的，依照党纪法规和国家有关规定追究责任。要建立容错纠错机制，精准问责，防止泛化问责。

二、加强农村基础设施建设

农村基础设施条件对农业经济增长的影响至关重要，是农业资本的重要组成部分。加强农村基础设施建设，要扩大公共服务范畴，补足农村产业设施的短板，完善信息化服务平台。

（一）扩大公共服务范畴。随着特色产业的融合与发展、产业链条的延伸与扩大，基础设施建设作为政府公共服务的一部分，需要进一步扩大服务范围。一是扩展农业管理领域，不仅仅局限于农、林、牧、渔业的生产管理，而是进一步深入到土地规划利用、农业教育、科研成果技术推广、农村发展、农业生产资料供应、农产品加工、农产品质量标准、食品安全、生物多样性、生态安全等更加宽泛的涉农领域，实行宽领域管理和服务。二是提前做好规划建设，从农村饮水解困、水电安全生产、危房改造等措施逐渐过渡到项目的信息化、标准化建设，重视绿色发展，重视设施建设的科学性、合理性与可持续性。建设思路从生产到发展再到生态环保，建设理念从解决问题到战略布局，实现建设的提质增效。三是覆盖农业智能化服务领域，引导向精准化、集约化、智能化方向发展。产业的融合催生了新业态的出现，如网络直播产品带货、网红村庄景点打卡、数字乡村建设等，以产业发展需求推动基础设施供给建设，进一步扩大了公共服务的覆盖面，实现乡村全面信息化发展。

（二）补足农村产业设施的短板。基础设施的建设需要分阶段、分层次进行。当前的农业投入主要集中在产中环节，围绕育种、施肥、农机作业服务等展开，对产前产后环节投入不足，产业设施发展不平衡的短板明显。解决这一问题，一是要完善基础配套设施，着重开展农村公路建设、供水保障工程建设、乡村清洁能源建设，发展农村生物能源，实施数字乡村建设发展，推动农村千兆光网、5G移动通信与移动物联网建设，做好垃圾与污水处理、公共卫生服务等运营维护工作。二是补足发展短板，转变传统发展思路，重点投入产前产后环节，实施农产品仓储保鲜冷链物流设施建设工程，推进田间地头小型仓储保鲜冷链设施、产地低温直销配送中心、国家骨干冷链物流基地建设。对接产业销售平台和打造品牌建设团队，推进农产品深加工，延伸产业链，发展休闲农业等多项服务。

（三）**完善信息化服务平台**。随着信息技术的快速发展、信息化智能化服务的普及，公共服务平台的建设也亟须完善。一方面，完善农村综合性信息化服务平台的功能。种植、畜牧疫情监测和预警功能：收集区域内病虫害种类、影响面积、潜伏时间等基础信息，结合虫害疫病防护专家的诊断和建议，定期向农户发布预防和治疗信息，帮助农户及时了解农作物、动物生长状况并采取措施应对可能出现的问题。气象数据监测和预警功能：精准预测农业气象变化，根据时令变化发布气象预报。农产品价格监控和发布功能：收集和分析农产品进出口贸易价格和市场收购价格等。农产品网上交易功能：和知名电商平台合作,开辟单独的贸易板块用于直采直营直销。惠农补贴信息发布功能:收集并及时发布政府补贴政策、标准、方式等信息。另一方面,完善农村综合性信息化服务平台的体系,以政府为主导,对多元信息平台进行资源整合,以村为节点,以县(市、区)为基础,以省为平台,统筹推进服务体系网络的建设,实现信息资源跨地区、跨行业、跨部门的相互连接、畅通和共享。

三、开发利用产业的多功能性

开发利用农业的多功能性是以自然、人文为发展基础,横向融合产业共通部分,纵向延伸产业发展链条,找到产业间发展的更多结合点和贯通之处。发掘农业的非传统功能,要融合多种产业发展形式,升级融合消费体验,缩小城乡休闲农业发展差距。

(一)融合多种产业发展形式。农业依据其独特的地理环境优势,适于与休闲旅游、体育运动、健康养护、历史文化等特色产业结合发展。一是围绕农业农村文化观赏旅游进行融合。各地农村在农业生产实践活动过程中形成了具有当地环境特色的山、水、林、田、湖和古村落建筑等,形成了丰富多彩的民俗文化、耕读文化等,发展红色旅游景点,改善特色自然人文景观,做好优秀历史文化和红色文化传承极为必要。二是围绕农村体育产业进行融合,越来越多的消费者到农村地区摄影、攀岩、垂钓、采摘等,放松心情的同时呼吸自然新鲜的空气。三是围绕健康养老产业进行融合,城市生活节奏快、压力大,游客产生了逃避主流旅游选择替代性旅游的动机,愿意花费更多的时间和精力深入体验乡村生活方式,围绕健康打造的生态农产品、舒缓压力的项目成为产业发展的一大重点。

(二)升级融合消费体验。在发展特色产业形态的同时,也要注重提升消费体验,改变消费者眼中传统的乡村形象,塑造"数字乡村""美丽乡村"的全新形象,让人耳目一新。一是创新农旅文化产品,开发独特体验项目。美丽乡村的建设不能模板化打造千篇一律的特色小镇,要吸引消费者的注意力,还得因地制宜,立足于奇特、壮阔、绚丽的自然资源,营造民俗氛围,打造科普观光、休闲度假的胜地。二是加强网络等新媒体方式宣传营销,鼓励创作者通过短视频、直播、文字等多种形式进行传播,对优秀创作者进行奖励。创作者在发展个人爱好的同时,通过自己的作品扩大当地产品和产业的影响力,吸引大批游客前去观光旅游。三是优化农旅基础服务,完善周边卫生、垃圾回收处理等设施建设,发展线上线下同步服务平台,为消费者提供线上预订、线上咨询、产品介绍与展示、售后服务等一系列涵盖餐饮、住宿、导游等项目服务,开发针对不同游客类型如亲子、情侣、好友等出行套餐。

(三)缩小城乡休闲农业发展差距。找准乡村产业融合发展定位,在城镇周边近郊发展都市农业,缩小城乡休闲农业发展差距,鼓励和推动城乡在资源流动等方面平等"互哺"。一是发展融合式都市农业,发挥城市物流交通优势,进行健康养老产品加工与生产,体验农业生产生活,打造农业技术示范园区等。二是将农户生产生活直接同休闲服务业紧密结合,推行"农家乐""农家院"等服务模式,扭转农村劳动力进城务工,家中劳动力不足,难以开展生产经营活动的局面,引进相关的企业和社会资本,助力特色产业发展。

四、发挥龙头企业示范引领作用

从当前我国特色产业一二三产业融合的情况来看,产业发展内部参差不齐,基础较为薄弱。农业龙头企业立足于农业资源优势和产业基础,在产品品质、产业基地、科研攻关等方面具有示范效应。充分发挥农业龙头企业示范引领作用,要加强企业自身建设,促进农业龙头企业之间合作,发挥区位优势。

(一)加强企业自身的建设。涉农企业自身的能力水平是其发展壮大的根本要素,一般来说,涉农企业的发展水平受物质资源所能供给服务与人力资源管理水平的影响较大。一是提高人员管理能力,建立培训管理制度体系,对企业内部人员进行全面系统的培训管理,整体提高人员素质。配备相应的教学资源,包括培训场地和网络教学设备,主管部门及时通过教学平台发布教学信息,满足员工的培训需求。二是提高技术发展水平,技术创新是企业强大的市场竞争力之一。在充分研究顾客对融合型产品需求的前提下,整合企业内部资源,推进融合型技术创新,提高企业科技研发能力和技术进步水平,充分积累企业内在的核心知识和能力。技术创新不仅可以形成新技术、新工艺、新产品,而且可以通过创新产生的知识溢出效应实现产业融合,催生融合性技术、融合性产品和融合性市场。涉农企业核心知识和能力的提高,有利于推进农业与相关产业在技术、产品和市场领域的融合,加速产业融合进程。

(二)促进龙头企业之间合作。龙头企业之间强强联手,合作共赢。特色产业三产融合的质量升级不是靠强势企业的单打独斗,而是依靠不同企业的优势互补,因而龙头企业间加强合作更容易发挥示范作用。一是以龙头企业为主导延伸产业链,重点围绕提升产业链水平,促进行业融合。食品和机械制造业融合,培育农产品加工设备产业;食品和造纸业融合,发展食品包装产业;食品和生物医药产业融合,发展功能性食品、保健性食品、医用食品,积极引进生物医药产业;食品和化工产业融合,培育高端、绿色食品添加剂产业,如曲周县晨光生物科技集团股份有限公司;食品和动物饲料产业融合,着力发展宠物食品产业，如邢台市南和区狗粮基地。二是以龙头企业为平台推广实践经验，向中小企业推广优秀管理经验、生产经验、科学技术等，引领弱势企业协调发展。企业间形成合作关系，信息共享、合作研发、联合经营、互动管理，相互促进和发展。

（三）发挥区位优势。发挥区位优势特点，整合区位优势资源。以龙头企业为示范抓手，通过辐射中小企业在优势互补的过程中扩大生产经营规模，获取规模经济效应。一是考虑资本营运，按照"专、精、特、新"的要求，建立股份合作制经济组织，与其他产业的相关企业建立战略联盟，进行投资入股、兼并重组或收购等，实现上市融资，发展跨产业的多元化经营，在获取范围经济效应的同时，充分利用整个社会资源，提高企业整合外部市场资源的核心能力。二是搭建企业网络，充分发挥行业协会的作用，企业经营的多元化和资本运营，必然带来组织形式的变革，即由单一的产业内企业，发展成为跨产业存在的、介于企业与市场之间、类似于企业网络的混合组织。彻底改变企业核心知识和能力的产业刚性，实行柔性化管理，节约交易成本，有利于提高企业生产经营的价值增值水平。

五、深化三产融合的利益联结机制

脱贫地区农户依靠传统农业发展模式增收困难，而通过发展特色产业三产融合，则可以通过按股分红、按交易额返利、产品高附加值等方式获得较高的收入，改变过去处于利益分配机制末端的被动局面。要使农民平等享有农村三产融合价值链带来的好处，联农带农利益联结机制的建立和完善至关重要。要积极尝试发展订单农业，提高股份合作效率，鼓励股份合作制形式，因地制宜科学发展利益联结机制，有效防范化解风险。

（一）积极尝试发展订单农业。发展订单型、股份型、产销联动型等形式多样的合作模式，联结个体农户、农民合作社、龙头企业、行业协会、科研机构、金融机构、政府等多个主体，风险共担、利益共享。一是产业发展的根基和保障在于农业自身，以此为基础开展深入合作发展订单农业，需要保障农民的基础利益。通过龙头企业与农户、家庭农场、农民合作社签订农产品购销合同降低交易成本，并提供贷款担保，形成稳定的购销合作关系，资助订单农户购买农业保险。二是修正订单农业运营过程中暴露出来的问题，提高订单的履约率。要坚持"民办、民管、民众受益"的原则，完善农民合作社的治理机制，实施价格保护制度，建立相应的市场信息平台，加强诚信观念宣传。政府在这个过程中，不干涉市场交易行为的发生，鼓励订单农业的发展，督促实施农产品收购价格保护机制，为农户提供有效市场信息，强化主体间商业信誉观念，维持利益双方的稳定和平衡。

（二）大力推行股份合作制模式。积极引导并帮助农户以多种形式进入其他产业，从中获得相应的要素收益。一是采取"保底收益＋按股分红"方式促进合作，农户以土地经营权等入股农民合作社，以基础托管服务费与农民合作社分摊成本，再以分红的形式分享额外的三产融合增值收益，这种方式扩大了农户参与特色产业三产融合的机会。二是借鉴脱贫攻坚和国际经验，发展行业协会、科研院所等第三方力量。如河北农业大学与政府合作创立的"太行山农业创新驿站"；日本、法国等通过行业协会指导生产过程，与企业形成合作平台，在尊重农户意愿的同时服务于民。农业科研院所加强基层调研工作，组织科研团队和力量实地了解生产需求，调整资源配置方向，以项目为主导，在完成科研攻关的同时，解决实际生产生活中存在的问题。

（三）因地制宜科学发展利益联结机制。在不同的利益联结机制中参与的主体利益不一定一致,故而话语权和主导权不同,利益分配和调节也有所区别,因此要制定科学有效的机制,防范重大风险的产生。影响合作利益分配的风险因素可以分为外部风险和内部风险:外部风险一般包括农产品市场价格波动的风险、市场预测的偏差性风险、农产品经济环境风险、产品质量安全风险、自然灾害风险;内部风险主要包括信息不对称风险、投机行为风险。以订单农业为例,在生产过程中要对农产品质量进行管控,降低不确定性。以股份合作制农业为例,由于经营者的行为选择受到结构、文化、政治和认知的多重影响,农民合作社可能存在粗放经营的情况,影响生产经营效率。因此,要在经营过程中做到有的放矢,规范经营合同条款,开发保险产品,约束道德风险的发生。

第十九章

持续推进农村集体产权制度改革

在打赢脱贫攻坚战、全面建成小康社会的基础上，继续全面推进乡村振兴战略的背景下，农村集体经济在消除贫困、防止规模性返贫、避免农村两极分化、实现共同富裕过程中发挥的作用越来越重要。随着农村综合性改革问题持续升温。其中，农村集体经济作为农村经济发展乃至农村综合性改革的"发动机"角色，更是关键中的关键。

第一节　深化农村集体产权制度改革

壮大农村集体经济并带动农民实现共同富裕，对于农村改革的公平发展、巩固拓展脱贫成果、全面推进乡村振兴的价值和意义迅速凸显出来。同时，在加快推进利率市场化、汇率自由化、多层次资本市场建设等金融改革开放政策的大背景下，各类金融机构资本监管业务的分割局面被打破，行业准入逐步放开，农村集体资产管理行业大发展的黄金时代正在来临。2014年10月，中央政治局常委会会议审议通过了《积极发展农民股份合作赋予农民对集体资产股份权能改革试点方案》，该试点方案提出"积极探索集体所有制的有效实现形式，不断壮大集体经济实力，不断增加农民的财产性收入"。为此，全国各地探索资产收益扶贫，通过入股或参股，实现保底加分红、阶段持股，增加了贫困群众的财产性收益。2015年，中共中央办公厅、国务院办公厅印发了《深化农村改革综合性实施方案》。该方案明确提出，要"加强和创新农村社会治理"需从"加强农村基层党组织建设""健全农村基层民主管理制度"等出发，"探索剥离村'两委'对集体资产经营管理的职能，开展实行'政经分开'试验，完善农村基层党组织领导的村民自治组织和集体经济组织运行机制"。该方案将农村集体经济组织的改革放在农村改革关键领域和重大举措中的"深化农村集体产权制度改革"部分进行大段论述。同时，把农村集体经济组织制度上升到"实现农村治理能力和治理体系的现代化"的高度，提出"在土地集体所有基础上建立的农村集体经济组织制度，与村民自治组织制度相交织，构成了我国农村治理的基本框架，为中国特色农业农村现代化提供了基本的制度支撑"。这些重大论述为农村经济发展提供了理论支撑，对于破解农民增收难贷款难问题、防止两极分化、走共同富裕的道路等具有不可估量的指导意义。因此，有必要对这些理论论述进行深度分析和研究，以提出更加具有可操作性、详细性的措施。

剧是必须从序幕开始的，但序幕还不是高潮。如果说脱贫攻坚是乡村振兴战略这一长剧的序幕，借鉴特色产业扶贫模式形成的经验，以市场化为方向，利用各种金融资本，引入先进经营理念，激发农村集体经济的内在活力和贫困群众增收的内生动力，以股份合作制逐步探索市场经济条件下农村集体经济的有效实现形式，从产业扶贫到产业振兴，将大有可为。

土地是农民的命根子。我们党从打土豪分田地，到今天实施土地"三权分置"，流转土地经营权，先后进行了"两分两合"四场变革。农村集体经济组织，是对土地拥有所有权的经济组织，产生于20世纪50年代初的农业合作化运动。它是为实行社会主义公有制改造，

第十九章　持续推进农村集体产权制度改革

在自然乡村范围内，由农民自愿联合，将其各自所有的生产资料（土地、较大型农具、耕畜）投入集体所有，由集体组织农业生产经营，农民进行集体劳动，走的是各尽所能、按劳分配的农业社会主义合作经济组织的道路。

党的十一届三中全会以来，农村实行家庭联产承包责任制，包产到户分地经营。人民公社解散后，生产队一级组织仍按原规模延续下来，但名称已变化，各地称谓不一，其经营方式，已由原来的集体经营按劳分配变为家庭承包经营。1982年全面修改颁布的《中华人民共和国宪法》规定，将人民公社原来政经合一的体制改为政社分设体制，设立乡人民政府和乡农业合作经济联合组织。但是，1984年底我国基本完成由社到乡转变，绝大部分农村地区已不存在集体生产经营活动，所以乡农业合作经济联合组织一直没有建立。当时的农村改革不彻底，农村集体经济组织的规范性政策法律法规没有被提上议事日程，所以对农村集体经济组织的管理及其活动处于由村民委员及其村民小组代管状态。这也为日后政经不分埋下了隐患。

乡级基层政权也是从事集体经济活动的经济组织，主要控制的集体资产为中华人民共和国成立后全乡范围内农民投工、投劳或通过投入土地形成的公社医院、学校、电站、农机站、供销社、电影院等公共服务设施及企事业单位资产。而行政村基础上的生产大队实际控制的资产，应为村下属各生产队成员通过投工、投劳或者通过投入土地资源形成的大队小学、大队办公室、广场、道路以及村办企业等资产。生产队为单纯从事集体经济活动的经济组织，其拥有的资产包括农村的绝大部分耕地、道路、河道、灌溉设施、办公室、晒场等，控制或者拥有资产的比例应占到农村资产的99%以上。在人民公社、生产大队和生产队这三种集体从事农业经济活动的组织中，生产队是基础，拥有包括土地、耕畜和农具在内的大部分主要生产资料。这种制度简称"三级所有、队为基础"。因此,一般意义上的农村集体经济组织是指生产队(相当于现在村民小组一级)。

在《中华人民共和国土地管理法》《中华人民共和国土地承包法》《中华人民共和国物权法》《中华人民共和国村民委员会组织法》《中华人民共和国民法典》等法律中只提出了"农村集体经济组织"这个名词概念,这造成了一定程度上的不明确。目前来说,集体经济组织概念、集体经济组织资产构成、集体经济组织成员资格、集体经济组织资产的保值增值等成为引发诸多乡村矛盾纠纷的原因,直接影响农村产权改革,迫切需要解决。对于资产而言,其价值以及保值增值是资产存在的核心构件,因此,新一轮农村改革中集体经济组织资产的增值成为关键的关键。

改革开放40年来,随着机械化程度的不断提高,特别是随着中国特色社会主义市场经济的建立,按照党的十八大提出的要建立集约化、规模化、组织化、社会化的现代农业体系,把撕碎的土地重新整合起来。这"两分两合"四场变革,是不断调整生产关系与生产力相适应的结果,更是满足人民对美好生活的需要。现阶段,主要经营好"三块地",即承包地、宅基地和集体建设用地。土地不能流转,小农经济产出效率显然很低。如果土地能自由流转并集中,农业生产效率就会大幅度提高。面对农村千千万万的经营主体和极度分散的资源资产,各类新型市场经营主体进行了探索,发挥了积极的组织推动作用。股份合作制以合作组织为中介将分散的农户与工商企业对接,以股份量化为机制将农户分散的资产经营权和使用权变为无差别的股权,与工商资本进行"耦合",为城乡之间要素充分流动、产业融合发展,打开了通道。将沉睡的土地资源转化成企业的资产,通过土地经营权抵押贷款,将资产转化成信贷资金,引入科技含量附加值高的项目,把投入的衔接(扶贫)资金转化成资本,整合资源资产资金,实施资本化运作,将资源变股权,资金变股金,农民变股东,在有限的土地上创造更多的财富。为了加强农村集体资源资产资金(以下简称"三资")的监督管理工作,河北省饶阳县委、县政府制定了《关于全面推行农村"三资"托管服务的实施意见》《饶阳县农村集体资金资产资源管理办法》《饶阳县农村集体资产资源竞价处置和工程建设招投标管理办法》,各乡镇(工委)建立"三资"托管服务中心,对村集体"三资"实行受托代理服务。各村与乡镇"三资"托管服务中心签订托管代理协议,乡镇托管服务中心设立统一的银行账户,对农村集体"三资"实行统一管理。各村设立廉政监督员,成立村务监督小组,对村集体"三资"的使用、经营、管理进行监督。各乡镇(工委)选拔政治素质过硬,熟悉农村财务的人员从事托管服务中心工作,做到有人员有经费、办公场地设施齐全、管理规范、监管到位。制定了"三资"托管服务中心工作流程、资金资产资源和招投标管理流程。2021年,据农业农村部发布的数据,全国已建立乡村组三级集体经济组织近90万个,清查核实集体账面资产7.7万亿元,主要集中在东部(占65%),存在不平衡。其中,经营性资产3.5万亿元。2020年8月,全国深化农村集体产权制度改革工作会议指出,5年来,中央农办、农业农村部先后组织开展了5批农村集体产权制度改革试点,改革试点工作取得显著成效:一是集体成员累计分红超过3 800亿元;二是提高了村民福利,集体经营性收入用于村集体发展,比如基础设施建设、公益事业、公共服务投入;三是由集体创办、领办、合办的农村新产业、新业态,为农民提供了就业机会、收入来源。农村集体产权制度改革至今,得到了社会各界尤其是农民的高度认可。

实现全体人民共同富裕的目标是宏伟的也是艰巨的,还需要付出长期不懈的努力。尤其是未来15年,衡量共同富裕的一个重要指标,是城乡居民收入差距明显缩小。为进一步深化农村集体产权制度改革,推进农村三产融合,壮大农村集体经济,可以从以下几个方面入手。

一、将产权制度优势经验转化为治理效能

只有在能力建设、制度完善、法治保障等三个方面形成示范,才能推进高质量发展。要总结制度经验,农村集体产权制度在发展壮大公有制经济的基础上,践行共建共治共享的理念,形成了一定的治理秩序,积累了物质基础和资金保障,对乡村的社会经济、治理组织、公共权力产生影响,并具体通过组织决策、公共管理、公众参与的路径实现这种影响。要探索集体成员能力增长的路径,在改革的过程中梳理各主体间的利益关系,在稳定和完善基本制度的同时赋能成员,发挥个人效能最大化。要构建完善的法治保障系统,加强平衡机制建设,健全监督管理机制,在放权与赋能于主体的过程中,形成自主平衡调节机制。更好发挥基层党组织的战斗堡垒作用,通过村民民主决策程序,完善制度不足之处。

二、发挥制度改革的外部性

要充分利用好坚持所有权、稳定承包权、放活经营权的农地"三权分置"政策,在搞活农地经营权上下功夫,促进农村三产融合。一方面,要采取灵活的制度,农民可以以土地使用权作价入股农民合作社,依托农民合作社发展产业融合;也可以以土地使用权作价入股相关的企业,如参股农产品加工企业等,从而促进第一产业和第二产业的紧密融合;再则农民可以通过向农业创意企业、旅游公司等出租农地经营权,使得后者能够在不改变农地根本用途的前提下,使用租赁土地用于发展田园艺术和田园景观,以此促进农业与文化产业、与旅

游产业的紧密融合。另一方面，要积极盘活农村已闲置、沉淀的集体土地资产，增大农村三产融合的土地载体，进而发展产业融合。充分挖掘利用"空心村"的闲置土地、农村中小学撤并后留下的校舍操场等闲置土地、农村遭受重大自然灾害而没有恢复利用或废弃的原建设用地等，在禁建小产权房或国家明令禁止的其他项目前提下，农村集体经济组织可以将这些闲置的集体土地资产转变为农村一二三产业融合的建设用地。

三、开展配套改革

制度的改革是一项复杂的社会系统工程，涉及方方面面，且产业融合扩大了改革的影响力，因此要完善配套机制同步改革，形成农村综合改革联动效应。一是继续探索土地所有权的改革模式，盘活闲置土地资源，对承包地、宅基地、集体经营性建设用地等土地资源进行有效分配与管理，在保持相对稳定的前提下，切实改变"增人不增地、减人不减地"的现状，切实保护农户土地经营权。习近平总书记指出："农村改革不论怎么改，都不能把农村土地集体所有制改垮了、把耕地改少了、把粮食生产能力改弱了、把农民权益损害了。"在土地问题上，如果农民失去土地，城镇融不进，农村回不去，就容易引发大问题，因此，农民土地承包关系必须保持稳定，农民的土地不能随便动。二是强化宣传与沟通机制的打磨，利用多种宣传方式进行引导，让农户深刻理解农村集体产权制度改革的必要性，调动农户的积极性和主观能动性，参与到改革过程中来。三是加强金融政策服务体系的构建，制定长期的税费标准和有效的农业保险政策，完善市场化过渡过程中的金融管理漏洞。

第二节　建立完善农村集体产权制度

实行"政经分开"试验,将村委会从集体资产管理工作中剥离出来,由有经营能力的专业机构对集体资产进行管理,实现保值增值,这样既可以提高经营效率,也可以提高农村基层治理水准。村集体资产管理需要解决好内外改革两个问题:对内改革主要是解决"蛋糕如何分好",对外改革主要是解决"蛋糕如何做大"。要做到双管齐下,相互协调配合,才能做好这项工作。村集体资产管理基本思路是以产权明晰化、资源资本化、要素市场化和运作规范化,推动新型工业化、城镇化、信息化、农业农村现代化的实现,促进城乡要素平等交换和农村资源市场化配置。其中,明晰产权是核心。在对集体资产全面清产核资和产权界定的基础上,引进现代企业改革的模式,进行以股份合作制为主要形式的综合改革。股份制是资产管理的基础,建立公司法人治理机构,对集体资产进行有效配置,用市场化经济管理手段代替传统行政式管理手段。清晰界定产权,以稳定完善农村土地承包关系作为前提,将尊重农民意愿作为基本遵循,建立健全集体土地所有权、承包权、经营权确权登记颁证制度,做到承包地"面积准、四至清"两个明确,实现"人、证、地"三个相符,同时要搞好农村宅基地的所有权、资格权、使用权的确权工作。把好摸底关、登记关、颁证关和建档关等四个"关口",实现"三权分置"。发挥农村产权交易中心的作用,制定土地流转指导价格,盘活存量,调优增量,为农村集体土地入市做好中介服务。村集体资产范围主要有:一是村委会根据年度扶贫开发和乡村振兴计划,以扶贫或村集体经济增收为目的，中央、省、市、县支持的财政专项扶贫资金（衔接资金），实施项目形成的经营性资产、公益性资产、到户资产；二是社会帮扶资金和各类经济组织支持东西部扶贫开发协作，促进农户创业就业，投资、投劳、投物形成的经营性资产、公益性资产、到户资产；三是村集体经济组织通过帮扶单位实物帮扶和资金帮扶形成的经营性资产和公益性资产；四是通过资产收益扶贫形成的保底加分红、阶段持股的债权和直接将扶贫资金投入到家庭农场、农民合作社、龙头企业、股份合作制经济组织形成的物化资产，注册形成的股权；五是依法属于涉农资金（衔接资金）投入所形成的其他资产。

一、建立完善农村集体资产权责机制

按照建立现代企业制度的要求，以村级集体经济组织为核心，使集体资产由产权安置改为集体资产作为村委会法人股，把部分股份转给村民作为自然股，按股分红，改村民为股民，改资源为资产，改资金为资本，明晰个人资产与集体资产份额，明晰产权。

村集体资产产权界定及所有权、经营权、收益权、监管权等，由县级农业农村工作领导小组负责。河北省阳原县的做法是把村集体资产监督管理平台交由专业的经营主体（县设扶贫开发投资公司、乡镇设分公司）来管理和实施。签订的合同、协议要明确村集体资产资本的所有权、经营权、收益权、监管权，实行"四权分置"。通过司法公证，保护相关各方合法权益，确保村集体资产安全有效。

1.所有权。村集体资产资本的产权归村集体经济组织所有。村集体产权所有者对其资产资本依法享有占有、使用、收益和处置的权利。村集体资产受国家法律保护，禁止任何组织和个人以任何借口侵占、哄抢、私分、破坏或者非法查封、扣押、冻结、没收。

2. 经营权。在遵守相关法律法规前提下，村集体资产所有者及授权经营者有独立进行经营活动的自主权，承担村集体资产保值增值的责任，承担经营风险，依法按约支付收益。

3. 收益权。归村集体经济组织，主要用于防止脱贫户、易返贫监测户返贫和村内公益事业。村集体收入分配可动态调整，农户拥有知情权、参与权和监督权。

4. 监管权。县级农业农村部门依法行使对本行政区域内村集体资产资本的行政管理职能。可授权县农投公司，履行监督、指导职责，确保投资者权益落实。负责对村集体资产确权、变更、经营、收益分配的监督指导和统计报告工作。纪检监察机关、组织、审计、财政、乡村振兴、发改、国土、水利、住建等部门按照职责分工，协助农村农业部门做好村集体资产监督管理工作。

二、建立完善农村集体资产科学管理机制

在清产核资完成村级产权制度改革的基础上，按照"归属清晰、权责明确、保护严格、流转顺畅"的现代产权制度要求，从实际出发，深化改革、完善并推动落实包括财务管理、合同管理、民主决策、民主监督、奖惩激励等各项制度，进一步规范集体经济组织的内部法人治理结构。通过股份合作制经营或者聘请职业经理人可以改变以往集体资产少数人经营和获得收益的局面，实现"探索剥离村'两委'对集体资产经营管理的职能，开展实行'政经分开'试验"目标。

建立村集体资产监督管理制度体系，是一项庞大的系统工程，必须上下联动。近几年，通过对扶贫资产监督管理的探索。2019年9月，河北省人民政府出台了《关于建立扶贫资产资本监督管理制度的指导

意见（试行）》，这是全国省级层面出台的第一个关于扶贫资产资本监督管理的规范性指导意见。2021年7月12日，河北省人民政府办公厅印发了《河北省扶贫项目资产后续管理办法》，对十八大以来形成的扶贫项目资产确权登记、运营管护、收益分配使用、资产处置、监督管理等，进一步作出了新的明确规定。

村集体资产产权制度。农村集体资产不同所有者之间应当明晰产权，禁止平调。资产所有权争议，应当依法解决。村集体资产所有者主要管理职责有：一是制定和执行资产清查制度、台账制度、评估制度、经营制度、公告公示制度等；二是负责保障资产的安全、完整和保值，维护建档立卡脱贫户的合法权益；三是资产使用、处置及变动情况纳入政务、村务公开范围，接受社会各界监督；四是负责资产的日常管理及风险控制。

村集体资产经营权制度。村集体资产所有者或委托授权人对经营性资产依法以合同、协议等形式自主决定经营方式，资产项目可以实行承包、托管、租赁、合作、合伙、合营、股份合作及独资经营等方式，优先满足股份合作制经济组织需要，按规定通过招标程序确定经营者，项目所需务工人员等，优先安排脱贫户，签订协议期限。除由村集体经济组织作为经营主体外，村集体不承担经营风险。经营主体解散或破产清算时，按照有关法律规定清偿债务后，应优先保障农户的权益。使用村集体资产的单位、组织和个人，按照"谁受益、谁使用、谁维护"的原则，承担经营管理责任：一是负责村集体资产的日常维护与维修；二是负责执行产权登记、财务会计、资产报告等制度；三是负责办理资产登记手续，签订经营管理目标责任合同，不擅自改变资产的所有权。

村集体资产收益分配制度。村集体资产经营性收益分配，优先满足脱贫人口、易返贫监测户防返贫需求，村集体经济收入也要占有一定的比例。通过公益岗位支出、特殊补助等，将村集体经济收入用于处于易致贫边缘的农村低收入户和人均收入不高不稳的脱贫户两类临贫易贫重点人群，解决突发性困难户缺乏政策支持等新问题，防止返贫致贫。所形成的新的村集体资产，应及时按新资产原值登记管理。村集体资产资本折股量化时，要采取民主决策、第三方评估等方式，确保村集体资产公允。

村集体资产产权流转制度。村集体资产的产权流转要顺畅，经营性资产可以依法通过多种形式合理流动，村集体资产所有权的转移、经营权或经营方式的变更，由村经济组织提出方案后，经村监委监督，报乡镇农经站备案，乡镇政府审核通过后，依据市场经济规则搞活资产经营，实现村集体资产保值增值。

村集体资产处置权制度。村集体资产处置程序要严谨，村集体资产的折旧、变卖、报废等必须经村监委核实后，报乡镇农经站备案，乡镇政府审核通过后，组织实施。除此之外，任何单位和个人不得随意处置村集体资产。

三、建立完善农村集体资产经营机制

解决村集体经济"蛋糕如何做大"的路径是建立股份合作制，通过信托、委托、合作、合伙、合营等资本经营制度，与国家金融政策相衔接，这是实现村集体资产保值增值的关键。股份合作制改革实现了产权清晰化，建立了中国特色的农村集体产权制度，赋予农民更多财产权利，可以确保集体经济发展成果惠及集体所有成员。但是，这还远没有解决好"蛋糕如何做大"的问题。金融是现代经济的核心。只有产权交易、商业银行、证券机构、基金管理公司、保险公司、信托公司、私募机构、第三方理财机构，以及各种资产管理公司和投资公司等在内的绝大多数金融机构进入，才能把农村集体经济"蛋糕"做大。

随着更多金融机构和金融产品进入农村资管市场，农村基层干部和农民缺少专业知识，难免力不从心，所以要依靠专业的机构，借助专业机构的市场能力来弥补基层干部和农民自身能力的不足，而这就必然需要通过市场化的方式，建立村集体资产管理的委托代理机构。管理村集体资产也需要按照市场经济法则办事，学会在市场经济中成长和壮大。村集体资产必须实现从单一实业资本增值转向多种资本增值，从单一发展集体企业的管理形式转向混合所有制经济，从租赁承包到多种形式资本经营，以此千方百计盘活存量资产，实现村级集体经济增量发展。所以，在引入外部资本管理村集体资产的同时，还需要引入经营管理模式和理念。通过引入外来资本进入农村集体经济可以从根本上促使农村集体经济实现"三个转化"，即由人治经济向法治经济、由分散的小农经济向集约规模化经济、由封闭型经济向开放的市场经济的转化。在经营管理过程中，对土地等资源性资产，重点是抓紧抓实土地承包经营权确权登记颁证工作；对非经营性公益资产，重点是探索有利于提高公共服务能力的集体统一运营管理有效机制；对经营性资产，重点是将资产折股量化到集体经济组织成员，赋予农民更多对集体资产权能，发展多种形式的股份合作制经济组织。委托代理机构的进入，一定要在充分尊重农村基本经济制度和农民意愿的前提下，以村集体经济组织为主体，通过将村集体资产托管给专业的机构管理，借助金融等市场化机制，建立委托代理机构，分离资产所有权和经营权，明确收益权和监管权，推动农村集体资产管理的信托化和委托化，利用专业机构的市场能力优势弥补农民自身的能力不足，从而用市场化的方式，提高农村集体资产经营管理水平。

建立利益联结共享机制。衔接资金实施的项目要充分考虑地方的资源禀赋和生产经营条件，同时兼顾市场需求。以村集体增收为根本出发点，在"政府配置衔接资金、市场配置社会资本"的基本原则下，让财政衔接资金做到"资金跟着项目走、项目跟着规划走、责任跟着资金走"，大力发展引领多元一体股份合作制经济组织，将资产折股量化给村集体经济组织、农民合作社、农户，将资产收益权明确到村到户，建立村集体资产与农户之间的利益联结共享机制。对衔接资金的具体操作办法是，整合下放，折股量化，参股投放，统一建设，合规经营，利益共享，大力发展股权质押贷款，企业挂牌上市融资，从而确保村集体资产的增值收益持续稳定。

健全乡村项目管理机制。项目实施过程中，农业农村、乡村振兴、发改等部门对项目进行跟踪管理，及时掌握项目进展情况，督促指导项目实施主体保质保量按期完成项目建设，确保衔接资金充分惠及村集体和农户。对不按规定序时拨付衔接资金或擅自改变资金用途，截留、挤占、挪用、浪费资金，偷工减料降低工程标准等行为，及时予以纠正和处理。

建立完善乡村项目经营机制。经营性资产的发包、出租、股份合作经营等，由村集体经济组织提出方案，经村民代表大会讨论决定，要吸收农户参加会议，村监委监督。方案通过后提交乡镇农经站备案，报经乡镇政府审核签字后组织实施，签订正式合同，各自存档管理。制定公益性资产管理制度，由村集体经济组织安排专人统一管护。

探索设立防贫股权机制。衔接资金投入家庭农场、农民合作社、龙头企业、股份合作制经济组织等新型经营主体形成的资产，产权归村集体经济组织所有，可将收益权直接折股量化到防贫监测户，发放股权证，按持股分红。在脱贫攻坚期内，贫困户死亡的，其占有的股份量化到防贫监测户；脱贫攻坚期以后，贫困户达到脱贫条件退出的，其占有的股份归村集体经济组织。收益分配动态调整方案经村集体经济组织、经营主体和农户之间协商一致后,由三方签订协议,报乡镇审核、备案。三方明确各自的权利义务,确保村集体资产保值增值并长期发挥效益。

建立完善风险防范机制。防范特色产业项目市场风险,防止产业项目盲目跟风、一刀切导致失败,造成资产损失,要对主导的特色产业面临的技术和市场等风险进行精准研判评估,制定防范化解和处置风险的应对措施。大力发展农产品价格损失险、质量责任险和自然灾害险。防范扶贫小额信贷还贷风险,严禁户贷企用、违规用款。严禁地方政府以乡村振兴名义违规融资,增加政府隐性债务。严格防范村集体资产所有者和使用者的道德风险。

四、建立完善农村集体资产监督机制

建立完善村集体资产统计监测制度。县级农业农村、乡村振兴部门或授权农投公司,按各级财政资金的不同来源,分别建立县乡村三级村集体资产统计监测台账。详细登记资产的名称、类别、建设时间、预计使用年限、数量、单位、原始价值、资金来源构成、折旧、净值、所有权人、经营人、收益权人等相关内容。对村集体资产变动情况、收益分配情况及时进行补充登记,做到"账账相符、账实相符"。同时,聘请第三方进行清产核资,指导村集体经济组织和经营主体搞好资产会计处理。村级每季度向乡镇报表,乡镇每半年向县报表,县级、市级、省级每年要向上逐级报表,建立起全国统一的村集体资产统计监测台账。

建立完善村集体资产评估制度。村集体资产由于转让或者实行租赁、股份合作制、合作制、合伙制、股份制等经营方式而发生权属转移,以及发生自然灾害或市场价格波动造成资产损失时,必须进行资产评估。资产评估由县级农业农村、乡村振兴部门聘请有资产评估资质的第三方机构,遵循真实、科学、公正、可行的原则,依法评估。评估结果要按照有关规定予以确认,并以此作为转让村集体资产所有权、使用权和处置灾害损失的依据。

建立完善村集体资产审计制度。村集体资产所有者和使用单位的主要负责人离任,必须接受审计监督。县级主管部门年末应会同纪检监察机关、财政、审计等部门做好村集体资产清产核资工作,总结管理经验,及时处理解决当年资产管理问题,并向上级机关作出书面报告。村集体资产经营成效纳入资金绩效成效考核和党政一把手的离任审计。

建立完善村集体资产公告公示制度。村集体资产每年要在县政府网站和村公示栏进行公告公示。确保群众的知情权、监督权、参与权,自觉接受社会监督。充分发挥驻村第一书记、工作队、村委会、村监委等在监督中的积极作用。

建立完善村集体资产信访举报制度。要充分发挥12317信访举报电话的作用,建立地方省市县三级信访举报网,实行专人管理,建立健全调查、处置、反馈等各项制度。

第三节 加强党对农村集体资产监管工作的领导

一、强化组织保障

农村集体资产监督管理工作,应纳入党委和政府的重要议事日程,落实县级党政一把手主体责任。村集体资产要列入乡镇党委政府的"三重一大"议题进行专题研究。探索剥离村"两委"对集体资产经营管理的影响,开展实行"政经分开"试验,完善农村基层党组织领导的村民自治组织和集体经济组织运行机制,把基层党组织建在产业链上,发挥党员的先锋模范作用。要进一步理顺村集体资产监督管理工作关系,完善管理职责,选优配强队伍,确保有组织、有人员、有能力、有担当,做到资金清、项目清、资产清、收益清,不断做大做强做优村集体资产,壮大农村集体经济。

二、加强协调配合

财政、审计、农业农村、乡村振兴、人民银行、金融监管等部门要加强沟通协调和信息共享,形成工作合力。农业农村部门在建立村集体资产监督管理制度时,涉及其他部门监督管理职责的,应主动征求有关部门的意见。

三、严明法律责任

除法律、法规另有规定外,对非法改变村集体资产所有权的、不按照规定进行资产登记或者资产评估的、低价处理资产的、因不作为或不担当造成资产损失的,由主管部门责令限期改正,赔偿损失。拒不改正的,对直接责任人员,建议其所在单位或者上级机关依纪依规给予严肃处置;构成犯罪的,移交司法机关依法追究刑事责任。

四、严格责任追究

建立村集体资产监督管理重大决策失误和失职、渎职责任追究倒查机制,严厉查处侵吞、贪污、输送、挥霍资产的行为。建立村集体资产监督管理问责机制,对形成风险没有发现的失职行为,对发现风险没有及时提示和处置的渎职行为,加大惩戒力度。要注重"三个区别开来",建立容错纠错机制,精准问责,防止泛化问责,造成"洗碗效应"。对重大违法违纪问题敷衍不追、隐匿不报、查处不力的,严格追究有关部门和相关工作人员责任。村集体资产行政主管部门的工作人员,玩忽职守、滥用职权、徇私舞弊,尚未构成犯罪的,由其任免机关或者纪检监察机关依纪依规给予党纪、行政处分;构成犯罪的,依法追究刑事责任。

第二十章

特色产业扶贫模式的支持政策

政策与策略是党的生命，脱贫攻坚以来，我国制定了一系列特色产业扶贫支持政策，为打赢脱贫攻坚战，全面建成小康社会奠定了坚实的基础。特色产业扶贫模式由产业扶贫转向产业振兴，由到村到户转向区域协调绿色发展，由政府投入为主转向政府与市场有机结合。在推进特色三产融合的进程中，要解决地从哪里出、钱从哪里来、人到哪里去、如何创新驱动的问题。在保持现有主要帮扶政策总体稳定前提下，逐项分类，该延续的延续，该优化的优化，该调整的调整，逐步实现由集中资源支持脱贫攻坚向全面推进乡村振兴平稳过渡，深入推进农业供给侧结构性改革，协同乡村振兴战略和新型城镇化战略，为加快城乡融合发展提供切实有效的政策支撑和遵循。

第一节 财政政策

推进特色产业三产融合，是一个覆盖的产业领域、融合的链条、环节、要素不断增多的过程，跨界融合产生了新业态、新模式，不再是单一的指向性财政衔接资金支持，而是对引领多元一体的融合经济体进行整体性综合性的资金支持，因而需要财政政策的创新性支持。

一、保持财政支持政策总体稳定

要结合省级财力情况，合理安排财政衔接资金投入规模，确保达到国家投入要求。调整优化财政衔接资金管理制度，赋予脱贫地区更大自主权，聚焦支持巩固拓展脱贫攻坚成果和乡村振兴，逐步提高用于特色产业发展的比例，优化支出结构，调整支持重点，适当向乡村振兴重点帮扶县倾斜，允许国家财政衔接资金的30%投入非脱贫村，允许边缘户享受财政衔接资金，统筹兼顾，推动均衡发展。对农村低收入人口的常态化帮扶，通过相关专项资金予以支持。过渡期前三年，脱贫县（即河北省原45个国家级贫困县）继续实行涉农资金统筹整合试点政策，此后与其他地区一同探索建立涉农资金整合长效机制。加强以工代赈中央预算内投资管理，确保资金落实到项目，督导项目实施单位及时足额发放劳务报酬。统筹做好易地扶贫搬迁融资资金偿还有关工作。现有财政相关转移支付继续向脱贫地区倾斜。对支持脱贫地区特色产业发展效果明显的贷款贴息、政府采购等政策，在调整优化基础上继续实施。落实政府采购支持乡村产业振兴政策，鼓励预算单位采购脱贫地区农副产品。继续全面落实涉农、小微企业和重点群体创业就业等脱贫攻坚相关税收优惠政策。在防范政府债务风险的前提下，支持有条件的地区依法合规使用政府债券用于实现巩固拓展脱贫攻坚成果同乡村振兴有效衔接项目。

二、制定相关的税费政策

涉农税收要与发展现状相适应，要建立健全支持新型经营主体发展的税收政策体系，根据产业融合发展需要适时调整政策优惠力度，保持政策弹性。一是加强对涉农税收改革的统筹规划，提高税收政策引导能力。进一步落实涉农优惠政策，切实减轻农民、合作社、家庭农场等主体经营负担；增加农产品加工企业的税收优惠，降低产品增值税和企业所得税税率；开展农业社会化服务，引导社会资本的进入，吸引小农户进入服务业链条，加大涉农服务业企业税收支持力度。二是加快推广核定扣除办法。根据《农产品增值税进项税额核定扣除试点实施办法》，将纳入试点范围的产品增值税进项税额进行抵扣，有利于降低管理成本，缩小深加工产品增值税"高征低扣"的差距。三是防范农产品销售涉税风险。税务机关依法清理整顿空壳农民合作社，对于无实质经营活动的主体进行排查并依法注销，杜绝虚假财务操作行为。

三、加强农村金融体系创新力度

农业领域金融发展是促进特色产业三产融合发展的关键动力，有利于解决农村"融资难、融资贵、融资慢"等问题，有利于集合利用资源要素促进现代农业产业体系、生产体系和经营体系构建。一是重点关注金融服务落后地区金融基础设施建设，以科技农业、质量农业、绿色农业、智慧农业、知识农业为主要发展方向，加大对科技创新的财政支持力度，引导农村信用社、农业商业银行、村镇银行等金融机构数字化转型。探索物流、信息流、资金流的有机结合，构建一体化的金融结算、信贷、投资、风险管理的完整体系。二是加快农村金融机构的信贷产品创新。农户土地承包经营权预期收益的抵押贷款主要用于农业生产，不涉及抵押土地用途的改变，也不涉及土地经营权的权属变更，可考虑将农户土地承包经营权预期收益用于农户发展产业融合的抵押贴息贷款。工商资本和其他社会资本设立用于三产融合发展的专项贴息贷款，放宽监管要求，以解决农民干不了、干不好的融合项目。

四、完善政策性农业保险制度

农业保险制度将生产过程中的自然风险和市场风险进行分散和转移，并进行经济补偿。目前农业保险制度存在制度发展与农业现代化进程中的风险管理需求不匹配的矛盾，需要稳中求进进行转型。一是大力发展政策性农业保险，扩大农产品目标价格保险，增加重要农产品保险试点。鼓励保险机构围绕菜篮子工程和经济作物栽培的风险保障需求开发新品类，通过财政政策支持，推广特色产业气象指数保险、价格指数保险、产值产量险等创新险种，满足种养殖业新型农业经营主体和小农户的参保需求，扩大政策性农业保险的覆盖面。二是实行农业财政补贴与保险补贴双补贴制。借鉴美国保险公司通过发行债券维持资金的可持续性，政府对农户和保险公司实行双向补贴的市场化差异化政策优势，发挥保障功能。

第二节　金融政策

党的十八大以来，我们走出一条具有中国特色的金融扶贫道路。美国作为世界第一经济体靠的是资本运作，日本成为世界第三经济体靠的是绩效管理，中国成为世界第二经济体靠的是中国特色，中国特色就是中国共产党的领导和中国特色社会主义制度的优越性，集中财力办大事，这是金融扶贫的前提。金融扶贫在我国经济社会发展的全局中始终处于补短板的位置。金融是手段，脱贫是目的。金融与扶贫从风马牛不相及到融合发展，金融扶贫始终围绕中国贫困人口脱贫和贫困地区摘帽，发挥其内生动力和潜力，遵循金融市场规律，利用

第二十章　特色产业扶贫模式的支持政策

金融手段，解决农民贫、愚、弱、懒、私的问题，金融扶贫从荒漠走向绿洲，是在决战决胜脱贫攻坚、如期全面建成小康社会这一新的时代背景下，通过供给侧结构性改革，对金融市场供给引领，应贷尽贷，因需而投，应保尽保，特色产业得到金融支撑，民生问题得到了金融关注。通过扶贫大数据对传统金融业流程的再造，比如政府风险金的设立、河北省金融扶贫服务中心的创立等，产业与金融融合，催生了联农带贫新型经营主体，贫困群众增收脱贫有产业，有项目，有资金，有保险，金融进一步回归了"三农"实体经济。希望本是无所谓有，无所谓无的。这正如地上的路，其实地上本没有路，走的人多了，也便成了路。道路问题，事关理论、文化、政策、实践、制度与未来，"四个自信"的理念，为中国特色金融扶贫道路指明了方向。首先，要明确金融扶贫道路的方向，按照普遍性与特殊性、共性与个性的辩证关系，突出表现四对特征：一是本质性和政治性，二是科学性和精准性，三是普惠性和特惠性，四是实践性和创新性。在文化建设中，文化是灵魂，金融扶贫文化要魂符其体，突出乡村熟人社会的核心价值观、金融服务国家战略的责任担当意识、扶志扶智激励与诚信体系建设，打造良好的金融扶贫生态环境。在政策设计上，政策的顶层设计定位是服务国家战略，针对贫困地区和贫困人群，包括量身定做的信贷市场扶贫政策、"绿色通道"的资本市场扶贫政策、适度宽松的保险市场扶贫政策、积极的财政扶贫政策。在实践创新中，政策落地既要有顶层设计，又要有基层摸着石头过河超常规的实践创新举措，使银行从锦上添花到雪中送炭，使金融"活水"从资本高地流向贫困洼地。做到金融扶贫保险先行，从自然风险到市场风险，从风险补偿走向险资直投、信贷投放，从个体风险防控走向群体防贫保险，催生一系列联农带贫新型经营主体。在制度建设中，金融扶贫的体制机制模式要成功过河，必须进行制度化的安排，要回答坚持什么、完善什么和发展什么的问题：一是建立健全金融扶贫组织体系，二是建立健全基层金融扶贫服务治理体系，三是建立健全金融扶贫的长效体制机制，四是提升各级干部金融扶贫的能力。在推进特色产业三产融合的进程中，任何事情都不可能一劳永逸，实现城乡融合发展，实现巩固拓展脱贫攻坚成果同乡村振兴有效衔接，防止规模性返贫，消除两极分化，实现共同富裕，是金融扶贫的永恒课题。

一、完善银行支持政策

加快健全乡村振兴金融服务体系，全国性银行要制定内部资金转移优惠定价，中小银行要明确优惠幅度，加大对乡村振兴重点帮扶县的信贷投放，加大对易地搬迁安置区后续发展的金融支持力度。继续对脱贫户和边缘易致贫户发放脱贫人口小额信贷，实施创业担保贷款政策，实施国家助学贷款政策。积极推广农村承包土地经营权抵押贷款业务，大力开展保单、农机具和大棚设施、活体畜禽、养殖设施等抵押质押贷款业务。鼓励金融机构发行绿色金融债券，募集资金支持农业农村绿色发展，增加农业农村基础设施建设贷款投放。加大对乡村建设的中长期信贷支持力度。推广乡村振兴票据，支持企业筹集资金用于乡村振兴领域，鼓励募集资金向乡村振兴重点帮扶县倾斜。

二、完善保险支持政策

鼓励各地因地制宜创新地方优势特色农产品保险，开办农产品目标价格损失险、农产品质量安全责任险，增加特色产业保险品类，提高政策性农业保险覆盖面，有效防范自然灾害和市场价格波动带来的风险。支持开展商业防贫保险，逐步健全针对脱贫人口和农村低收入人口的保险产品体系。支持保险公司继续做好城乡居民大病保险承办工作，配合各地政府对特困人员、低保对象、易返贫致贫人口等实施政策倾斜。鼓励保险公司围绕乡村振兴战略，开发相应的防贫保险、养老保险、健康保险产品。

三、完善证券支持政策

继续支持脱贫地区企业用好资本市场扶持政策，推进石家庄股权交易所"金融扶贫板"适时升级为"乡村振兴板"，继续支持符合条件的涉农企业挂牌上市和再融资。鼓励上市公司、证券公司等市场主体设立或参与市场化运作的脱贫地区产业投资基金和公益基金，通过注资、入股等方式支持脱贫地区发展。支持以市场化方式设立乡村振兴基金，重点支持乡村产业发展和公共基础设施建设。推动农产品期货期权与农业保险联动，提高新型农业经营主体化解市场风险的能力。

四、完善综合金融服务

鼓励创新投融资方式，搭建特色产业与金融对接平台，支持引导工商资本下乡，促进城乡要素双向流动，鼓励金融机构依法合规开发适应城乡融合发展需求的金融产品和服务模式。推进"政银企户保（政银保）"提档升级，支持县域打造特色产业和各类人员返乡入乡创业就业。完善针对农村电商的融资、结算等金融服务。改善金融生态环境，防范化解各类金融风险。继续开展信用户、信用村、信用乡（镇）创建，推进农村信用体系建设。落实财税奖补政策和风险分担机制。

五、国家乡村振兴基金组建及运作研究方案

按照《中共中央国务院关于全面推进乡村振兴加快农业农村现代化的意见》关于"发挥财政投入引领作用,支持以市场化方式设立国家乡村振兴基金,撬动金融资本、社会力量参与,重点支持乡村产业发展"的要求,结合实际,制定本方案。

(一)**基金名称、性质**。该基金名称为"国家乡村振兴产业引导投资基金"(以下简称"引导基金")。其性质是,引导基金是不以营利为目的的政策性基金,主要是引导社会资金集聚,形成资本供给效应。资金可持续循环利用,实现财政资金杠杆放大效应。优化资金配置方向,落实国家乡村振兴产业政策;引导资金向农村地区流动,协调区域经济发展;引导资金投资方向,扶持创投公司(VC)发展,撬动地方政府、国有民营企业、金融机构等社会资本进入乡村振兴产业创业投资领域,通过设立国家乡村振兴股权投资母基金和子基金,有效输入金融高端人才进入农村地区,特别是农村欠发达地区,增加对创业早期"三农"创业企业(新型经营主体)的投资,通过"三农"创业企业的发展壮大,加快新型农业经营体系建设,有效吸纳周边就业,建立农户与企业的利益联结机制,带动农户增收。按照市场化有偿方式运作,主要体现在引导基金在选择合作伙伴时,应由基金管理人根据市场状况,综合考虑风险、收益和政策目标等多方面因素来确定;在使用方式上,体现"有偿使用"原则,按照"同股同利"方式获取收益,也可按协议获取收益。

(二)**设立方式**。引导基金由国家乡村振兴局或农业农村部设立,是按市场化有偿方式运作的政策性基金,以独立事业法人的形式,资金规模为1 000亿元,由国家乡村振兴产业引导投资基金中心负责日常的投资运行管理。

(三)**注册资金和法定住所**。注册资本。首期注册资本250亿元。

第二十章　特色产业扶贫模式的支持政策

由财政部从年度预算农业农村专项资金中安排250亿元，其余750亿元，由财政部分4个年度，每年1月拨付到位。

（四）主要职责。投资方式。引导基金投资主要采用阶段参股、跟进投资及融资担保三种方式，闲置资金只能存放银行或购买国债，不得用于从事贷款或股票、期货、房地产、企业债券、金融衍生品等投资以及用于赞助、捐赠等支出。投资范围。引导基金投资范围为中华人民共和国行政区域内。按照《中共中央国务院关于实现巩固拓展脱贫攻坚成果同乡村振兴有效衔接的意见》，前期重点支持西藏、新疆和四川、云南、甘肃、青海四省涉藏州县，国家和各省区乡村振兴重点帮扶县创投公司，然后逐步在其他省区市展开，并引导创投公司投资"三农"创业企业（新型经营主体）。支持革命老区、民族地区、边疆地区巩固拓展脱贫攻坚成果和乡村振兴产业。投资方向。引导基金重点引导创投公司立足绿色、特色、景色，培育和壮大特色优势产业，支持种养殖业、手工业、山区综合开发、光伏扶贫和乡村旅游业等，重点支持成长性强的创业企业（新型经营主体），带动农户增收。一是以股权方式投资乡村振兴重点帮扶县创投公司，支持盈利性的乡村振兴产业开发项目，重点支持农业产业园区建设、农业综合开发、文化旅游和特色产业发展等；二是以股权方式投资特殊项目公司（SPV），与银行金融机构开展政府和社会资本合作（PPP）项目，投资老少边脱贫地区综合开发项目；三是以股权方式投资与农户有利益联结机制的股份合作制企业，支持担保、挂牌、上市融资，实现投贷联动。国家乡村振兴产业引导投资基金中心可行使金股权力，建立国家乡村振兴产业项目库，对不符合投资方向的一票否决。

（五）运营模式。构建引导基金+母基金+子基金"三级架构"的国家乡村振兴产业基金体系，力争5年达到5 000亿元规模。母基金及子基金委托专业化管理团队进行管理，资金托管在指定银行，实行所有权、经营权和保管权"三权分离"的治理结构，形成基金＋管理公司＋托管银行"三位一体"的运营管理模式。

基金架构。母基金采取有限合伙制形式，充分发挥母基金的战略性作用，由普通合伙人（GP）和有限合伙人（LP）组成，设基金合伙人大会、投资决策委员会、执行事务合伙人和基金管理人，存续期5+10年。按照《中华人民共和国合伙企业法》，由引导基金出资1 000亿元，作为国家乡村振兴产业母基金的劣后资金，吸引省级财政资金、投融资机构资本和其他社会资本作为优先级资金，按1∶4的放大比例，募集3 000亿元，共同组建规模为4 000亿元的母基金。母基金以保本微利为原则，旨在探索农村地区乡村振兴产业创新模式，发挥引导基金的杠杆作用，实现基金乘数效应，放大基金规模。母基金普通合伙人（GP）采取面向全国私募征集方式选定基金管理人，可从全国3万家基金管理公司中优选；母基金有限合伙人（LP）意向投资者主要有：省级政府乡村振兴产业基金、农发行重点建设基金、国开行投资基金、各商业银行和保险公司投资基金、各投资公司及其他社会资本等。子基金采取有限责任公司形式，充分发挥子基金的积极性和灵活性，母基金设立后，设置条件，面向全国以私募征集方式参股已有的创投公司，组建子基金，引进资金人才，母基金以不低于80%的资金投入各支子基金，对每支子基金，母基金的出资额不高于子基金总规模的40%，作为质量股，不控股子基金，母基金不直接参与子基金的日常运作与投资决策，完全尊重子基金依照章程和决策程序，按市场化、专业化的尽职调查、市场分析和专业评价作出的投资决策，母基金仅通过政策引导和股东表决权引导投向符合乡村振兴产业发展规划的重点领域、重点项目和早期创业企业（新型经营主体），由子基金结合当地的情况自行开展业务。剩余资金可在符合政策要求的情况下进行跟进投资以及在投企业的融资担保。省市县三级政府财政按50%、10%、

40%配置资金，出资不少于5 000万元作为劣后资金，按1∶5的放大比例，承接母基金，吸引创投公司、社会资金共同参股子基金，子基金对早期创业企业（新型经营主体）投资，并约定期限退出。每支子基金规模不小于3亿元，按可设立300支子基金（注册地可在设区市），各子基金规模可达900亿元以上。按照《中华人民共和国公司法》，由子基金投资人代表共同组成子基金股东会，作为子基金的最高权力机构。子基金分阶段设立，首先在有一定基础的国家或省重点帮扶县进行试点，取得经验后，在其他条件成熟的县复制推广。

管理公司。母基金和子基金委托专业的管理机构进行管理，或由专业基金管理机构与出资一定数额以上机构共同组建新的管理公司进行管理。管理人作为普通合伙人（GP）应认缴母基金和每支子基金总规模的1%份额。管理人对母基金合伙人大会和子基金股东会负责，承担无限责任，主要承担母基金和子基金的募、投、管、退，信息披露和风险防范，以及组织召开投委会议等职责。

托管银行。母基金合伙人大会和子基金股东会选择一家银行作为母基金、子基金的托管银行，具体负责资金保管、拨付、结算等日常工作，对母基金、子基金投资区域、投资比例进行动态监管，从源头上控制基金运作风险。托管银行每季向母基金合伙人大会和子基金股东会出具托管报告。

（六）管理费、业绩分成及特别奖励。管理费。按照国家相关规定及行业惯例，原则上，母基金年度管理费为母基金总规模的0.8%—2%，子基金年度管理费为子基金总规模的1%—2%。具体情况可由各方协商。业绩分成。母基金及每支子基金净收益的20%奖励给基金管理团队或管理公司。特别奖励。对子基金投资于地区的项目，根据具体运作情况，经母基金投委会同意，从引导基金在参股创投企业所分配的投资收益中安排2%作为子基金管理团队或管理公司的特殊奖励。

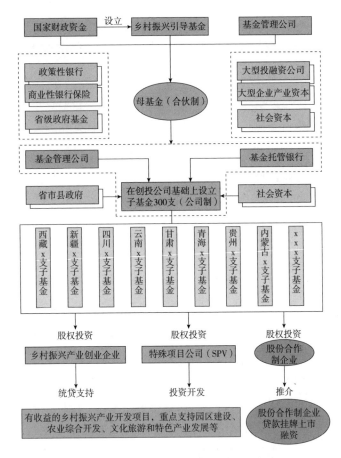

图 20.1 国家乡村振兴产业基金体系示意图

第三节 土地政策

为适应乡村特色产业三产融合发展，重点围绕农村"三块地"推进改革，盘活存量，调优增量，支持建立健全农村产权流转市场体系，发挥农村产权交易中心的定价机制。在巩固拓展脱贫攻坚成果同乡村振兴有效衔接示范区建设中,提高用地和项目审批的效率,应按照"标准地板块",预留一定的未落图指标,采用"设施农用地+建设用地+永久基本农田+林地+一般耕地"五地联动的组合模式进行供地,形成用地组合,在保护湿地和耕地的前提下,满足多元招商要求,缩短项目响应时间。针对乡村产业布局灵活的特点,在不突破各类用地规模比例的情况下,在项目园区用地范围内自由调配五块地的布局,从而避免烦琐的规划调整程序。

一、稳定土地政策支撑

坚持最严格耕地保护制度,强化耕地保护主体责任,严格控制非农建设占用耕地,坚决守住耕地保护红线。以国土空间规划为依据,按照应保尽保原则,新增建设用地计划指标优先保障巩固拓展脱贫攻坚成果和衔接乡村振兴用地需要,国家专项安排国家级脱贫县年度新增建设用地计划指标,不得挪用;原深度贫困地区计划指标不足的,在设区市内协调解决。对脱贫地区继续实施城乡建设用地增减挂钩节余指标省内交易政策,积极争取增减挂钩节余指标跨省域调剂使用。在符合规划和严格保护生态环境的前提下,对耕地后备资源丰富的脱贫地区优先安排耕地开垦项目,探索建立补充耕地质量评价转换机制,在严格实行耕地占补平衡、确保占一补一的前提下,严把补充耕地质量验收关,实现占优补优,允许补充耕地指标在全省范围内有偿转让。

二、改革完善承包地制度

保持农村土地承包关系稳定并长久不变,落实第二轮土地承包到期后再延长 30 年政策。完善农村承包地"三权分置"制度,在依法保护集体所有权和农户承包权前提下，平等保护并进一步放活土地经营权。健全土地流转规范管理制度，强化适度规模经营管理服务，允许土地经营权入股从事农业产业化经营，大力推动资源变资产、资产变资金、资金变资本、农民变股东"四变"改革。

三、稳慎改革宅基地制度

加快农村宅基地使用权确权登记颁证成果运用。落实宅基地集体所有权，保障宅基地农户资格权和农民房屋财产权，适度放活宅基地和农民房屋使用权。鼓励农村集体经济组织及其成员盘活利用闲置宅基地和闲置房屋，在符合规划、用途管制和尊重农民意愿前提下，允许农村居民与城镇居民合作建房，允许县级政府优化村庄用地布局，有效整合利用乡村零星分散存量建设用地，发展医养康养产业、乡村旅游、餐饮民宿、手工作坊等帮扶产业，促进农村低收入人口增收。推动各地制定省内统一的宅基地面积标准和统一规划建房，探索对增量宅基地实行集约有奖、对存量宅基地实行退出有偿制度，扩大市场需求。

四、强化村集体建设用地支撑

加快农村集体建设用地使用权确权登记颁证成果运用。按照国家统一部署，在符合国土空间规划、用途管制和依法取得前提下，允许农村集体经营性建设用地入市，推广河北省定州市经验，允许就地入市或异地调整入市。单位或个人可按照国家统一部署，通过集体经营性建设用地入市的渠道，以出让、出租等方式使用集体建设用地。

第四节 人才政策

推进特色产业三产融合，靠的是创新驱动力，教育是基础，科技是关键，人才是根本。人能够利用科技改造自然，没有人才，则无人创造科技。培养人才，推陈出新，这是人类走向繁荣富强无可取代的捷径。

一、加强农村人才队伍建设

延续各项人才智力支持政策，鼓励引导各类人才扎根基层。组织开展基层专业技术人才培训、专家服务基层行动计划。有针对性地选派各类干部到脱贫地区帮助补齐短板弱项。建强乡村教师队伍，继续实施高校毕业生"三支一扶"计划，大力培养公费师范生和实施优师专项计划，落实乡村教师生活补助政策。持续开展全科医生规范化培训、助理全科医生培训、转岗培训等，继续开展订单定向免费医学生培养，支持为村卫生室和乡（镇）卫生院培养本、专科定向医学生，加快培养防治结合全科医学人才。继续支持脱贫户"两后生"接受职业教育，并按规定给予相应资助。实施"开放教育——乡村振兴支持计划"，为农民和村镇基层干部提供不离岗、不离乡、实用适用的学历和非学历继续教育。适当放宽省级乡村振兴重点帮扶县基层公务员和事业单位工作人员招录（招聘）条件，可根据实际需要提供一定数量的职位（岗位）面向本县市或者周边县市户籍人员（或者生源）、退役士兵招录（招聘）。

二、激发人才创新创业活力

支持事业单位科技人员按照国家有关规定离岗创新创业。推进职称评审权下放，赋予具备条件的企业事业单位和社会组织中高级职称评审权限。加强创新型、技能型人才培养，壮大高水平工程师和高技能人才队伍。加强技术转移专业人才队伍建设，探索建立健全对科技成果转化人才、知识产权管理运营人员等的评价与激励办法，完善技术转移类职称评价标准。

三、吸引社会人才回归乡村

制定财政、金融、社会保障等激励政策，吸引各类人才返乡入乡创业。鼓励原籍普通高校和职业院校毕业生、外出农民工及经商人员回乡创业兴业。推进大学生村官与选调生工作衔接，鼓励引导高校毕业生到村任职，扎根基层，发挥作用。建立告老还乡制度，鼓励退休公职人员回村任职，发挥余热。建立城乡人才合作交流机制，探索通过岗编适度分离等，推进城市教科文卫体等工作人员定期服务乡村。推动职称评定、工资待遇等向乡村教师、医生倾斜，优化乡村教师、医生中高级岗位结构比例。引导规划、建筑、园林等设计人员入乡进村。允许农村集体经济组织探索人才加入机制，吸引人才，留住人才。加快发展人力资源服务业，把服务就业的规模和质量作为衡量行业发展成效的首要标准。

第五节　科技政策

一个国家只有拥有强大的自主创新能力，才能在激烈的国际竞争中把握先机、赢得主动。科学技术是第一生产力，乡村振兴离不开科技的进步。现代国际间的竞争，说到底是综合国力的竞争，关键是科学技术的竞争。创新是一个民族和国家发展的不竭动力，对经济和发展具有先导性的作用，增强创新能力关系到中华民族的兴衰存亡。发展科学与教育，是文化建设的基础工程，是我国科教兴国战略的必然要求，是推动经济社会发展的决定性因素，加强科技创新和教育创新，有助于发展教育事业和全面推进乡村振兴。

一、优化科技帮扶机制

引导各类创新主体和创新资源进入乡村振兴主战场，在省级乡村振兴重点帮扶县对农业科技推广人员探索"县管乡用、下沉到村"的新机制。积极推动协同创新，深入对接京津创新源头、产业链条、资本市场、技术服务，加快技术市场一体化建设，推进科技成果进场交易，促进资源共享。创新涉农科研成果转化推广激励机制与利益分享机制。探索公益性和经营性农技推广融合发展机制，允许农技人员通过提供增值服务合理取酬。

二、完善产业科技支撑平台

强化各类农业科技创新平台建设，完善科技创新资源配置方式，以推动特色产业技术提升为主要任务，围绕三产融合定方案，针对项目做指导，面向脱贫地区开展技术服务，构建项目、平台、人才、资金等全要素一体化配置的创新服务体系。采取长期稳定的支持方式，加强现代农业产业技术体系建设，扩大对特色优势农产品覆盖范围，面向乡村农业全产业链配置科技资源。支持行业领军企业创新联合体，探索实施首席专家负责制。支持行业领军企业通过产品定制化研发方式，为关键核心技术提供早期应用场景和使用环境。开展农业科技培训活动，实施百万农民工技能大培训工程，支持地方高等学校、职业院校综合利用教育培训资源，积极设置相关专业，创新人才培养模式，为乡村振兴培养专业化人才。加强基层基础技术服务，将产业发展指导员转为乡村振兴指导员，开展到村到户到主体挂牌承诺服务，实施脱贫地区农技人员技能提升工程，做到参与产业各生产环节的农民均能提高发展产业的技术水平。

三、扩大科技服务覆盖面

引导科研院所、高等学校开展专家服务基层活动，持续推进农业创新驿站"十个一"服务模式。推进农业众创空间——星创天地建设，深入推行科技特派员制度，选派"三区"科技人才，将科技、信息、资金、管理等生产要素导入科技帮扶，推进技术和资本要素融合发展。支持金融机构设立专业化科技金融分支机构，加大对科研成果转化和创新创业人才的金融支持力度。完善知识产权融资机制，扩大知识产权质押融资规模，增强山区科技服务能力，实施山区一县一业一基地一团队的"四个一"科技示范工程，增强山区绿色持续发展的科技支撑。开展"河北省李保国林果技术志愿服务活动"，把论文写在大地上。

后记

立德立行立言是我人生的价值追求，本书是我在业余时间结合本职工作完成的第九本著作。在各类特色产业扶贫模式中，浸透着河北省委原副书记赵勇、李干杰、赵一德以及省领导梁田庚、沈小平、吴显国、时清霜等同志的汗水。在撰写过程中，我得到了河北省农业农村厅和河北省乡村振兴局有关同志的大力支持，参考引用了一些国内专家学者，特别是中国农业大学韩一军等同志的研究成果，本书出版得到了中宣部城乡统筹发展研究中心的资助，出版社的编辑同志也为本书的出版付出了大量的心血，在此表示衷心的感谢！

8年来，我一直奋斗在脱贫攻坚的主战场上，2013年我在阜平县红草河村驻村帮扶，担任村党支部第一书记、驻村工作组组长、驻阜平县工作队临时党委委员；2014年继续兼任红草河村党支部第一书记，被阜平县授予荣誉村民；2015年由省金融办副巡视员调入省扶贫办担任党组成员、副主任，专职从事扶贫开发工作；2019年张北县委县政府聘请我担任张北县"两区建设、退水还旱、乡村振兴"特级顾问；2020年改任省扶贫办一级巡视员，见证了我国脱贫攻坚的重大历程，心里百感交集，所有的努力变成了贫困群众的福报，深感欣慰；2021年省扶贫办重组为省乡村振兴局，我继续担任一级巡视员；2022年，河北师范大学聘请我担任客座教授，在即将退休之际，我认为自己有义务讲好中国的脱贫故事。

2012年12月29日至30日,习近平总书记顶风冒雪来到阜平县骆驼湾村和顾家台村,进村入户看真贫,向全党全国发出脱贫攻坚的动员令。习近平总书记提出了"全面建成小康社会,最艰巨最繁重的任务在农村、特别是在贫困地区。没有农村的小康,特别是没有贫困地区的小康,就没有全面建成小康社会"的重要论断。他鼓励干部群众"只要有信心,黄土变成金",大家一起来努力,让乡亲们都能快点脱贫致富奔小康。习近平总书记还提出了扶贫开发工作的四项原则:因地制宜、科学规划、分类指导、因势利导。

2017年1月24日,春节前夕,习近平总书记踏着皑皑白雪走进了张家口市张北县小二台镇德胜村,同基层干部群众一起算扶贫账、谋脱贫计,给困难群众送去党中央的亲切关怀。

习近平总书记到来的那一刻在骆驼湾村、顾家台村、德胜村百姓心中牢牢凝固了,这不仅给他们带去了党中央的亲切关怀,更带去了穷则思变的信心和希望,进而升华成为强大的内生动力。

2022年初,张北县凭借经济、科技、教育、基础设施等要素评价指标的软硬实力,被评为2021年中国县域综合实力百强县,并荣获"2021年度中国高质量发展十大示范县市"殊荣。张北从国家级贫困县穷则思变到精彩嬗变。2022年元月是习近平总书记在河北省张北县德胜村考察五周年。五年来,张北县砥砺前行,实现了华丽转身,探索出了一条坝上欠发达地区后发赶超、跨越崛起的新路子!张北县之所以能够从国家级贫困县一跃进入中国县域综合实力百强榜,成为中国高质量发展十大示范县市之一,得益于坚持习近平新时代中国特色社会主义思想的指导引领,得益于牢固树立并全面准确贯彻落实新发展理念,得益于从思路到实践、从物质到精神、从局部到全域全方位、系统化地走高质量发展的路子,这对河北乃至全国欠发达地区都

后记

具有弥足珍贵的借鉴意义。

奋斗无穷期，追梦正当时。实现全体中国人民共同富裕，防止两极分化，"路漫漫其修远兮，吾将上下而求索"。我以2014年在河北省直机关干部下基层培训班上的发言稿作为本书的结束语。

甘当帮扶村农民的儿子，扑下身子躬身拉犁

同志们，去年这个时候我和大家一样，组织上安排我和机关的两名同志一起下乡帮扶，由我担任阜平县红草河村党支部第一书记。一年来，我们牢记习近平总书记的嘱托，落实中央和省委的要求，带着责任、带着感情、带着追求扎实开展帮扶工作，使红草河村的村容村貌焕然一新，赢得了当地群众的良好口碑，我们驻村工作组荣获省优秀工作组称号。新华社原社长李军同志一行亲赴红草河村采访，中央电视台、河北日报、河北电视台等多家新闻媒体对红草河村帮扶工作进行了专题报道。

今天在座的各位不管是哪一级干部，下去以后都是工作队员，大家多数是农家子弟，即使你这一辈不是，上两代人也肯定是。省直机关干部下乡是一个常态化的事情，我当科级干部时，就下过乡驻过村；当处级干部时，下乡任宣讲团长；当厅级干部时，下乡任驻村党支部第一书记。组织选人下乡去帮扶，选的是有能耐的干部，没能耐能到省直机关工作吗？大家上有老下有小，都是家里、单位的顶梁柱，谁家没点这个那个的事。我们单位有位军转干部，孩子只有六个月，他给爱人在机关附近租了一套房子就下乡了。下乡后，有的村离家很远，家里的老人孩子需要找人照顾，机关的有些工作需要安排。下去前要做一做思想准备，兵马未动粮草先行。这个"粮草"既指精神上的食粮又指物质上的粮草。春节过后就下去，村里还是比较冷的，要

带好生活用品和办公用品，提前做好功课，要认真学习习近平总书记在阜平考察扶贫开发工作时的重要讲话、党的十八大报告、十八届三中全会决定和省委、省政府关于扶贫开发的一些重要文件。搜集一下村里的基本情况，超前谋划。其实，大家下去换一换工作环境，接一接地气，呼吸一下新鲜空气，没什么可怕的。

一、真心沉下去

首先，要带着任务下去。党的十八大后，习近平总书记出京考察的第一站就是深圳，表明新一届党中央全面深化改革开放的决心；第二站来到了我们河北阜平，表明了新一届党中央全面建成小康社会的决心，体现了对老区人民的关怀，对我们河北的干部提出了殷切希望。全面建成小康社会的短板在贫困地区，没有贫困地区的小康就没有全国的小康，全国 2 862 个县，国家级贫困县 592 个，仅燕山—太行山地区就有 33 个，其中我们河北就占了 22 个，在京津周边形成了一个贫困带，被称为"貂皮大衣上的补丁"。2013 年，党中央开展了以为民、务实、清廉为主要内容的党的群众路线教育实践活动；河北省开展了深化加强基层建设年活动，组织了 24 000 个干部下基层。作为一名省直机关干部，我有幸成为其中的一分子。如今，人们一提起干群关系，时常会透着一种情绪，门难进、脸难看、事难办，不给好处不办事，给了好处乱办事，有意无意间，把干部和群众推到了矛盾的对立面。离开条件优越的省直机关，到没有空调暖气水厕的贫困山村去帮扶，要有敢于吃苦的精神。放弃领导干部的权力，脱离机关工作，要有敢于吃亏的精神，吃亏不要紧，只要能脱贫，亏了我一个，幸福一村人！作为一个农家子弟，忘记了农民，就意味着背叛。作为一名共产党员，当组织和人民召唤的时候，就要挺起胸膛，站在排头，我就是孔繁森，我就是焦裕禄，我就是沈浩，奋勇担当突击手！

后记

革命战士是块砖,哪里需要哪里搬。要下得去、蹲得住、干得好、出得来,要想干事、能干事、干成事、不出事,带着任务,当学生、当老师、当好帮扶村脱贫致富的领头人。作为京畿之地的省直机关干部,我们要牢记习近平总书记的嘱托,探索一条可复制可推广的脱贫致富的路子,向党和人民交一份满意的答卷!

其次,要带着责任下去。党的十一届三中全会后,实行了农业生产责任制,把土地再次分给农民,解决了温饱问题,才有了乡镇企业异军突起,才有了今天的民营经济大发展。今天,经过改革开放30多年的发展,我们有了道路的自信、理论的自信、制度的自信、文化的自信,如何把撕碎的土地再次整合起来,把分散了的农民再次组织起来,按市场经济的办法,走出一条股份合作制的道路,是顶层设计与基层摸着石头过河的结合,是全面深化改革开放的需要,是全面建成小康社会的需要。当前,农村土地流转,实行规模化、集约化经营,走农业现代化的路子,是党的十八大提出的工业化、城镇化、信息化、农业农村现代化"四化同步"的要求,是形成以工促农、以城带乡、工农互惠、城乡一体的新型工农城乡关系的要求。这场土地革命是我们党适应新形势,不断调整生产关系与生产力、上层建筑与经济基础相适应的改革,是土地"两分两合"的又一次革命性变革,是在有限的土地上,提高生产效率,创造更多财富,让农民尽快脱贫致富奔小康的必由之路。我们身处伟大的变革之中,我们将亲手去践行这场革命性的变革,责任重大、使命光荣。

再次,要带着感情下去。我从哪里来?我要到哪里去?这是一个古老的问题。作为农民的后代,我在农村度过了天真无邪的童年和少年时代。今天,作为一名省直工作队员,下高楼出大院,奔走在已经变得陌生的田野,依然像回到母亲的怀抱,内心的冲动几乎要化为满眼的泪水。这种与大自然的亲情,是我进城后再也没有过的感受。我们帮扶的阜平县红草河村，经济上的贫困与政治上的辉煌是这里的特色，全村249户774人，48%都是贫困人口，是人均年收入不足2 200元的深山区贫困村，村里都是老人妇女和孩子，年轻人都常年外出打工。我们的和谐社会，绝不是父母见不到儿女、儿女见不到爹娘的社会。抗日战争时期，作为晋察冀边区首府，只有9万人的阜平县，就有2万人参战，5 000多人牺牲。红草河的妇联主任牺牲在日军的铡刀下，这里有狼牙山五壮士一样的三壮士，红草河村小寨山战斗有80多名八路军战士牺牲长眠于此。先烈的精神和贫困的现实，激励着我们每一名队员。一个人对社会的责任感不是被动的，它不应该在苍白的记忆中，而是要和帮扶村的农民兄弟们一道，寻找历史对今天的提示。因为中国的明天，河北的明天，帮扶村的明天，只能取决于我们今天的认知和努力。村里的工作困难重重，有时无从下手，有时还要面对群众的不理解，因此，我们不仅需要有开阔的视野，更要有宽广的胸怀。你把农民当亲人，群众就不会拿你当外人；甘当农民的儿子，就要扑下身子躬身拉犁！

最后，要带着追求下去。农村是一片广阔的天地，到那里是可以大有作为的。每一个帮扶村，都是下乡干部的赛马场。每个人都是有追求的，宋朝张载就有"为天地立心，为生民立命，为往圣继绝学，为万世开太平"的名言，我们也应当有"天地恒长久，人生几春秋；今朝不酬志，九泉难辞咎"的追求。一年的帮扶工作，我们通过察实情、办实事，了解了群众的疾苦，增进了与群众的感情，提升了思想境界，意识到了知识结构的欠缺、贮备的不足，特别是对农村扶贫开发政策掌握不够全面，必须带着问题学，进一步强化学习意识，提升学习的能力。同时，我们学会了和群众打交道，掌握了农村的工作方法，增强了处理复杂问题和具体事务的能力。走出机关，才能看清机关的局限；接近群众，才能了解群众的心愿。面对基层、深入群众使我们开阔了眼界,增长了见识,群众的笑脸多了,怨气少了。我们深深感到,只有干部辛苦才能换来群众的幸福!蹲在基层一线,使我们调查研究更深入了,过去下基层调研,层层打招呼,看到听到的是有准备的情况,甚至是雾里看花。在机关制定了那么多政策,老百姓知道多少?到基层落实了多少?我们心中没底。通过和群众面对面的宣讲,政策传导渠道更加畅通,落实更加有力。通过接地气、聚人气、鼓士气,整合农村的资源资产资金,实施资本化运作,发展特色扶贫产业;利用机关优势和人脉资源,把城市里的资金、技术、信息带到农村;通过股份合作制,实现了城市的资金技术人才与农村资源、劳动力的有效配置和对接。

有江河的地方就有水草,有人民的地方就有公仆。一年的帮扶,为机关干部施展才华提供了广阔舞台,当工作组撤出时,老百姓含着泪,拉着队员们的手,依依惜别。

二、谋划好怎么干

只有蹲得住,才能干成事。只有与人民同呼吸,才能与人民共命运。进村后,我们租一个民宅,自己开火做饭,和群众同吃同住同劳动,天天面对那一双双期盼的眼睛,一个月也休息不了三天。要尽快找到帮扶工作的突破点、着力点和关键点。

(一)走群众路线,观念转过来。我们始终坚持相信群众、依靠群众、为了群众,通过密切党群关系,把群众观念转过来,推动"自然人农业"向"法人农业"转变,推动一家一户的农业生产向集约型生产转变,实现适度规模化经营和市场化运作,走农业现代化发展道路,以此作为开展帮扶工作的出发点。

首先,调查研究,谋划思路。2月28日入村以后,我们换下皮鞋穿胶鞋,换下时装穿便装,开展"三访"活动。一是访贫问苦,上门慰问了7名五保户、1名老党员、1名军属、1名烈属,送去大米、食用油,协助村"两委"班子为101个农户办理了低保,在村委会设立了意见箱。二是访能问计,利用周末休息时间,以打电话、入户走访的方式,积极联络在外工作的各类人才,逐一走访村里有一技之长的人,开展"我为故乡脱贫致富献一计"活动,大力提倡有钱的出钱,有力的出力,没钱没力的出主意。把该乡的老书记、老乡长请回来,征集他们对村里脱贫致富的妙计,将他们的"金点子"转变成红草河脱贫致富的"妙方子"。三是访富问路,在致富大户中开展了"致富感党恩、帮助贫困户"活动,通过发放调查问卷、"连心卡",邀请企业家现身说法,介绍致富经验,找出脱贫致富的路子。

阜平县是九山半水半分田。红草河村位于阜平县天生桥镇旅游景区内,据记载,该村建于元朝后期,因村西河边长有很多红草,故取名红草河。到了县里后,建议同志们读读县志,多渠道了解村情。我用四句话概括了村貌,刻在了一块大石头上做了村标。

青山绿水红草河,国道御道穿梭过。
南山北坡北流河,天桥景区瀑布多。

不谋万世者,不足谋一时;不谋全局者,不足谋一域。在调查研究的基础上,我们按照上级的工作要求,从我们最熟悉的工作开始,确定了帮扶思路和目标:以习近平总书记在阜平考察扶贫开发工作时的重要讲话为指导,深入贯彻落实党的十八大精神、省委八届全会精神,靠创新驱动,走金融扶贫的路子,建立为贫困群众服务的"小三农"金融服务体系。摸清全村的资源资产资金,实施资本化运作。改变农民的生产方式,培养懂技术、会管理、会经营的职业农民。通过土地流转,以天生桥旅游业为依托,围绕种植养殖业,实施"企业+

科技+金融+合作社+农户"发展模式,做到产业兴起来,农民富起来,天天有班上、月月发工资、年年能分红,改变农民的生活方式,把农民转变成城镇居民;通过宅基地流转,引入龙头企业改造北流河,建设新民居工程;发展生态休闲旅游业,推进城乡一体化,力争实现"一年大变样、三年稳脱贫、五年达小康"的目标。在此基础上,制定了《红草河村脱贫致富产业和新民居工程规划》。省委领导给予充分肯定:"省金融办的做法和规划很好,请连同规划一并印发所有工作队。"

其次,发动群众,增强脱贫致富的信心。小康不小康,关键看老乡。只要有信心,黄土变成金。由于长期的封闭环境和贫困,农民视野狭窄,人心涣散,对走集约化、规模化、农业现代化发展道路认识存在偏差。市场经济的趋利性使农民的发展目光转移到自主发家致富上来。长期的输血扶贫,导致农民揣着手"等靠要",蹲着墙根晒太阳,脱贫致富的内生动力不足。在造血扶贫中,要帮助农民群众树立"亲商安商富商"的新理念和"人家发财我发展"的双赢意识。

我们向贫困宣战,向荒山荒地要财富。一是解决干部群众"等靠要"思想。通过召开村民代表大会和全体村民大会、喇叭广播、书写标语等形式,宣讲强农富农惠农政策,营造深化基层建设年的浓厚氛围,激发群众内心脱贫致富的动力。二是请进来、走出去。邀请土地政策研究专家河北科技大学李锡英教授作为工作组的"智囊",深入田间地头,讲解土地政策、合作社条例,做好农民的解疑释惑工作。邀请香菇种植专家廊坊职业技术学院侯桂森教授、中国农业科学院乌骨羊养殖专家张青云研究员,作为本村产业发展顾问,讲授种养技术。香菇,号称菜中之王,有人类必需的8种氨基酸中的7种。近年来,随着世界卫生组织提出科学的"一肉一菜一菌"膳食结构后,国际国内的香菇市场价格逐年走高,香菇供不应求,出口到美国价格达到每千克60元。乌骨羊和乌鸡的药用价值一样,市场价每千克240元。工作组自掏腰包,组织部分村民到易县香菇种植基地、高碑店乌骨羊养殖基地见学,带领村民拓宽视野,增长见识,激发脱贫热情,增强致富信心。三是算账对比,典型引路。有的群众说,成立农民合作社,让他入社,又搞大锅饭那一套,是走回头路。也有的群众说,种香菇能赚钱,祖祖辈辈都没种过,吃饱了,想那事干啥,老天饿不死瞎家雀,不见兔子不撒鹰。种植香菇是阜平无中生有的产业,为了打消群众的顾虑,采取投入与产出算账的办法加以引导。红草河每亩玉米一年的收入,平均只有787元,仅国家的各种补贴就占87元,一个劳动力一天打工收入100元,不算种子、化肥、浇地、播种、收割的投入,工作7天,就是不赔不赚;工作8天,就是赔钱。土地流转后,群众不用下地干活,每亩地租金就有1 000元。我们尝试先建起8个示范大棚做试验,聘请廊坊职业技术学院侯桂森教授免费教群众技术,有的群众从来没听过教授讲课,圆了上大学的梦。村里有个下岗的农业技术员叫耿三存,38岁了还没娶上媳妇,我们先让他母亲承包,当大棚建起来后,我们从易县购买了4万只菌棒,卸车时,专门找反对种香菇的群众来干活,一天80元,他们个个高兴得不得了。那些日子,白天晚上我们都泡在大棚里,像个侦察兵,每天记录每个大棚的香菇生长情况,甚至晚上做梦都想着香菇,生怕出意外。香菇一茬一茬地长了出来,乡亲们走亲访友都称上几斤,自豪地说:"这是俺红草河的香菇,好吃着哩。"这产生了很好的广告效应。一年下来,耿三存母子收入超过了10万元,他不仅买了小汽车,还当上了新郎官,让村民们羡慕不已。上届村干部从反对流转土地种香菇,到主动找上门来,请求企业帮助,再成立一个香菇专业合作社,要与这届班子比一比。

最后,找热点,解痛点,聚民心。当前农村的干部与群众的矛盾、群众与群众之间的矛盾、群众利益群体之间的矛盾,影响着帮扶工作的开展。刚下去时,村里白天开个会也组织不起来。可重点问题不解决,群众就不会跟着走。莫以百姓可欺,其实自己也是百姓。前几年,修建保阜高速公路时,县里交通部门下属企业占用了几个村的耕地,用于搅拌砂石料和水泥,按合同,农民复耕后,企业才付款。由于村里无人管,村民没有大型机器设备,无法实施复耕,企业就一直拖欠这笔款,成了几年也解决不了的问题。我们在推进香菇项目的过程中,个别群众的拒绝态度一度影响了全村工作的开展。引入的一家香菇企业,拟投资750万元,在流转的65亩土地款发放后,开工建设的第一天,就有十几户群众突然反悔退款,坐在地上,不让施工,施工被迫停止,原计划的100个大棚无法实现,企业也打起了退堂鼓。在各级领导的大力支持和帮助下,我们为51户农民讨回了拖欠的22万元复耕款。通过解决这一矛盾纠纷,树立了党和政府的权威,极大凝聚了民心。

(二)把握四个环节,土地拿出来。只有做好土地确权流转、引入企业,才能建立既有形式又有内容的农民合作社。为此,我们狠抓"吃拿卡要"四个环节,坚持把土地拿出来作为发展产业的突破点。一是"吃"透政策文件精神。我们先后采取自学、邀请专家讲课等方法,学习了《中华人民共和国土地管理法》、《中华人民共和国农村土地承包法》、《中华人民共和国农民专业合作社法》、《农村土地承包经营权流转管理办法》、2013年中央一号文件和省委一号文件等,对开展的各类项目,召开村民代表大会进行表决,掌握群众对开展建设项目的意愿,只要有2/3以上农户同意就可实施项目建设,要依法办事。种植养殖业和初级加工业项目可免征企业所得税,用地、用电按一般农用土地标准实行。二是"拿"准项目可行性报告。扶贫项目既耽误不得,也失误不得。有些项目错过了农时,即使再好也无法实施；项目一旦决策失误，农民挣不了钱，群众就再也不信任你。我们采取征求村"两委"班子、广大群众、企业和专家的意见，按照村里的规划，工作组先后撰写了《关于设立红草河扶贫小额贷款公司的可行性报告》《关于建设红草河香菇生态种植园项目的可行性报告》《关于建立红草河乌骨羊快速扩繁与药用保健功能食品开发项目的可行性报告》《关于建立红草河核桃基地建设及加工项目的可行性报告》《关于开发整治北流河发展红草河农家乐旅游项目的可行性报告》《关于建设红草河新民居工程项目的可行性报告》等9个报告，力争办一个企业，兴一个产业，富一部分百姓。三是签订土地流转合同"卡"。向群众发放项目征求意见表249份，得到了3/4以上农户的认可，为实施土地流转奠定了群众基础。针对土地流转合同卡，我们聘请河北冀华律师事务所苏耀龙律师当顾问，多次征求群众和龙头企业意见，反复进行修改，工作组和村"两委"班子协助龙头企业以每亩1000元的价格，与97户农民签订了112亩土地流转合同卡，即租赁协议。愿意参与香菇种植的加入合作社，不愿种植香菇的外出打工，企业与种植香菇农户签订承包卡，注册了"红草河"牌商标，成立了阜平县昊成香菇种植专业合作社。工作组注重发挥龙头企业的辐射带动作用，带动了周边4个村成立了4个香菇种植专业合作社，为大面积推广香菇种植产业奠定了基础。四是"要"保护好耕地和承包经营权。将耕地性质不变和土地经营权写进土地流转合同卡，将农民承包的土地打下钢筋，明确"四址"，给农民一颗定心丸。土地所有权归村委会，承包权归农户，经营权归龙头企业和香菇专业合作社，确保贫困户的收益权，保护好生态环境。

（三）跑招商选项目，资金技术引进来。扶贫开发第一位的任务是农民增收，农民增收第一位的任务是选准富民产业。给钱给物不如铺下一条致富路。只有产融结合，产业才能兴起来，农民才能富起来。要紧紧盯住农民脱贫人均收入2 300元和农民小康人均收入12 000元的目标，选准致富特色产业，实现农民增收。我们坚持把引入企业作为开展工作的着力点。一是项目无中生有。刚进村时，村干部说，红草河除了满山的树和荆条可当柴火烧外，什么资源也没有，谁到这穷山沟里来投资。我们充分利用当地昼夜温差大和交通便利的条件，将满山的荆条、修剪的刺槐和枣树枝转化为香菇菌棒的原材料，将满地的玉米秸秆转化为乌骨羊饲料，力争探索出一条投资少、见效快、效益高的脱贫致富路子。引入河北忠辉旅游开发股份有限公司，注册资金1 000万元，成立了河北昊艺食用菌股份有限公司，投资建设"红草河科技生态种植观光园"项目。占地25亩的河北昊艺食用菌股份有限公司当年开工建设木材收购加工、菌棒生产、冷库、智能示范大棚等香菇产业配套设施。投资近200万元，建成了1 000平方米的冷库，日产1.5万个菌棒的机器设备已安装到位，红草河科技生态种植观光园项目试点建成，每个大棚平均占地半亩。产前，由公司精心组织，按订单集约化进行；产中，在公司技术人员指导下，由农户负责；产后，产品由公司统一收购，做到以质论价、随行就市。整个生产过程做到"统一建棚、统一制棒、统一技术指导、统一产品收购、统一上市销售"。农户承包大棚，只需购买成品菌棒，就可投入生产，最大限度减少了贫困户在香菇种植初期的资金投入，解决了技术管理与产品销售难题，提高香菇种植户抵御市场风险的能力，实现城市资金技术与农村剩余劳动力的结合，为农户脱贫致富提供了平台。通过典型引路，每个香菇大棚的纯收入1.5万元，全县第一次试种香菇获得成功。春节过后，100个大棚也拔地而起。引入河北省农产品电子交易中心，在阜平县筹建河北省农产品电子交易中心首家分公司，既可做现货，又可做期货，1 000平方米的冷库成了期货交割库，解决规模化种植香菇的销路问题。目前，阜平县政府把该项目作为继大枣、核桃之后的第三大产业项目。二是项目有中生新。红草河的群众有养殖的传统。我们引入河北联众集团投资1000万元，选址在夏庄乡点心村，购买500只乌骨羊进行品种改良，大量的玉米秸秆变成了青储饲料。实施了乌骨羊快速扩繁与药用保健功能食品开发项目一期工程。在我们的协调下，9月26日，阜平县政府已与廊坊职业技术学院签订了县院战略合作协议，决定联合建立食用菌研究中心。红草河村位于阜平县天生桥镇旅游景区内，仙人山是个没有开发的景点，我们积极推动仙人山旅游区开发，整治北流河，做好农家乐旅游项目。协调红草河村、罗家庄村与阜平县旅游发展中心签订了仙人山旅游区项目开发协议书，联手发展农家乐旅游。引进山西大地岩土工程技术有限公司，重点开发整治北流河河道2千米，可新增土地150亩，发展红草河农家乐旅游，拟注册500万元成立仙人山旅游开发有限责任公司。三是建起资金池。有钱没项目与有项目没有钱，同样不能脱贫致富。我们利用机关的政策资源和个人的人脉资源，先后引入7家龙头企业，采取与当地政府和龙头企业合作的办法，解决发展资金瓶颈。目前，投资2000万元的红草河扶贫小额贷款公司已开始营业，解决农民种植、养殖、农家乐旅游"启动资金难"的问题。协调县政府为金融企业和贫困农户提供贷款补贴，为此，我们建起了红草河金融服务站，向群众普及金融知识。刚进村那会儿，村干部和群众经常问我们带来多少钱，我们带来的是造血扶贫的"聚宝盆"。

（四）挂图作战排工期，形成合力干起来。项目开工是硬道理，工程进度才是定心丸。坚持既"授人以鱼"又"授人以渔"。工作组和村"两委"班子形成合力，注重发挥村"两委"班子特别是支部书记的作用。将制定的《红草河村脱贫致富产业和新民居工程规划（2013—2017年）》中的项目，分解到班子每个人头。在具体项目推进过程中，采取"挂图作战，分步实施，任务卡死、责任卡死、时间卡死，倒排工期"的做法，将村"两委"班子"逼"上脱贫攻坚的主战场。我们帮助村"两委"班子做好与县相关部门的对接工作。工作中，对尚未完工项目加大督导力度，推动尽快完工。对已完工的项目，注重做好验收、资金拨付和结算工作。围绕"水电路讯房""科教文卫保""山水林田村"，先后投资215万元，解决了帮扶村发展过程中一些"卡脖子"的问题，改造和提升了农村面貌。这些项目有的是"规定动作"，有的是"自选动作"，资金有的是政府提供，有的需要工作组去"化缘"，有的项目需前期垫资，工程竣工验收后，才能拨付工程款。先后组织干部群众投资31万元，修建了1 200平方米的村民文化广场，安装了体育器材和石桌石凳。投资12万元，修建了小寨山战斗烈士纪念碑以及纪念亭、道路、广场等配套设施。投资21万元，完成村庄道路硬化3 500平方米。投资0.5万元，打机井1眼。投资30万元，整改线路2 500米，完成1台变压器增容。投资34万元，对17户危房进行了改造。投资10万元，开展了"四清"农村综合环境整治活动，配保洁员5名，清理垃圾2 000立方米，填埋300立方米，建设6个垃圾池、1个水冲公用厕所。投资1.5万元，完成绿化3 000平方米，栽树苗500棵。投资15万元，建立长100米的文化墙，美化村街道600平方米。投资7万元，安装了26个新能源路灯。投资2万元，给村配置了1套扩音设备。投资0.5万元，为农家书屋购置23套桌椅，捐赠300册图书，整治了村卫生室、图书阅览室。投资1.5万元，为村民演唱了3场大戏。投资6万元，制定了村庄规划和整治方案。投资0.5万元，树立了村庄标识。投资0.5万元，完成120平方米的村两室建设。投资14万元，建成防渗渠2 000米。投资5万元，铺设10条公路减速带。协调有关部门，捐赠了水泥100吨，安装了视频监控系统，捐赠了电脑16台，为幼儿园小朋友和贫困户募捐资金2 600元、书包文具20套、衣服6箱，折合人民币共计 7.5 万元。我们制定了红草河五年规划和"四个来"做法。6月 25 日，保定市深化加强基层建设年活动帮扶项目建设"百日攻坚"现场观摩会在红草河村召开，25 个县（市、区）委副书记、常委、组织部部长等 60 余人参加了观摩会。

三、当好第一书记

厅级干部下基层当农村党支部第一书记，这是个新的党建命题，老百姓的期望值也很高。20 世纪 60 年代初，部队的将军下基层当兵，是走好群众路线、防止干部脱离群众的有效做法。在新的历史条件下，如何践行好党的群众路线教育实践活动，发扬党的优良传统，是一个值得探索的课题。第一书记是村里的当家人，代表着党的形象，"莫道一官无用，地方全靠一官"。

一要树立威信。树立威信有个过程，刚进村时，村干部都处在观望状态，你说什么他们面上听，心里不一定听，我们听到最多的就是"闹不成"。经过调查研究，掌握村里的基本情况后，要尽快抓住一两件群众普遍关心的热点问题，把它实打实地解决好。

第一件事，平复农民不安情绪。我们讨回料场拖欠 51 户农民的复耕款后，51 户在料场有地的农民冲进工作组驻地。1 名队员说："主任，来了很多老百姓，我把大门关上吧？"我说："当老百姓的官，哪有将老百姓置之门外的道理，把门打开，搬凳子倒水。"一时间，屋内屋外坐着站着一院子人。由于受人蛊惑，有的群众以为复耕款被村干部私分了，情绪很大。面对这种突发事件，一定要沉着冷静。要让群众一个一个说，一定要防止有人起哄架秧子，浑水摸鱼。听清来意后，我大声地说：乡亲们，我和大家的心情是一样的，我也很关心复耕款的事，如果有人鼓动我，我也来，我也会维护自己的权益，但这种方式不好。前天咱们把钱要回来了！可这些款涉及 51 户，村班子

后记

上任刚半年,上届班子还没交账,没有底数。今天知道底数的人,把账交给我,一周之内,村班子核实后就发给大家!有的人担心村干部把这个钱私分了,我在这里给乡亲们做个保证,谁敢动了这个钱,我把他送进监狱!群众的情绪渐渐平静下来。我抓住时机进行了宣传,乡亲们,我们要把精力放在富民产业上,搞香菇大棚。有人说,不见兔子不撒鹰。经村"两委"班子研究,决定先建起8个示范大棚,由侯桂森教授免费教大伙技术,让这"8只兔子"跑起来,看一看能不能挣钱。好日子都是干出来的!经过1个小时的对话,终于平息了事态。

第二件事,建立小寨山战斗烈士纪念碑。1940年12月,八路军晋察冀军区第二军分区四团二营营长曾国华率二营和一营四连,进至阜平开展游击战,得知日寇三天后东进县城,便决定伏击日军。副营长带领一营四连按预定时间到达了指定位置小寨山。清晨,日军由于未在阜平遭遇我军区机关,其先头部队提前返至小寨山前。而这时我军增援部队一连距小寨山还有10多里山路。小寨山阻击战被迫提前打响。满腔怒火的副营长接过战士的机枪向敌人猛烈射杀,全连火力顿时将三四百日军截成东西两段,但狡猾的日军一部分在山前牵制四连,另一部分迂回至小寨沟和后禁山,占领制高点,对我军实施包抄,四连变得腹背受敌。眼看弹尽粮绝,为助战士们突围,副营长和连长脱掉棉衣,带领几名战士扑向山下敌人,展开了惨烈的肉搏战,战士们紧抱着敌人从山上滚下,滴滴鲜血融化了小寨山的皑皑白雪……经过1个多小时的厮杀,部分战士成功突围,副营长、四连长和一些战士壮烈牺牲。副营长尸骨被安葬在家乡五台山的群山峻岭中,英勇的连长伴随80名可爱的战士,长眠在小寨山下……烈士们一直都没有纪念碑,这是村里党员群众的一块"心病"。群众的期盼,就是我们努力的方向。我跑市、县两级民政部门,多方协调,组织党员义务工作,终于在8月初建成了小寨山战斗烈士纪念碑。8月15日,我们举办了小寨山战斗烈士纪念碑揭碑仪式，告慰了 80 多名革命先烈，完成了当地群众 60 多年的期盼。在烈士纪念碑前，我们重温入党誓词，召开了牢记习近平总书记嘱托、打赢脱贫攻坚战的誓师大会。全村 80 多名党员群众参加了大会，连周边村的一些党员群众也自发前来参加会议。河北科技学院将红草河村作为大学生爱国主义教育基地。我写了四句诗作为碑文。

小寨山前北流河，八路健儿战日魔。
今日来游红草河，勿忘此处放悲歌。

这些热点问题解决后，群众反映，这个工作组是真干事的。南栗元铺村 70 岁的退休老教师胡俊瑞在中秋节前，给我们工作组写了两首诗词。

七律 初谒有感
绿水青山柱置身，堪情天宫徒有情。
基层开展建设年，王公力举千斤顶。
科学运筹显韬略，流汗拉犁见精神。
山换新装地换貌，庆贺当应敬留根。

声声慢 赞公
山一程，水一程，扎根深山送党恩，万古磐石情。
汗一把，泥一身，求真务实赤子心，誓愿党旗红。

二要抓住支部书记这个关键。过去农村基层建设，主要靠支部书记、村委会、派出所。在社会转型时期，我们要建设服务型的政党，有些办法不能用,会伤了群众的感情,需要在实践中摸索新的办法。现在许多村都是农民企业家担任村支书或村委会主任,但他们很难把全部心思都用在村庄建设与治理上。考虑到三年一换届,干事怕得罪人丢选票,再加上一些网络媒体污化丑化基层干部形象,基层干部还有乡镇一级干部惧怕发生矛盾纠纷,造成群众上访,不敢担当,导致对村民代表大会决议执行不力。我们下去一年说时间长,其实要干起事来,时间很短,每天晚上都要加班写报告,开会统一思想。如果感到工作不顺利,不是原则性问题,不要轻易调整。调整一个班子,要花很长的时间,时间不等人。首先是抓好帮扶,村里办扶贫小额贷款公司时,我让支部书记的企业做发起人,支部书记是个焦化厂的老板,阜平焦化行业的上游是山西煤企,下游是钢铁公司。工作组帮着写报告,办小额贷款公司的审批,培训从事小额贷款的业务流程。在不到一个月的时间里,支部书记就筹措了2 000万元的股本金。现在小贷公司开业了,采取"五户一保"无抵押贷款,效果很好。其次是交方法。要开好生活会,开展批评与自我批评是我们党的法宝,每个月根据工作安排和完成情况开一次村"两委"班子的生活会,工作中完成不到位、推不动的事,我首先做自我批评,然后对工作如期完成的班子成员进行表扬,对没有按时完成工作的成员进行批评。要找原因,帮助能力弱的班子成员。最后是重感情,自掏腰包,晚上邀请村"两委"班子一起吃饭。有时在饭桌上,一些支委还要做自我批评,觉得事没干好对不起组织,甚至痛哭流泪。

三要敢于担当。贫困村的经济发展不快,不仅仅是因为缺资金、缺人才、缺技术、缺政策,而是缺敢于担当的干部。我们往往有这么一种想法,干成了事是大家的,人人有份;出了问题是个人的,缺乏包容性。出了问题,你是叫天天不应,叫地地不灵,只能个人兜着走。干成了事,也有人冷嘲热讽;干不成事,人家瞧不上你。因此,出了一些太平官,他们当政几年,山河依旧。你不敢担当,村"两委"班子就不跟你干事。干成事,不出事,要把握好不出风险的底线。这个底线就是人民要求我们干什么,我们就干什么,谁也不能挡住群众的幸福路。

建设小广场。贫困山村的文化生活是很单调乏味的,看电视、打麻将是村民们的主要娱乐活动。工作组进村后,很多群众提建议,要求建一个文化广场,因为村民们晚上跳舞扭秧歌,没有一个活动场所。群众需要什么,我们就干什么。经村民代表大会决议,我们决定在原小学校操场和一个三米深的垃圾坑上建设广场。前三任村干部在任时,一个开了小菜园,一个建了猪圈,一个圈了宅基地。对这些非法占地行为,群众意见很大,村委会主任找上门,一个个狮子大开口,每户都提出了几十万元的赔偿,甚至一棵玉米要200元。我们"两委"班子开了五次会才统一了思想。前三任村干部与这届班子成员,既有亲戚关系,又有矛盾。我们采取村干部包人做工作,谁的亲戚谁去做。经过多轮的思想工作,采取老党员、老干部、律师、工作队员、在外工作的亲戚、镇党委书记、镇长轮流谈话等办法,由"两委"班子组成施工队进行施工,要求村干部"骂不还口,打不还手",工作组实况录像。整整四个月的时间,分四次进行了施工,曾一度发生了对峙,其中一户请了五六个亲戚坐在地上,不让施工。我们采取分段施工、以逸待劳的办法,在强大的攻势下,村委会与这三户达成了协议,建设小广场仅动土就达2 000立方米。夜幕降临,小广场上的太阳能路灯把一天的能量转变成了光芒,随着音乐的起伏,留守妇女们跳起了广场舞。

四要加强自身建设。打铁还需自身硬。下去后,工作组和村"两委"班子要形成一个战斗集体,不能形成两张皮,各吹各的调。工作队员走村入户必须俩人以上,这要作为一条纪律,不能单独行动,不

后记

然的话,有事说不清。工作队员不能到老百姓家和饭店去吃饭,一般也不要到村干部家吃饭,村干部和群众送一些土特产品,我们要给钱,要管住自己的嘴和腿。我们把"捧着一颗心来,不带半根草走"作为承诺,对村里的一些具体事情,工作组可以帮办、督办,但不能代办。要加强沟通协调,形成工作组与当地党委政府和村"两委"班子的合力。我们与县乡党委政府建立了定期沟通汇报机制、检查督导机制和交流机制,与派出单位这个"大后方"建立了定期汇报机制,主要领导亲自深入帮扶村指导工作。我作为驻县工作队党委委员组织全镇工作组进行了六次交流观摩会、四次检查评比活动,有效促进了帮扶工作的开展。在加强党支部建设中,实施了村"两委"干部"素质工程",制定了帮扶方案、党支部三年建设规划,实行激励约束机制,建立了村干部工作实绩考核制度。协助村委完善管理、会议、学习及监督等各项制度,建立健全农村财务、村务公开制度。坚持走群众路线,建立党员联系户、村"两委"班子联系区,出了问题,"谁的孩子谁抱走"。制定村民公约,工作组驻地成了直接服务群众的工作站,工作队员们免费为群众复印、打印各种材料,贴心服务群众。给每家每户建立了扶贫档案,一户一策,制定帮扶措施。经过一年的摸爬滚打,村干部的精神状态改变了,支部书记由过去一年在村里待七八天,到现在一干七八个月。支部书记和村委会主任的信心、责任心增强了,能力提升了,群众脱贫致富的本领和干部的威信都有了较大的提高,干部从不会干到会干,由"让我干"到"我要干"。我们听不到村干部常说的"闹不成"了。全村一年没有一户上访,我们先后引进上千万元资金,完成香菇产业、金融、烈士纪念亭、文化广场等一系列项目,带来了致富产业和村风村貌的改变,带来了帮扶村的祥和与稳定。

最后,预祝同志们下乡驻村后,工作顺利、身体健康、成功凯旋！以红草河抒怀，与大家共勉！

每一次遥望你的蓝天，
都想起一个曾经的诺言。
每一次沉醉你的枣酒，
都怀揣一份年少的思恋。
迎着新时代的春风，
感受阳光的温暖。
当年手捧的希望之火，
映红了你久违的笑脸。
当年的八路队伍，
又回到了红草河的绿水青山。
难忘的三百个日日夜夜啊，
撬动着农民梦的实现。
放眼回归的春燕，
愿你一样拥有飞翔的蓝天！